해군장교 사관후보생

필기시험(간부선발도구)

해군장교 사관후보생
필기시험(간부선발도구)

개정판 1쇄 발행 2023년 1월 13일
개정2판 1쇄 발행 2024년 1월 12일

편 저 자 | 장교시험연구소
발 행 처 | ㈜서원각
등록번호 | 1999-1A-107호
주 소 | 경기도 고양시 일산서구 덕산로 88-45(가좌동)
교재주문 | 031-923-2051
팩 스 | 031-923-3815
교재문의 | 카카오톡 플러스 친구[서원각]
홈페이지 | goseowon.com

Preface

군인의 삶은 조국을 위한 희생이라는 고귀한 가치를 실천하면서 때로는 나보다는 우리를 위한 고난과 역경을 이겨내야 하는 헌신과 봉사의 삶 속에서 스스로를 자랑스럽게 여기는 공인의 길이다. 병사들의 선두에서 지휘해야 하는 막중한 책임을 짊어진 장교들은 한국 최고의 장교로 거듭나기 위해 전문적 군사지식을 비롯하여 어학, 컴퓨터 등 각종 분야의 지식을 쌓으며 인간관계와 리더십을 배우고 있다. 이러한 경험은 사회의 리더로서, 국가의 간성으로서 우리나라의 중추적인 역할을 할 것이다.

특히 해군은 광복 직후 3군 중 최초로 창설되어 지난 77년간 대한민국의 바다를 수호하면서 세계 어디에서나 대한민국 국민의 생명을 지키고 국익을 보호해 왔다. 또한 선제적이고 능동적인 활동과 강한 교육 · 훈련을 통해 튼튼한 안보, 군사대비태세 확립, 강한 해군 건설, 효율과 혁신의 부대로 발전하고 있다. 급속도로 변화하고 있는 현대 사회에서 첨단화 · 과학화 추세에 맞는 최상의 장비 운용과 확고한 전비 태세 유지를 위한 전문인력 배양과 확보에 노력하고 있다. 앞으로도 해군은 대한민국의 자유 · 평화 · 번영을 바다에서 뒷받침하는 역할을 할 것이다.

본서는 해군 사관후보생으로 입대를 준비하는 수험생의 간부선발도구 필기시험 준비를 돕기 위해 개발된 맞춤형 교재로, 언어논리, 자료해석, 지각속도, 공간지각의 내용으로 구성된 인지능력적성검사, 상황판단검사 및 직무성격검사 등을 심층 분석하여 수록하였다.

원하는 바를 이루고자 한다면, 노력과 인내 그리고 열정을 품고 꾸준히 노력해야 한다. 도서출판 서원각은 항상 수험생 여러분의 합격을 기원한다.

본서를 통하여 합격의 기쁨과 엘리트장교로서의 꿈을 펼치기를 기원한다.

Structure

01 간부선발도구예시문

각 영역별 예시 문제를 수록하여 쉽게 유형 파악이 가능하도록 하였습니다.

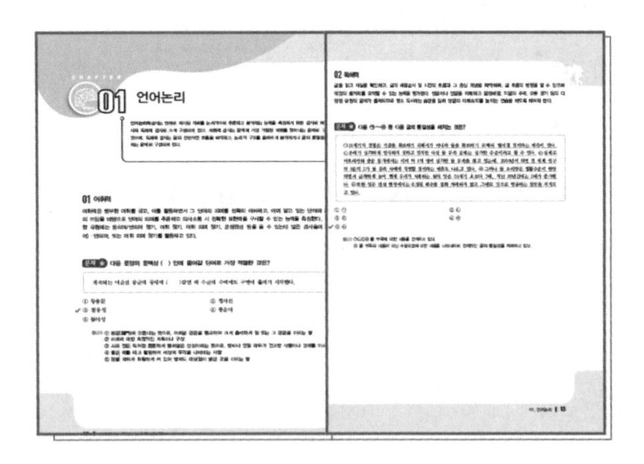

02 인지능력적성검사

기출문제 분석을 통한 출제 가능성이 높은 예상문제를 수록하여 각 영역별로 문제 유형을 익히고 학습할 수 있도록 하였습니다.

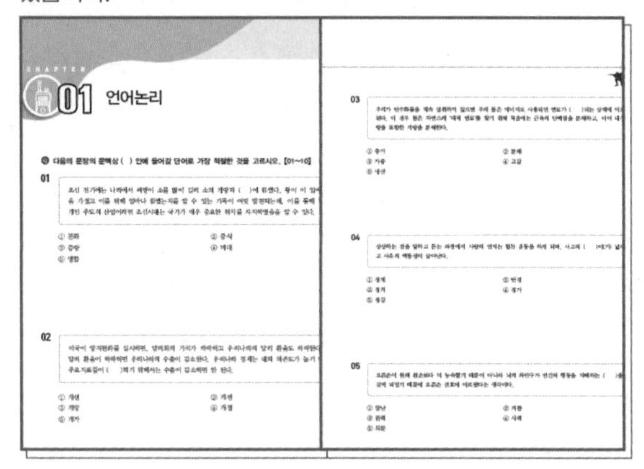

03 상황판단검사 및 직무성격검사

간부선발도구에 포함되는 상황판단검사와 직무성격검사를 실전과 같이 풀어볼 수 있도록 하였습니다.

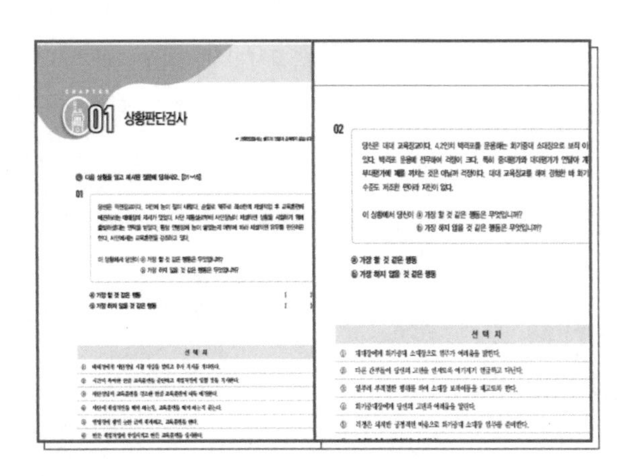

04 실력평가 모의고사

예상문제로 유형을 익힌 뒤 실전문제와 동일하게 구성된 모의고사를 통해 자신의 실력을 점검해 볼 수 있도록 하였습니다.

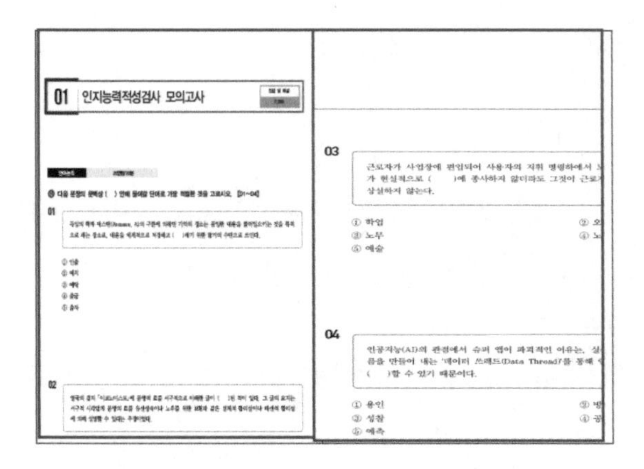

Contents

* 2022년 공고 기준

복무기간

임관 후 3년

항공조종의 경우 회전익 10년, 고정익 13년

지원자격

① 연령 … 임관일 기준 만 20세 ~ 27세의 대한민국 남자 및 여자(임신 중인 자 제외)

㉠ 5급 공무원 공개경쟁 채용시험 합격자 및 박사학위과정 수료자, 공인회계사, 변리사 자격 획득자로서 실무수습 1년 종료 후 등록을 필한 자는 만 29세까지 지원 가능

㉡ 제대군인 및 사회복무요원을 필한 경우 현역으로 복무한 기간에 따라 만 30세까지 지원 가능

- 2년 이상 복무 후 전역자 : 만 30세까지
- 1년 이상 2년 미만 복무 후 전역자 : 만 29세까지
- 1년 미만 복무 후 전역자 : 만 28세까지

㉢ 준 · 부사관 출신인 경우 만 35세까지 지원 가능

※ 고령 임용에 따라 복무 중 진급 또는 연금수혜에 제한이 있을 수 있음

② 학력 … 학사학위 취득(예정)자 또는 이와 동등 이상의 학력 소지자

㉠ 졸업예정자는 지원서 접수시 졸업예정증명서 제출 후, 해군사관학교(장교교육대대) 입영시 까지 졸업 및 학위취득 시 입영 가능

단, 입영일 까지 졸업 / 학위 취득 불가 시 합격 취소

㉡ 교육부 인정학위(독학사, 방송통신대, 사이버대, 학점은행제 등) 지원 가능

③ 신체 … 해군건강관리규정 의거 신체등급 3급 이상

④ 사상이 건전하고 품행이 단정하며 건강한 자

⑤ 군인사법 제10조 제2항 결격사유 의거 다음에 해당되는 자는 임용불가

㉠ 대한민국의 국적을 가지지 아니한 사람 또는 대한민국 국적과 외국 국적을 함께 가지고 있는 사람

㉡ 피성년 후견인 또는 피한정 후견인

㉢ 파산선고를 받은 사람으로서 복권되지 아니한 사람

㉣ 금고 이상의 형을 선고받고 그 집행이 종료되거나 집행을 받지 아니하기로 확정된 후 5년이 지나지 아니한 사람

㉤ 금고 이상의 형의 집행유예를 선고받고 그 유예기간 중에 있거나 그 유예기간이 종료된 날부터 2년이 지나지 아니한 사람

㉥ 자격정지 이상의 형의 선고유예를 받고 그 유예기간 중에 있는 사람

㉦ 공무원 재직기간 중 직무와 관련하여 형법 제355조 또는 제366조에 규정된 죄를 범한 사람으로서 300만원 이상의 벌금형을 선고받고 그 형이 확정된 후 2년이 지나지 아니한 사람

㉧ 「성폭력범죄의 처벌 등에 관한 특례법」 제2조에 따른 성폭력범죄로 100만 원 이상의 벌금형을 선고받고 그 형이 확정된 후 3년이 지나지 아니한 사람

ⓧ 미성년자에 대해 다음의 어느 하나에 해당하는 죄를 저질러 파면·해임되거나 형 또는 치료감호를 선고받아 그 형 또는 치료감호가 확정된 사람(집행유예를 선고받은 후 그 집행유예기간이 경과한 사람을 포함한다.)
- 「성폭력범죄의 처벌 등에 관한 특례법」 제2조에 따른 성폭력범죄
- 「아동·청소년의 성보호에 관한 법률」 제2조 제2호에 따른 아동·청소년 대상 성범죄

ⓩ 탄핵이나 징계에 의하여 파면되거나 해임처분을 받은 날부터 5년이 지나지 아니한 사람

㉠ 법원의 판결 또는 다른 법률에 따라 자격이 정지되거나 상실된 사람

세부 평가기준

① 필기시험

㉠ 대상 : 일반분야 지원자

※ 해사교관(체육학) 지원자, 전문분야 지원자 중 일반분야 중복 지원 및 임의분류동의자 포함

㉡ 내용 : 간부선발도구, 국사(한국사능력검정시험)

㉢ 평가요소 및 배점

평가요소	필기시험		가산점	소계
	국사(한국사능력검정시험)	간부선발도구		
배점	40	210	50	300

※ 교관(체육학) 지원자는 국사 20점, 간부선발도구 80점 변환 적용

※ 간부선발도구

구분	인지능력적성검사(93문항/58분)				상황판단검사 (15문항/20분)	직무성격검사 (180문항/30분)	소계
	언어논리	자료해석	지각속도	공간지각			
배점	68	68	16	16	42	면접 참고	210

※ 국사시험(한국사능력검정시험 급수 적용)

구분		1급	2급	3급	4급(90%)	5급(85%)	6급(80%)
점수(점)	일반	40			36	34	32
	체육교관	20			18	17	16

㉣ 종합성적이 총점의 50% 미만 또는 필기고사 인지능력평가 언어논리, 자료해석 과목 중 1개 이상 성적이 30% 미만인 자, 지원자격 미달자는 불합격 처리

② AI 온라인 면접

㉠ 대상 : 1차 합격자 전원

㉡ 장소 : 개인별 편한장소

㉢ 준비사항 : 인터넷 PC(또는 스마트폰), 웹캠, 스피커, 마이크 등

③ 신체검사

㉠ 대상 : 1차 합격자 전원

㉡ 합격기준 : 종합판정 결과 3급 이상

㉢ 재검대상자는 군 병원이 요구하는 일자에 재검을 실시해야 하며, 재검미실시자는 신체검사 불합격 처리됨

※ 재검대상일 경우 군 병원 신체검사 담당자 및 모병관 안내를 반드시 확인

㉣ 신체검사 시 유의사항

- 검사전일 21 : 00시 이후 공복상태 유지
- 수험표 및 신분증을 지참하여 지정된 시간에 도착
- 수험표 및 신분증 미지참자, 지연도착자는 신체검사 응시 불가
- 신체검사 설문시 본인의 과거병력, 질환, 문신 등의 항목에 대해 허위로 기술하였거나 은폐하였을 경우 선발/입영 취소 등의 모든 불이익은 본인 책임
- 여자 지원자는 산부인과 검사(복부초음파, 임신반응검사)를 2차 전형 계획에 따라 서울(국군수도병원), 진해(해양의료원)에서 실시하며 민간병원 검사 희망자는 개별 검사 후 검사결과지를 제출

④ 면접평가

㉠ 대상 : 1차 합격자 전원

㉡ 면접분야 및 배점

평가분야	배점	평가중점
군인기본자세	30점	태도(10), 발성발음 · 외적자세(20)
문제해결능력	50점	표현력 · 논리성(40), 창의성(10)
적응력	60점	목적의식(20), 리더십 · 학교생활(25), 해군지식 · 병과 일반지식(15)
군가관, 안보관, 역사관	60점	국가 · 역사관(40), 안보관(20)

※ 면접평가 불참자는 불합격 처리

⑤ 인성검사

㉠ 대상 : 1차 합격자 전원

㉡ 면접 대기시간 및 별도 시간 이용 검사 실시

㉢ 내용 : MMPI-Ⅱ 인성검사지를 이용한 검사

⑥ 신원조사

㉠ 대상 : 1차 합격자 전원

㉡ 신원조회는 군인사법 제10조의 임용결격사유, 이중국적, 범죄사실 등을 확인, 선발시 신원조사 결과 활용

선발기준

① 1차 선발 … 모집계획 인원의 2～3배수 이내 선발하며, 계획 인원이 소수인 병과는 3배수 이상 선발

② 최종선발

㉠ 1차 필기시험 합격자를 대상으로 면접, 신체/인성검사, 신원조사 후 선발심의위원회를 통해 선발

㉡ 병과별 1, 2지망을 통합하여 종합성적, 지원자의 1, 2지망 순 우선순위 및 선발심의위원회 결정을 반영, 선발

㉢ 종합성적이 동점일 경우 다음과 같이 우선순위를 적용하여 선발

- 공통 : 면접시험 – 필기시험 – 가산점 성적 순
- 통역요원 : 실기평가 – 면접시험 성적 순

㉣ 병과 임의분류 희망자(개인)는 1, 2지망에서 불합격 될 경우 전공고려 부족 선발된 병과로 선발 가능

선발취소

① 군인사법 제10조 임용결격사유 중 어느 하나에 해당하는 경우

② 음주운전, 도박, 성범죄 행위, 폭력 등 품행이 불량한 경우

③ 선발관련 서류 중 위조된 서류를 제출한 자(선발된 후 위조사실이 적발된 자 포함)

④ 양성과정 입교(또는 임관) 후에 학위 위 · 변조 사실 또는 미취득 사실이 확인될 경우 선발취소

기타사항

① 지원자 및 최종 합격자는 인터넷 해군 홈페이지 "모집공고/질의응답" 코너 및 카카오톡 오픈채널 "해군모집(공식)"를 적극 활용하도록 한다.

② 지원자는 인터넷 지원 후 지원서류를 출력하여 서명 또는 날인 후 제출하여야 한다.

③ 시험 응시자는 신분증(주민등록증, 여권, 운전면허증), 수험표, 필기구(컴퓨터용 수성펜)를 지참하여 지정된 시험 장소에 입실하도록 한다.

※ 신분증 미지참자와 지연 도착자는 시험에 응시할 수 없음

④ 개인신상정보 변경시 즉각 해군본부 인재획득과로 통보

㉠ 개명, 주소지 / 연락처 변경 등 개인 신상정보사항 변경시

㉡ 법률적인 사항, 신체적인 결함사항 발생시

※ 개인신상정보 변동 관련 사항을 통보하지 않아 발생하는 불이익(문제)에 대해서는 본인 책임

01

간부선발도구 예시문

언어논리, 자료해석, 지각속도, 공간지각, 상황판단검사, 직무성격검사

해군 간부선발 시 적용하고 있는 필기평가 중 지원자들이 생소하게 생각하고 있는 간부선발 필기평가의 예시문항이며, 문항수와 제한시간은 다음과 같습니다.

구분	언어논리	자료해석	지각속도	공간지각	상황판단검사	직무성격검사
문항 수	25문항	20문항	30문항	18문항	15문항	180문항
시간	20분	25분	3분	10분	20분	30분

※ 본 자료는 참고 목적으로 제공되는 예시 문항으로서 각 하위검사별 난이도, 세부 유형 및 문항 수는 차후 변경될 수 있습니다.

CHAPTER

01 언어논리

언어논리력검사는 언어로 제시된 자료를 논리적으로 추론하고 분석하는 능력을 측정하기 위한 검사로 어휘력 검사와 독해력 검사로 크게 구성되어 있다. 어휘력 검사는 문맥에 가장 적합한 어휘를 찾아내는 문제로 구성되어 있으며, 독해력 검사는 글의 전반적인 흐름을 파악하고, 논리적 구조를 올바르게 분석하거나 글의 통일성을 파악하는 문제로 구성되어 있다.

01 어휘력

어휘력은 풍부한 어휘를 갖고, 이를 활용하면서 그 단어의 의미를 정확히 이해하고, 이미 알고 있는 단어와 문장 내에서의 쓰임을 바탕으로 단어의 의미를 추론하고 의사소통 시 정확한 표현력을 구사할 수 있는 능력을 측정한다. 일반적인 문항 유형에는 동의어/반의어 찾기, 어휘 찾기, 어휘 의미 찾기, 문장완성 등을 들 수 있는데 많은 검사들이 동의어(유의어) · 반의어, 또는 어휘 의미 찾기를 활용하고 있다.

문제 ☆ **다음 문장의 문맥상 ( ) 안에 들어갈 단어로 가장 적절한 것은?**

> 계속되는 이순신 장군의 공세에 (　　)같던 왜 수군의 수비에도 구멍이 뚫리기 시작했다.

① 등용문　　② 청사진

✔ ③ 철옹성　　④ 풍운아

⑤ 불야성

해설 ① 용문(龍門)에 오른다는 뜻으로, 어려운 관문을 통과하여 크게 출세하게 됨 또는 그 관문을 이르는 말
② 미래에 대한 희망적인 계획이나 구상
③ 쇠로 만든 독처럼 튼튼하게 둘러쌓은 산성이라는 뜻으로, 방비나 단결 따위가 견고한 사물이나 상태를 이르는 말
④ 좋은 때를 타고 활동하여 세상에 두각을 나타내는 사람
⑤ 등불 따위가 휘황하게 켜 있어 밤에도 대낮같이 밝은 곳을 이르는 말

02 독해력

글을 읽고 사실을 확인하고, 글의 배열순서 및 시간의 흐름과 그 중심 개념을 파악하며, 글 흐름의 방향을 알 수 있으며 대강의 줄거리를 요약할 수 있는 능력을 평가한다. 장문이나 단문을 이해하고 문장배열, 지문의 주제, 오류 찾기 등의 다양한 유형의 문제가 출제되므로 평소 독서하는 습관을 길러 장문의 이해속도를 높이는 연습을 하도록 하여야 한다.

문제 ☆ 다음 ㉠~㉤ 중 다음 글의 통일성을 해치는 것은?

> ㉠21세기의 전쟁은 기름을 확보하기 위해서가 아니라 물을 확보하기 위해서 벌어질 것이라는 예측이 있다. ㉡우리가 심각하게 인식하지 못하고 있지만 사실 물 부족 문제는 심각한 수준이라고 할 수 있다. ㉢실제로 아프리카와 중동 등지에서는 이미 약 3억 명이 심각한 물 부족을 겪고 있는데, 2050년이 되면 전 세계 인구의 3분의 2가 물 부족 사태에 직면할 것이라는 예측도 나오고 있다. ㉣그러나 물 소비량은 생활수준이 향상되면서 급격하게 늘어 현재 우리가 사용하는 물의 양은 20세기 초보다 7배, 지난 20년간에는 2배가 증가했다. ㉤또한 일부 건설 현장에서는 오염된 폐수를 정화 처리하지 않고 그대로 강으로 방류하는 잘못을 저지르고 있다.

① ㉠
② ㉡
③ ㉢
④ ㉣
✔ ⑤ ㉤

해설 ㉠㉡㉢㉣ 물 부족에 대한 내용을 전개하고 있다.
㉤ 물 부족의 내용이 아닌 수질오염에 대한 내용을 나타내므로 전체적인 글의 통일성을 저해하고 있다.

CHAPTER

02 자료해석

자료해석력검사는 주어진 통계표, 도표, 그래프 등을 이용하여 문제를 해결하는데 필요한 정보를 파악하고 분석하는 능력을 알아보기 위한 검사이다. 자료해석 문항에서는 기초적인 계산 능력보다 수치자료로부터 정확한 의사결정을 내리거나 추론하는 능력을 측정하고자 한다. 도표, 그래프 등 실생활에서 접할 수 있는 수치자료를 제시하여 필요한 정보를 선별적으로 판단·분석하고, 대략적인 수치를 빠르고 정확하게 계산하는 유형이 대부분이다. 최근 들어, 수열, 방정식 등 기초적인 수리 및 계산능력을 평가하는 문항이 추가되고 있는 실정이다.

문제 1 다음과 같은 규칙으로 자연수를 1부터 차례로 나열할 때, 8이 몇 번째에 처음 나오는가?

1, 2, 2, 3, 3, 3, 4, 4, 4, 4, …

① 18　　② 21

✔ ③ 29　　④ 35

해설 1, 2, 2, 3, 3, 3, 4, 4, 4, 4 …

1이 한 번, 2가 두 번, 3이 세 번 4가 네 번 … 이런 식으로 자연수가 나열되는 경우이므로

1은 1번째, 2는 2번째, 3은 4번째, 4는 7번째, 5는 11번째 … 이런 식으로 각 수가 처음 나오게 된다.

순서를 잘 살펴보면

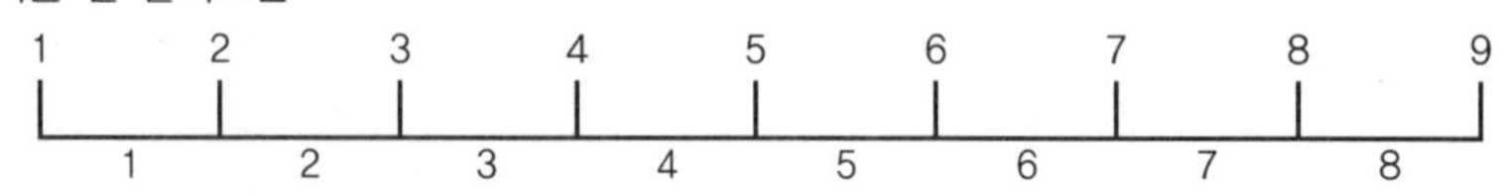

이런 식으로 변화됨을 알 수 있다.

그러므로 8이 처음 나오는 순서는

$1+2+3+4+5+6+7=28$은 7까지 끝나는 순서이므로 8이 처음 나오면 1을 더해야 한다.

$28+1=29$

그러므로 8이 처음 나오는 순서는 29번째가 된다.

문제 2 다음은 국가별 수출액 지수를 나타낸 그림이다. 2014년에 비하여 2020년의 수입량이 가장 크게 증가한 국가는?

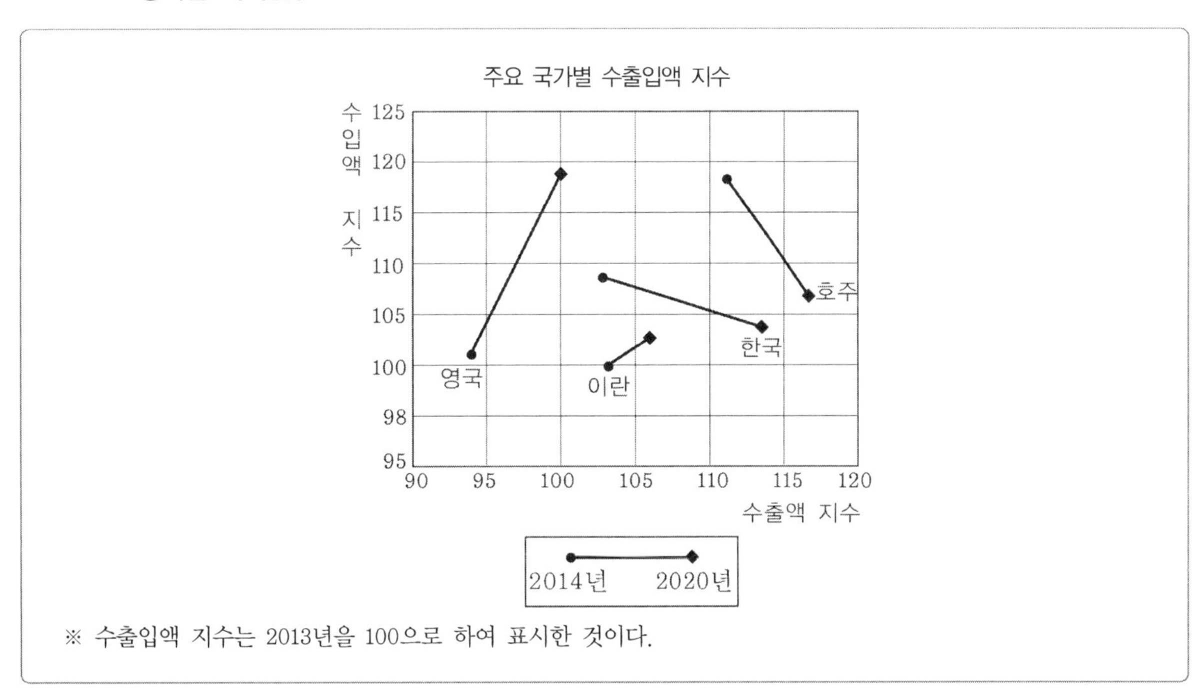

※ 수출입액 지수는 2013년을 100으로 하여 표시한 것이다.

✔ ① 영국 ② 이란
③ 한국 ④ 호주

해설 수입량이 증가한 나라는 영국과 이란 뿐이며, 한국과 호주는 감소하였다.
영국과 이란 중 가파른 상승세를 나타내는 것이 크게 증가한 것을 나타내므로 영국의 수입량이 가장 크게 증가한 것으로 볼 수 있다.

CHAPTER

03 지각속도

지각속도검사는 지각속도를 측정하기 위한 검사로 틀릴 경우 감점으로 채점하고, 풀지 않은 문제는 0점으로 채점이 된다. 총 30문제로 구성이 되며 제한시간은 3분이므로 많은 연습을 통해 빠르게 푸는 요령을 습득하여야 한다.

[유형 ①] 대응하기

아래의 문제 유형은 일련의 문자, 숫자, 기호의 짝을 제시한 후 특정한 문자에 해당되는 코드를 빠르게 선택하는 문제입니다.

문제 1 아래 〈보기〉의 왼쪽과 오른쪽 기호의 대응을 참고하여 각 문제의 대응이 같으면 답안지에 '① 맞음'을, 틀리면 '② 틀림'을 선택하시오.

〈보기〉

a = 강	b = 응	c = 산	d = 전
e = 남	f = 도	g = 길	h = 아

강 응 산 전 남 – a b c d e

✔ ① 맞음　　② 틀림

해설 〈보기〉의 내용을 보면 강=a, 응=b, 산=c, 전=d, 남=e이므로 a b c d e이므로 맞다.

[유형 ②] 숫자세기

아래의 문제 유형은 제시된 문자군, 문장, 숫자 중 특정한 문자 혹은 숫자의 개수를 빠르게 세어 표시하는 문제입니다.

문제 2 **다음의 〈보기〉에서 각 문제의 왼쪽에 표시된 굵은 글씨체의 기호, 문자, 숫자의 개수를 오른쪽에서 찾으시오.**

〈보기〉

3 78302064206820487203873079620504067321

① 2개
✔ ② 4개
③ 6개
④ 8개

해설 나열된 수에 3이 몇 번 들어 있는가를 빠르게 확인하여야 한다.
78**3**0206420682048720**3**87**3**079620504067**3**21 → 4개

〈보기〉

ㄴ 나의 살던 고향은 꽃피는 산골

① 2개
② 4개
✔ ③ 6개
④ 8개

해설 나열된 문장에 ㄴ이 몇 번 들어갔는지 확인하여야 한다.
나의 살**던** 고향**은** 꽃피**는** **산**골 → 6개

C H A P T E R

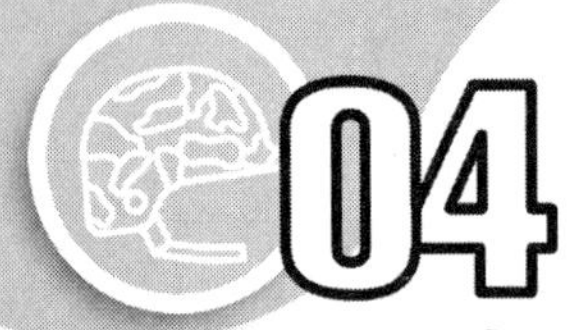

04 공간지각

공간지각력검사는 입체도형의 전개도를 고르는 문제, 전개도를 입체도형으로 만드는 문제, 제시된 그림처럼 블록을 쌓은 경우 그 블록의 개수 구하는 문제, 제시된 블록들을 화살표 표시한 방향에서 바라봤을 때의 모양을 고르는 문제 등 4가지 유형으로 구분할 수 있다. 물론 유형의 변경은 사정에 의해 발생할 수 있음을 숙지하여 여러 가지 공간능력에 관한 문제를 접해보는 것이 좋다.

[유형 ① 문제 푸는 요령]

주어진 입체도형을 전개하여 전개도로 만들 때 그 전개도에 해당하는 것을 찾는 형태로 주어진 조건에 의해 기호 및 문자는 회전에 반영하지 않으며, 그림만 회전의 효과를 반영한다는 것을 숙지하여 정확한 전개도를 고르는 문제이다. 그러므로 그림의 모양은 입체도형의 상, 하, 좌, 우에 따라 변할 수 있음을 알아야 하며, 기호 및 문자는 항상 우리가 보는 모양으로 회전되지 않는다는 것을 알아야 한다.

제시된 입체도형은 정육면체이므로 정육면체를 만들 수 있는 전개도의 모양과 보는 위치에 따라 돌아갈 수 있는 그림을 빠른 시간에 파악해야 한다. 문제보다 보기를 먼저 살펴보는 것이 유리하다.

문제 1 다음 입체도형의 전개도로 알맞은 것은?

- 입체도형을 전개하여 전개도를 만들 때, 전개도에 표시된 그림(예 : ▢, ▢ 등)은 회전의 효과를 반영함. 즉, 본 문제의 풀이과정에서 보기의 전개도 상에 표시된 "▢"와 "▢"은 서로 다른 것으로 취급함.
- 단, 기호 및 문자(예 : ☎, ♤, ♨, K, H)의 회전에 의한 효과는 본 문제의 풀이과정에 반영하지 않음. 즉, 입체도형을 펼쳐 전개도를 만들었을 때에 "▢"의 방향으로 나타나는 기호 및 문자도 보기에서는 "▢"방향으로 표시하며 동일한 것으로 취급함.

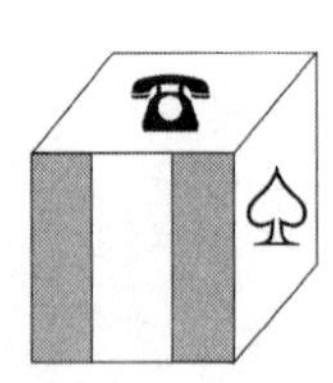

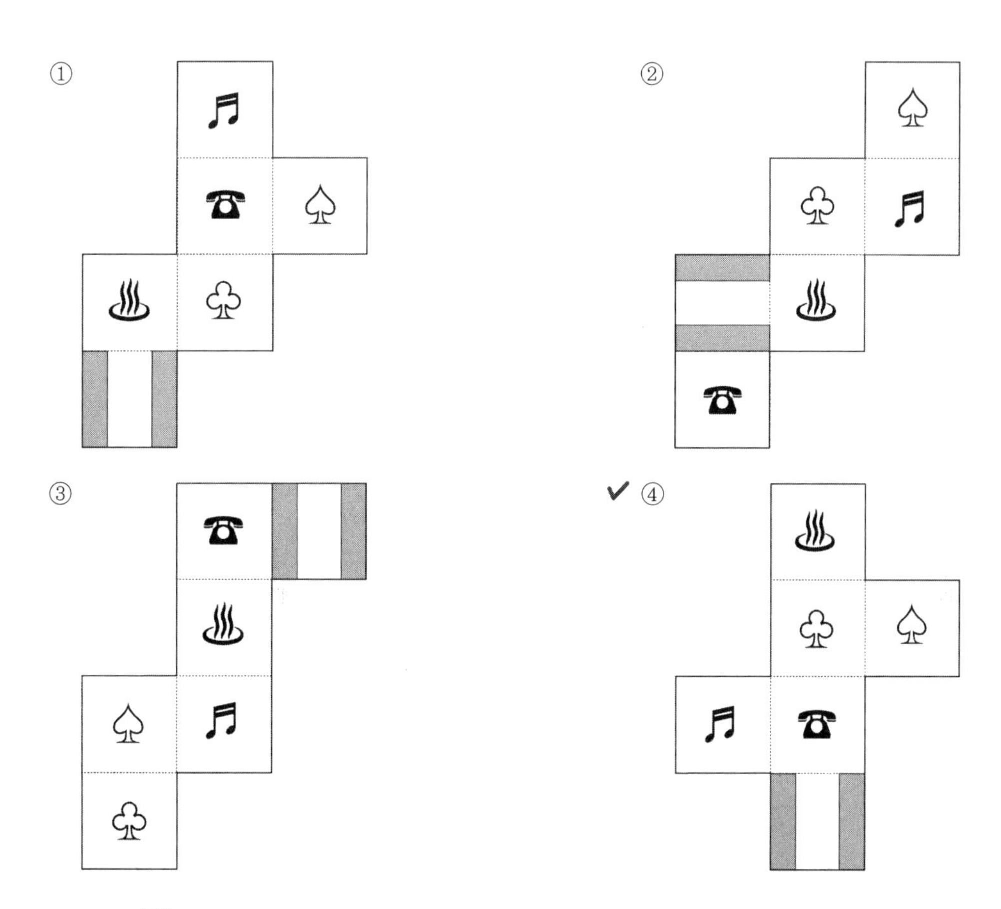

해설 ☐ 모양의 윗면과 오른쪽 면에 위치하는 기호를 찾으면 쉽게 문제를 풀 수 있다. 기호나 문자는 회전을 적용하지 않으므로 4번이 답이 된다.

[유형 ② 문제 푸는 요령]

평면도형인 전개도를 접어 나오는 입체도형을 고르는 문제이다. 유형 ①과 마찬가지로 기호나 문자는 회전을 적용하지 않는다고 조건을 제시하였으므로 그림의 모양만 신경을 쓰면 된다.

보기에 제시된 입체도형의 윗면과 옆면을 잘 살펴보면 답의 실마리를 찾을 수 있다. 그림의 위치에 따라 윗면과 옆면에 나타나는 문자가 달라지므로 유의하여야 한다. 그림을 중심으로 어느 면에 어떤 문자가 오는지를 파악하는 것이 중요하다.

문제 2 다음 전개도로 만든 입체도형에 해당하는 것은?

- 전개도를 접을 때 전개도 상의 그림, 기호, 문자가 입체도형의 겉면에 표시되는 방향으로 접음
- 전개도를 접어 입체도형을 만들 때, 전개도에 표시된 그림(예 : , 등)은 회전의 효과를 반영함. 즉, 본 문제의 풀이과정에서 보기의 전개도 상에 표시된 " "와 " "은 서로 다른 것으로 취급함.
- 단, 기호 및 문자(예 : ☎, ♤, ♨, K, H)의 회전에 의한 효과는 본 문제의 풀이과정에 반영하지 않음. 즉, 전개도를 접어 입체도형을 만들었을 때에 " "의 방향으로 나타나는 기호 및 문자도 보기에서는 " " 방향으로 표시하며 동일한 것으로 취급함.

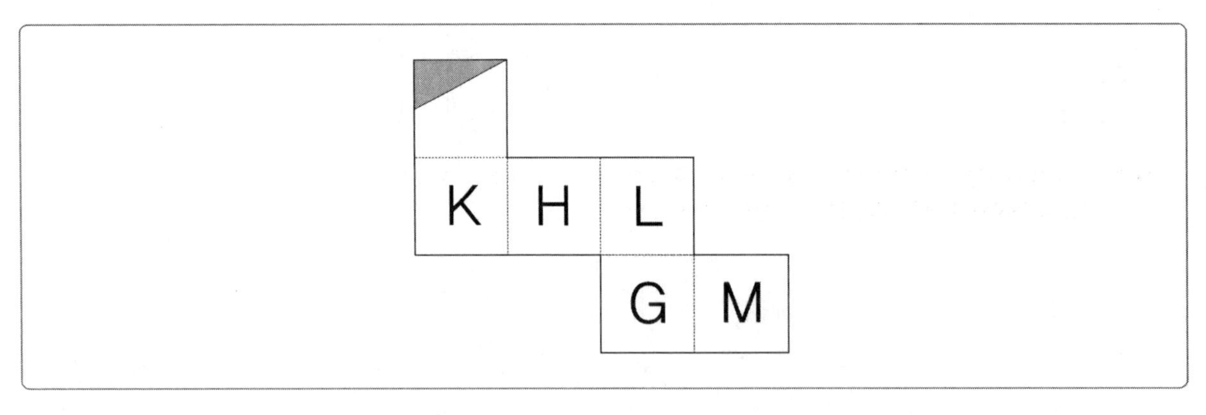

① 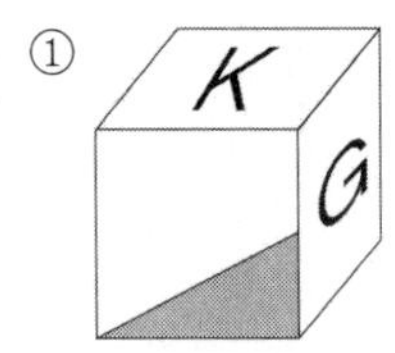

✔ ② 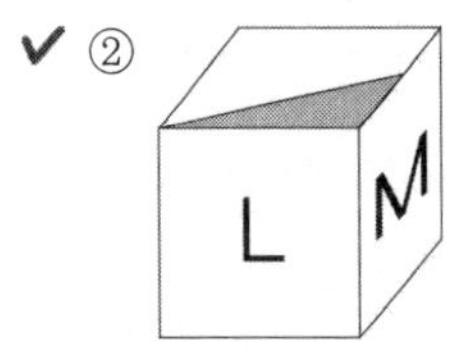

③ 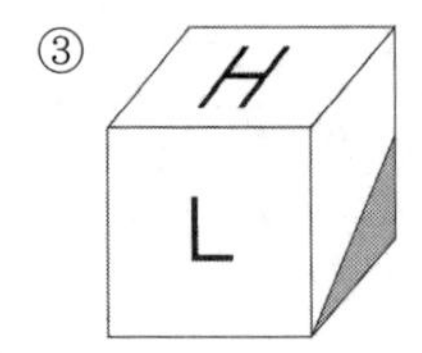

④ 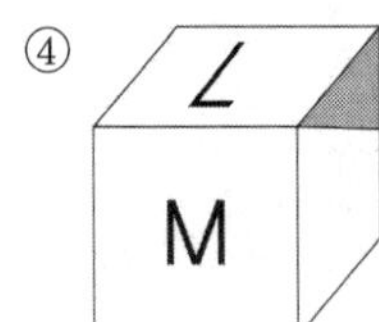

해설 그림의 색칠된 삼각형 모양의 위치를 먼저 살펴보면
① G의 위치에 M이 와야 한다.
③ L의 위치에 H, H의 위치에 K가 와야 한다.
④ 그림의 모양이 좌우 반전이 되어야 한다.

[유형 ③ 문제 푸는 요령]

쌓아 놓은 블록을 보고 여기에 사용된 블록의 개수를 구하는 문제이다. 블록은 모두 크기가 동일한 정육면체라고 조건을 제시하였으므로 블록의 모양은 신경을 쓸 필요가 없다.

블록의 위치가 뒤쪽에 위치한 것인지 앞쪽에 위치한 것인지에서부터 시작하여 몇 단으로 쌓아 올려져 있는지를 빠르게 파악해야 한다. 가장 아랫면에 존재하는 개수를 파악하고 한 단씩 위로 올라가면서 개수를 파악해도 되며, 앞에서부터 보이는 블록의 수부터 개수를 세어도 무방하다. 그러나 겹치거나 뒤에 살짝 보이는 부분까지 신경 써야 함은 잊지 말아야 한다. 단 1개의 블록으로 문제의 승패가 좌우된다.

문제 3 아래에 제시된 그림과 같이 쌓기 위해 필요한 블록의 수는?
(단, 블록은 모양과 크기는 모두 동일한 정육면체이다)

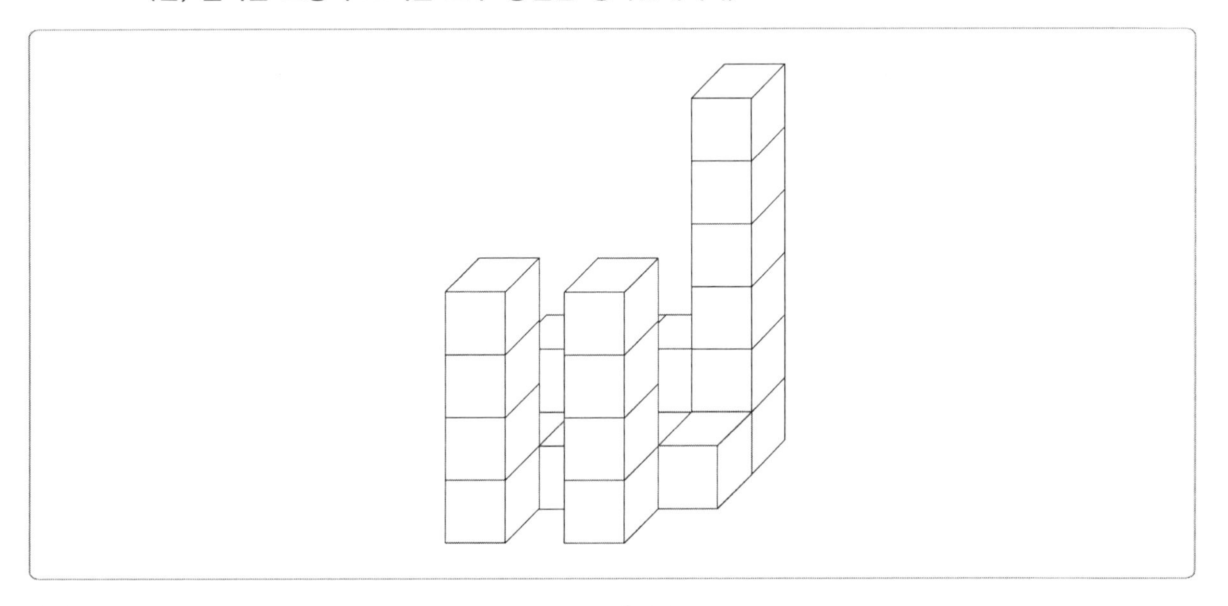

① 18 ② 20
③ 22 ✔ ④ 24

해설 그림을 쉽게 생각하면 블록이 4개씩 붙어 있다고 보면 쉽다. 앞에 2개, 뒤에 눕혀서 3개, 맨 오른쪽 눕혀진 블록들 위에 1개 4개씩 쌓아진 블록이 6개 존재하므로 24개가 된다.
시간이 많다면 하나하나 세어도 좋다.

[유형 ④ 문제 푸는 요령]

제시된 그림에 있는 블록들을 오른쪽, 왼쪽, 위쪽 등으로 돌렸을 때의 모양을 찾는 문제이다.

모두 동일한 정육면체이며, 원근에 의해 블록이 작아 보이는 효과는 고려하지 않는다는 조건이 제시되어 있으므로 블록이 위치한 지점을 정확하게 파악하는 것이 중요하다.

실수로 중간에 있는 블록의 모양을 놓치는 경우가 있으므로 쉽게 모눈종이 위에 놓여 있다고 생각하며 문제를 풀면 쉽게 해결할 수 있다.

문제 4 아래에 제시된 블록들을 화살표 표시한 방향에서 바라봤을 때의 모양으로 알맞은 것은?

- 블록은 모양과 크기는 모두 동일한 정육면체임
- 바라보는 시선의 방향은 블록의 면과 수직을 이루며 원근에 의해 블록이 작게 보이는 효과는 고려하지 않음

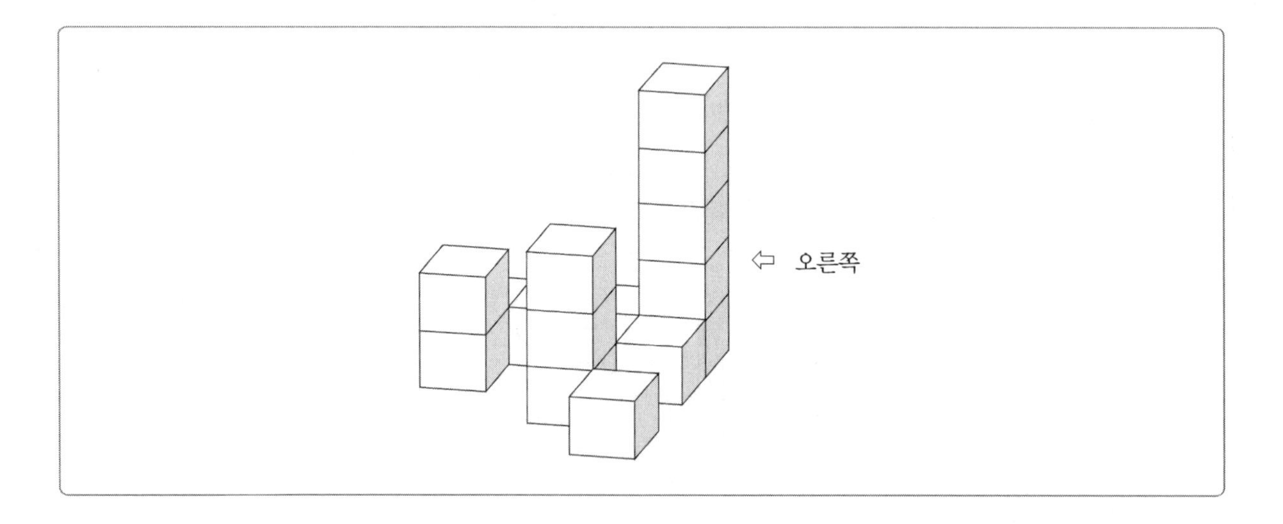

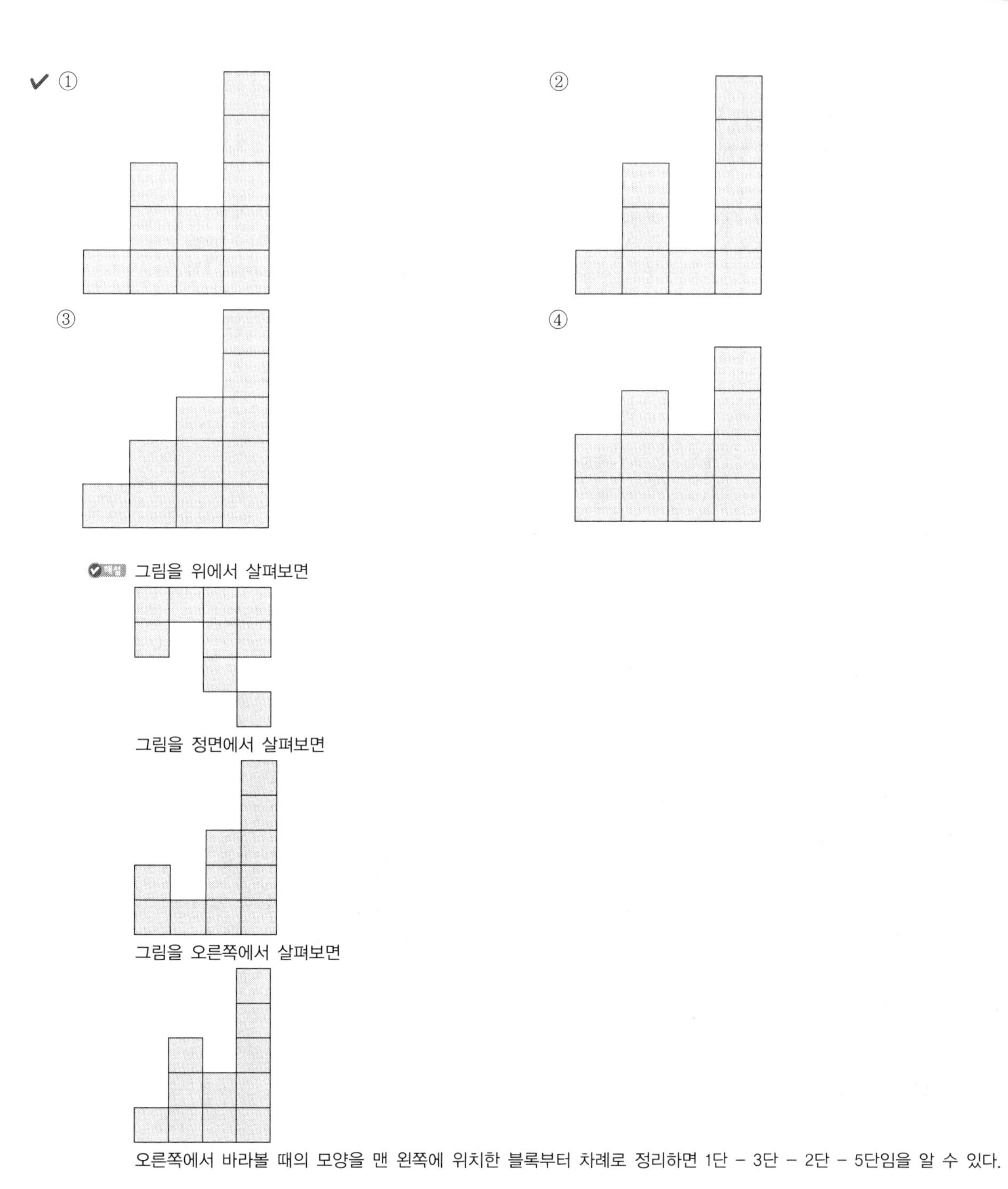

✔ ① ② ③ ④

해설 그림을 위에서 살펴보면

그림을 정면에서 살펴보면

그림을 오른쪽에서 살펴보면

오른쪽에서 바라볼 때의 모양을 맨 왼쪽에 위치한 블록부터 차례로 정리하면 1단 – 3단 – 2단 – 5단임을 알 수 있다.

CHAPTER

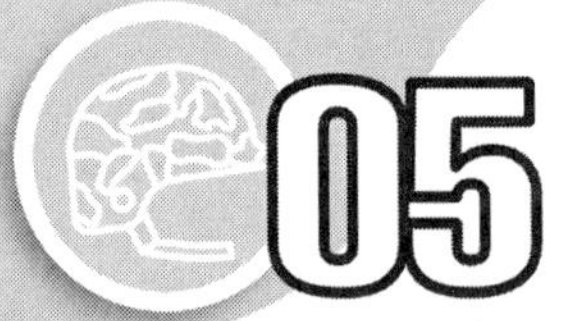

05 상황판단검사

초급 간부 선발용 상황판단검사는 군 상황에서 실제 취할 수 있는 대응행동에 대한 지원자의 태도/가치에 대한 적합도 진단을 하는 검사이다. 군에서 일어날 수 있는 다양한 가상 상황을 제시하고, 지원자로 하여금 선택지 중에서 가장 할 것 같은 행동과 가장 하지 않을 것 같은 행동을 선택하게 하여, 지원자의 행동이 조직(군)에서 요구되는 행동과 일치하는지 여부를 판단한다. 상황판단검사는 인적성 검사가 반영하지 못하는 해당 조직만의 직무 상황을 반영할 수 있으며, 인지요인/성격요인/과거 일을 했던 경험을 모두 간접 측정할 수 있고, 군에서 추구하는 가치와 역량이 행동으로 어떻게 표출되는지를 반영한다.

01 예시문제

당신은 소대장이며, 당신의 소대에는 음주와 관련한 문제가 있다. 특히 한 병사는 음주운전으로 인하여 민간인을 사망케 한 사고로 인해 아직도 감옥에 있고, 몰래 술을 마시고 소대원들끼리 서로 주먹다툼을 벌인 사고도 있었다. 당신은 이 문제에 대해 지대한 관심을 가지고 있으며, 병사들에게 문제의 심각성을 알리고 부대에 영향을 주기 위한 무엇인가를 하려고 한다. 이 상황에서 당신은 어떻게 할 것인가?

문제 ☆ 위 상황에서 당신은 어떻게 행동 하시겠습니까?

① 음주조사를 위해 수시로 건강 및 내무검사를 실시한다.
② 알코올 관련 전문가를 초청하여 알코올 중독 및 남용의 위험에 대한 강연을 듣는다.
③ 병사들에 대하여 엄격하게 대우한다. 사소한 것이라도 위반을 하면 가장 엄중한 징계를 할 것이라고 한다.
④ 전체 부대원에게 음주 운전 사망사건으로 인하여 감옥에 가 있는 병사에 대한 사례를 구체적으로 설명해준다.

M. 가장 취할 것 같은 행동 (①)

L. 가장 취하지 않을 것 같은 행동 (③)

02 답안지 표시방법

자신을 가장 잘 나타내고 있는 보기의 번호를 'M(Most)'에 표시하고, 자신과 가장 먼 보기의 번호를 'L(Least)'에 각각 표시한다.

상황판단검사						
1	M	●	②	③	④	⑤
	L	①	②	●	④	⑤

03 주의사항

상황판단검사는 객관적인 정답이 존재하지 않으며, 대신 검사 개발당시 주제 전문가들의 의견과 후보생들을 대상으로 한 충분한 예비검사 시행 및 분석과정을 거쳐 경험적인 답이 만들어진다. 때문에 따로 공부를 한다고 해서 성적이 오르는 분야가 아니다. 문제집을 통해 유형만 익힐 수 있도록 하는 것이 좋다.

CHAPTER

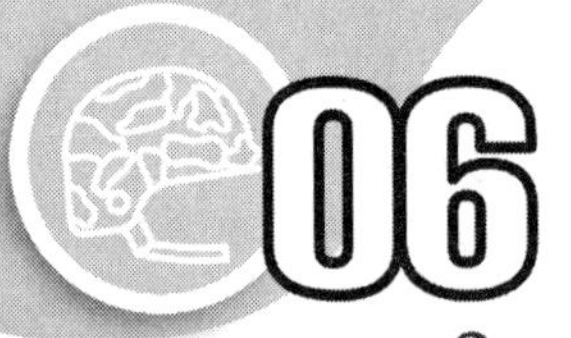

06 직무성격검사

초급 간부 선발용 직무성격검사는 총 180문항으로 이루어져 있으며, 검사시간은 30분이다. 초급 간부에게 요구되는 역량과 관련된 성격 요인들을 측정할 수 있도록 개발되었다. 가끔 지원자를 당황하게 하는 문제들도 있으므로 당황하지 말고 솔직하게 대답하는 것이 좋다. 너무 의식하면서 답을 하게 되면 일관성이 떨어질 수 있기 때문이다.

01 주의사항

- 응답을 하실 때는 자신이 앞으로 되기 바라는 모습이나 바람직하다고 생각하는 모습을 응답하지 마시고, 평소에 자신이 생각하는 바를 최대한 솔직하게 응답하는 것이 좋습니다.
- 총 180문항을 30분 내에 응답해야 합니다. 한 문항을 지나치게 깊게 생각하지 마시고, 머릿속에 떠오르는 대로 "OMR답안지' '에 바로바로 응답하시기 바랍니다.
- 본 검사는 귀하의 의견이나 행동을 나타내는 문항으로 구성되어 있습니다. 각각의 문항을 읽고 그 문항이 자기 자신을 얼마나 잘 나타내고 있는지를, 제시한 〈응답 척도〉와 같이 응답지에 답해 주시기 바랍니다.

02 응답척도

'1' = 전혀 그렇지 않다	●	②	③	④	⑤
'2' = 그렇지 않다	①	●	③	④	⑤
'3' = 보통이다	①	②	●	④	⑤
'4' = 그렇다	①	②	③	●	⑤
'5' = 매우 그렇다	①	②	③	④	●

03 예시문제

다음 상황을 읽고 제시된 질문에 답하시오.

① 전혀 그렇지 않다	② 그렇지 않다	③ 보통이다	④ 그렇다	⑤ 매우 그렇다

1. 조직(학교나 부대) 생활에서 여러 가지 다양한 일을 해보고 싶다. ① ② ③ ④ ⑤
2. 아무것도 아닌 일에 지나치게 걱정하는 때가 있다. ① ② ③ ④ ⑤
3. 조직(학교나 부대) 생활에서 작은 일에도 걱정을 많이 하는 편이다. ① ② ③ ④ ⑤
4. 여행을 가기 전에 미리 세세한 일정을 준비한다. ① ② ③ ④ ⑤
5. 조직(학교나 부대) 생활에서 매사에 마음이 여유롭고 느긋한 편이다. ① ② ③ ④ ⑤
6. 친구들과 자주 다툼을 한다. ① ② ③ ④ ⑤
7. 시간 약속을 어기는 경우가 종종 있다. ① ② ③ ④ ⑤
8. 자신이 맡은 일은 책임지고 끝내야 하는 성격이다. ① ② ③ ④ ⑤
9. 부모님의 말씀에 항상 순종한다. ① ② ③ ④ ⑤
10. 외향적인 성격이다. ① ② ③ ④ ⑤

02

인지능력적성검사

CHAPTER

01 언어논리

≫ 정답 및 해설 p.224

Q 다음의 문장의 문맥상 ( ) 안에 들어갈 단어로 가장 적절한 것을 고르시오. 【01~10】

01

조선 전기에는 나라에서 씨받이 소를 많이 길러 소의 개량과 ( )에 힘썼다. 왕이 이 일에 얼마나 관심을 가졌고 이를 위해 얼마나 힘썼는지를 알 수 있는 기록이 여럿 발견되는데, 이를 통해 현대 축산업이 개인 주도의 산업이라면 조선시대는 국가가 매우 중요한 위치를 차지하였음을 알 수 있다.

① 분화
② 증식
③ 증량
④ 비대
⑤ 병합

02

미국이 양적완화를 실시하면, 달러화의 가치가 하락하고 우리나라의 달러 환율도 하락한다. 우리나라의 달러 환율이 하락하면 우리나라의 수출이 감소한다. 우리나라 경제는 대외 의존도가 높기 때문에 경제의 주요지표들이 ( )되기 위해서는 수출이 감소하면 안 된다.

① 개선
② 개전
③ 개방
④ 개정
⑤ 개가

03

> 우리가 탄수화물을 계속 섭취하지 않으면 우리 몸은 에너지로 사용되던 연료가 (　　)되는 상태에 이르게 된다. 이 경우 몸은 자연스레 '대체 연료'를 찾기 위해 처음에는 근육의 단백질을 분해하고, 이어 내장지방을 포함한 지방을 분해한다.

① 증가
② 분해
③ 가중
④ 고갈
⑤ 생산

04

> 상상하는 것을 말하고 듣는 과정에서 사람의 인지는 힘찬 운동을 하게 되며, 사고의 (　　)이(가) 넓어지고 사유의 역동성이 살아난다.

① 경계
② 반경
③ 경치
④ 경가
⑤ 경감

05

> 오른손이 원래 왼손보다 더 능숙했기 때문이 아니라 뇌의 좌반구가 인간의 행동을 지배하는 (　　)을/를 갖게 되었기 때문에 오른손 선호에 이르렀다는 생각이다.

① 장난
② 거름
③ 권력
④ 사력
⑤ 의문

06

> 다양한 의미와 유형을 내포했던 1930년대의 '탐정'과 탐정소설은 현재로 오면서 오히려 그 범위가 협소해진 것으로 보인다. '탐정'이라는 용어는 서술어적 의미가 사라지고 인물의 의미로 (　　)되어 사용되었으며, 탐정소설은 감정적 혹은 육감적 사건 전개나 기괴한 이야기가 지니는 환상적인 매력이 사라지고 논리적 추론 과정에 초점이 맞추어지는 서구의 고전적 탐정소설 유형만이 남게 되었다.

① 국한
② 확대
③ 촉진
④ 이완
⑤ 중첩

07

> 조선후기에 들어와 아들이 없어 대를 이을 수 없는 양반들은 가계의 (　　)을 막기 위해 양자를 적극적으로 입양했다.

① 지연
② 이행
③ 유지
④ 지속
⑤ 단절

08

> 조잡한 형태든 세련된 형태든 도덕을 가장 잘 특징짓는 것은 그것이 무엇인가를 금지하고 (　　)하는 일반 원칙의 형태로 나타난다는 점이다. 칸트가 정언명령을 몇 개의 일반적 정칙(定則)으로 제시했을 때도 그 내용은 '너희는 해서는 안 된다' 였다.

① 장려
② 제약
③ 부흥
④ 성행
⑤ 진행

09

신농업 확대가 농축산물의 품질개선 및 생산성 증대로 이어져 친환경농업 발전에 (　　)할 것으로 기대된다.

① 기각
② 기립
③ 기만
④ 기승
⑤ 기여

10

해마는 대뇌의 좌 · 우 측두엽 안쪽 깊숙이 자리한 기관으로 기억을 저장하고 (　)시켜 기억의 제조 공장으로 불린다.

① 상기
② 상승
③ 생장
④ 이탈
⑤ 추진

11 다음 글을 읽고 알 수 있는 내용으로 옳은 것은?

영국 경제학자 콜린 클라크는 산업을 1차~3차 산업으로 분류했는데, 1차 산업은 자연환경과 직접적으로 연관된 농업, 임업, 어업 등을 말한다. 2차 산업은 1차 산업의 결과물을 다른 상품으로 생산하는 산업을 말하는데 공업이나 건설업 등이 대표적이다. 3차 산업은 1~2차 산업의 생산물을 서비스로 제공하는 산업이기 때문에 서비스업이라고도 한다. 3차 산업은 도매 및 소매업, 운송업, 음식점업 등이 포함되는데, 현재는 대부분의 산업을 3차 산업으로 분류할 수 있다. 3차 산업을 다시 4~5차 산업으로 분류할 수 있다. 4차 산업은 정보, 의료, 교육, 서비스 산업 등 지식 산업을 말하며, 5차 산업은 패션 및 오락, 레저 등 취미 산업을 의미한다. 산업의 변화로 1.5차 산업과 2.5차 산업, 6차 산업 등 새로운 형태의 산업이 등장하였다. 1.5차 산업은 1차와 2차의 중간으로 농수산물을 가공하는 가공업 등이 해당하며, 2.5차 산업은 제조업과 제품과 서비스를 결합하여 경쟁력을 확보하는 새로운 산업이다. 우리나라에서는 구례군 산수유 마을이 1.5차 산업으로 지정되었다. 6차 산업은 1~3차 산업이 복합된 산업으로, 최근에는 농촌의 발전과 성장을 위한 6차 산업이 강조되고 있다. 농촌의 인구 감소와 고령화, 수입 농산물 개방으로 인한 국내 농산물 경쟁력 약화 등의 문제로 새롭게 등장하였으며 국내 공식 명칭은 농촌 융·복합 산업이다. 현재 농림축산식품부에서 6차 산업 사업자를 대상으로 성장 가능성을 고려하여 심사를 거친 뒤 사업자 인증서를 수여하고 있다. 농촌 융·복합 산업 사업자 인증제도는 농업인과 농업법인을 인증하여 핵심 경영체를 육성하는 시스템으로, 농촌의 다양한 유무형 자원을 활용하고 새로운 부가가치를 창출하기 위하여 도입되었다.

① 농촌과 국내 농산물 경쟁력을 제고하기 위해 6차 산업이 등장하였다.
② 2007년에 구례군 산수유 마을이 1.5차 산업으로 지정되었다.
③ 6차 산업은 1차 산업부터 취미 산업까지 이르는 새로운 산업이다.
④ 6차 산업은 농업인과 농업법인 핵심 경영체를 육성하기 위한 산업이다.
⑤ 6차 산업은 농촌의 다양한 유무형 자원을 활용하고 부가가치를 창출할 수 있다.

Q 다음 글을 읽고 물음에 답하시오. 【12~13】

(가) 사물인터넷(IoT)은 사물통신(M2M)과 혼용하여 사용되곤 하지만 사물통신의 의미와는 차이가 있다. M2M은 인간이 직접 제어하지 않는 상태에서 장비나 사물 또는 지능화된 기기들이 인간을 대신하여 통신 모두를 맡는 기술을 의미한다. 센서 등을 통해 전달하고 수집하며 위치나 시각, 날씨 등의 데이터를 다른 장비나 기기 등에 전달하기 위한 통신이다.

(나) 사물인터넷(IoT)의 궁극적인 목표는 우리 주변의 사물 인터넷 연결을 통하여 사물이 가진 특성을 지능화하고 인간의 개입을 최소화하여 자동화시키는 것을 목표로 한다. 더불어 다양한 연결을 통한 정보 융합이 인간에게 양질의 서비스를 제공하는 데에 있다. 이를 위하여 사물끼리의 연결로 다양한 정보를 수집하고 분석하여 서로 공유하도록 하는 것이 중요하다. 더 나아가 사물인터넷을 구현하기 위해서는 상황 인지 기술, 통신·네트워크 기술, 빅데이터 기술, 데이터 마이닝 기술, 프라이버시 보호 기술 등이 요구된다.

(다) 사물인터넷(IoT)은 기본적으로 모든 사물을 인터넷으로 연결하는 것이다. 상호 운용 가능한 정보 기술 및 통신기술을 활용하여 다양한 물리·가상 사물 간의 상호 연결을 하고, 이를 통하여 발전된 서비스를 제공할 수 있게 하는 글로벌 네트워크 인프라라고 정의할 수 있는 것이다. 즉, 사물인터넷은 사람과 사물, 공간, 데이터 등 모든 것이 인터넷으로 연결되어 정보가 생성되고 수집 및 공유, 활용되는 초연결 인터넷이다.

(라) 사물통신(M2M)과 사물인터넷(IoT)은 사물 간 통신이라는 공통점이 있다. 하지만 M2M이 이동통신 주체인 사물이 중심인 데 비해, 사물인터넷은 인간을 둘러싼 환경이 중심이다. 오히려 사물인터넷은 인간 중심이라는 점에서 사용자가 장소, 시간에 구애받지 않고 자유롭게 네트워크에 접속할 수 있는 환경인 유비쿼터스(Ubiquitous)와 흡사하다. 정리하자면 M2M은 하나의 기술로 존재하며, 이를 활용하는 서비스가 사물인터넷(IoT)인 것이다.

※ 데이터 마이닝 … 방대한 양의 데이터로부터 유용한 정보를 추출하는 기술을 말한다.

12 제시문을 문맥상 가장 자연스럽게 순서로 배열한 것은?

① (가) － (나) － (다) － (라)
② (나) － (다) － (라) － (가)
③ (나) － (라) － (가) － (다)
④ (다) － (나) － (가) － (라)
⑤ (다) － (라) － (가) － (나)

13 밑줄 친 '융합'과 그 의미가 유사한 것으로 가장 적절한 것은?

① 협합
② 합성
③ 상충
④ 융화
⑤ 분경

14 다음 글을 읽고 (가)~(마)의 내용을 바르게 이해하지 못한 것은?

(가) 사람의 70 평생도 보기에 따라서는 하루살이와 다를 것이 없다. 그러나 아무리 짧은 일생이라고 하더라도, 무슨 형태로든지 인간의 역사에 자신의 지혜와 착한 생각을 나름대로 꽃피워 이어 간다. 유구한 인류의 역사도 따지고 보면 짧은 인생의 연속(連續)으로 이루어진다. 날마다 피고 지는 한 송이 한 송이의 무궁화를 덧없이 짧은 인간의 생명에 비긴다면, 초여름부터 가을까지 꾸준하게 계속되는 긴 화기(花期)는 줄기차게 이어져 융성하는 인류의 역사를 상징하는 듯하다. 어떤 이는, 줄기차고 억센 자강불식(自强不息)의 사나이 기상을 피고 지고 또 피는 무궁화에서 찾아볼 수 있다고 말한다.

(나) 무궁화는 씨나 꺾꽂이로도, 또 포기나누기로도 쉽게 번식시킬 수 있다. 그리고 나무의 크기가 정원수로 알맞은 중형이어서 어느 곳에 심어도 보기 좋고, 또 토양 선택이 까다롭지 않아서 어디서나 잘 자란다. 참으로 민중(民衆)과 친근한 꽃이라고 하겠다.

(다) 꽃과 씨와 껍질과 뿌리는 모두 소중한 의약재(醫藥材)로 쓰이며, 꽃과 잎은 차로, 그리고 껍질의 섬유는 고급 종이의 재료로 쓰인다. 무궁화는 백방으로 실속 있는 꽃나무라 하겠다.

(라) 무궁화에 대한 국화로서의 시비보다는 무궁화를 아끼고 더욱 아름답게 가꾸려는 마음씨가 소중할 것 같다. 무궁화가 벌레가 많다고 하지만, 벌레는 구제하면 될 것이고, 꽃도 오늘날 발달되어 가는 최신의 육종 기술로 더욱 다채롭게 개량해 가면 될 것이다.

(마) 우리가 항상 역사적인 제 것을 소중히 여기고 간직하면서 끊임없이 새 것을 찾아 소화해 나가는, 보수성(保守性)과 진취성(進就性)의 양면을 다 함께 지니지 않고서는 앞서 가는 문화 민족이 될 수 없다.

① (가) : 긴 화기 동안 날마다 피고 지는 무궁화에서 자강불식의 기상을 찾아볼 수 있다.
② (나) : 무궁화는 쉽게 번식시킬 수 있고, 토양 선택이 까다롭지 않아서 누구나 쉽게 기를 수 있는 꽃이다.
③ (다) : 무궁화의 꽃과 씨, 껍질, 뿌리 잎 등은 여러 가지 용도로 쓰일 수 있다.
④ (라) : 무궁화를 아끼고 더욱 아름답게 가꾸려는 마음씨가 중요하다.
⑤ (마) : 앞서 가는 문화 민족이 되기 위해서는 보수적인 태도를 버리고 진취적으로 살아야 한다.

15 밑줄 친 부분의 문맥적 의미가 유사한 것은?

> 지방 수령의 장기 근무는 심각한 적체 현상을 낳기도 했다. 이에 따라 세조는 이전의 제도를 계승하면서도 수령의 임기는 30개월로 단축하였다. 그와 함께 우수한 평가를 받은 수령을 파격적으로 승진시키는 한편, 불법 행위를 한 수령은 즉각 징계하는 정책을 시행하였다. 이러한 평가 방식은 일시적인 효과는 기대할 수 있어도 안정적인 관직 운영 방식으로 정착되지 못했다.

① 그녀는 쌍둥이를 낳았다.
② 그가 하고 있는 사업은 많은 이익을 낳는 유망 사업이다.
③ 낳은 정보다 기른 정이 더 크다.
④ 이 마을은 훌륭한 교수를 낳은 곳으로 유명하다.
⑤ 그는 한국이 낳은 천재적인 물리학자이다.

16 다음 밑줄 친 단어 중 맞춤법이 틀린 것은?

> 가부장제는 역사 이전의 시기에서 오늘날에 이르기까지 모든 ㉠사회체계와 가족형태의 근간을 이루어 오고 있으며, 또한 여성의 지위와 ㉡삶을 결정짓는 데 가장 핵심적인 ㉢제도라고 할 수 있다. 그러나 가부장제의 이러한 보편성에도 불구하고 그것은 시대와 지역마다 그 성격을 달리해서 ㉣존재해 왔다. 특히 우리나라 사회사에서 가부장제는 매우 고유한 모습으로 나타나고 있다. 우리나라에서 가부장제의 발생과 변화사는 수렵 · ㉤체취시대, 초기 국가의 성립에서부터 조선 중기까지, 조선 후기부터 일제강점기 이전까지, 그리고 일제강점기부터 오늘날까지로 시기를 구분하여 살펴볼 수 있다.

① ㉠
② ㉡
③ ㉢
④ ㉣
⑤ ㉤

17 **다음 문장에서 밑줄 친 부분의 의미가 가장 다른 것은?**

① 굴 속에 모래가 많다.
② 바다 속에 물고기가 많다.
③ 신발 속에 모래가 들어갔다.
④ 군중 속에 파묻히다.
⑤ 숲 속 깊은 곳에서 이상한 소리가 흘러나왔다.

Q 다음 문장의 빈칸에 안에 들어갈 단어로 가장 적절한 것을 고르시오. 【18~20】

18

> 정부는 이번 일로 불법 상거래에 대한 단속 강화를 강력히 (　　)했다.

① 몰락
② 취재
③ 축적
④ 시사
⑤ 단언

19

> 금년 여름은 유난히 더운 데다 습도도 매우 높았다. 그 바람에 창고에 오래 저장해 두었던 물건들이 많이 (　　)되었다고 한다.

① 침수
② 변질
③ 변경
④ 파괴
⑤ 유실

20

시는 자연의 모방이라 일컬어 왔고, 연극은 인생을 (　　)하는 거울과 같은 존재이다.

① 복사
② 복제
③ 모사
④ 극복
⑤ 반영

21 다음 문장에서 밑줄 친 부분과 바꾸어 쓰기에 가장 알맞은 것은?

그는 자신의 능력에 <u>맞는</u> 보수를 받고 있다.

① 대응하는
② 부응하는
③ 상응하는
④ 조응하는
⑤ 호응하는

22 밑줄 친 부분이 어법에 맞게 표기된 것은?

① 박 사장은 자기 돈이 어떻게 <u>쓰여지는 지</u>도 몰랐다.
② 그녀는 조금만 <u>추어올리면</u> 기고만장해진다.
③ <u>나룻터</u>는 이미 사람들로 가득 차 있었다.
④ 우리들은 <u>서슴치</u> 않고 차에 올랐다.
⑤ 구렁이가 <u>또아리</u>를 틀고 있다.

23 다음 제시된 글의 설명방법으로 옳은 것은?

무릇 살터를 잡는 데는, 첫째 지리가 좋아야 하고, 다음은 생리가 좋아야 하며, 다음으로 인심이 좋아야 하고 또 다음은 아름다운 산과 물이 있어야 한다. 이 네 가지에서 하나라도 모자라면 살기 좋은 땅이 아니다.

① 비교 · 대조
② 분류
③ 분석
④ 예시
⑤ 정의

24 다음에서 주체가 '현태'가 아닌 것은?

현태가 총구를 들이밀며 재빨리 방안을 살핀다. 빈 집이다. 그렇건만 부엌과 뒷간까지 ㉠뒤진다. 그 전에 살던 사람들이 가난한 살림살이나마 급작스레 ㉡꾸려 가지고 간 흔적만이 남아 있다. 다음 집들도 마찬가지였다. 그런데도 현태는 번번이 바람벽에 ㉢등을 붙이고 문짝을 ㉣잡아 젖히면서, '꼼짝 말어! 손들구 나와!'를 빠짐없이 ㉤외치곤 했다.

① ㉠
② ㉡
③ ㉢
④ ㉣
⑤ ㉤

25 다음 중 밑줄 친 부분이 바르게 사용된 것은?

① 형과 나는 성격이 정말 틀리다.
② 누나가 교복을 달이는 모습이 보였다.
③ 나는 학생들을 가르치는 선생님이 되고 싶다.
④ 그녀는 합격자 발표를 가슴 조리며 기다렸다.
⑤ 그는 그녀가 다시 오기만을 간절히 바랬다.

26 다음 밑줄 친 말의 반의어가 쓰인 문장은?

> 호젓하게 지내다

① 살림이 단출하다.
② 바닷바람이 제법 소슬하게 느껴졌다.
③ 놀이동산이 한적하다.
④ 골짜기가 후미지다.
⑤ 시장이 복잡하다.

Q 다음 글의 빈칸에 들어갈 말로 알맞게 짝지어진 것을 고르시오. 【27~28】

27

> 사람들은 일반적으로 감정을 느낌이라고 생각한다. 그리고 느낌이 우리 자신의 사적인 마음의 상태나 의식의 상태라고 생각하는 경향이 있다. 그래서 우리 자신만이 자신의 감정에 접근할 수 있다고 믿기도 한다. (   ) 감정은 느낌과 동일한 것은 아니다. 예를 들어 우리는 배고픔이나 갈증을 '느끼'는데, 이때 배고픔이나 갈증을 감정이라고 하지는 않는다. 그리고 사랑과 같은 감정을 떨리고 흥분되는 느낌과 동일시하는 것도 잘못된 것이다. 떨리고 흥분되는 느낌은 놀이공원에서 롤러코스터를 탈 때에도 가질 수 있기 때문이다.

① 또한
② 예를 들어
③ 한편
④ 그러나
⑤ 그리고

28

> 한국 한자음이 어느 시대의 중국 한자음에 기반을 두고 있는지에 대해서는 학자들에 따라 이견이 있다. 어느 한시대의 한자음에 기반을 두고 있을 수도 있고, 개별 한자들이 수입된 시차에 따라서 여러 시대의 중국 한자음에 기반을 두고 있을 수도 있다. (   ) 확실한 것은 한국 한자음은 중국 한자음과도 다르고 일본 한자음과도 다르고 베트남 옛 한자음과도 다르다는 것이다. 물론 그것이 그 기원이 된 중국 한자음과 아무런 대응 관계도 없는 것은 아니다. (   ) 그것은 한국어 음운체계의 영향으로 독특한 모습을 띠는 경우가 많다. 그래서 한국 한자음을 영어로는 'Sino-Korean'이라고 한다. 이것은 우리말 어휘의 반 이상을 차지하고 있는 한자어가, 중국어도 아니고 일본어도 아닌 한국어라는 것을 뜻한다.

① 그리고, 그래서
② 그런데, 그리고
③ 그래서, 그리고
④ 그러나, 그러나
⑤ 게다가, 그래도

29 다음 광고문 중 불확실한 인과관계를 추출하도록 유도하는 경우에 해당하는 것은?

① 분위기와 커피는 부드러워야 좋은 것 아니에요?
② 세계적인 장수국가 불가리아, 불가리아식으로 만든 불가리스
③ 전국 17개 종합병원 피부과와 공동개발, 민감성 피부에 자신을 드립니다.
④ 스위스 EMM사에서 공급받은 특수 유산균으로 만든 농축 요구르트는 요러브뿐입니다.
⑤ 마침내 분말이유식 시대를 넘어 그래뉼이유식 시대로

30 다음 ( ) 안에 들어갈 동물을 순서대로 바르게 나열한 것은?

> ㉠ 기운세면 ( )가(이) 왕 노릇할까!
> ㉡ ( ) 어금니 같다.
> ㉢ 범 없는 골에는 ( )가(이) 스승이라.
> ㉣ 산에 들어가 ( )를(을) 피하랴.
> ㉤ 도둑놈 ( ) 꾸짖듯 한다.

① 사자 → 호랑이 → 여우 → 곰 → 소
② 호랑이 → 늑대 → 개 → 사자 → 망아지
③ 소 → 사자 → 토끼 → 호랑이 → 개
④ 곰 → 늑대 → 사자 → 호랑이 → 망아지
⑤ 늑대 → 호랑이 → 소 → 곰 → 여우

Q 주어진 글을 순서대로 바르게 배열한 것을 고르시오. 【31~35】

31

㉠ 문제는 생산과 소비를 촉진시키는 전 지구화의 경향의 환경문제를 더욱 악화시키고 있다는 점이다.
㉡ 환경, 생태계의 파괴는 인간의 삶 자체를 위협하고 있다.
㉢ 그런데 그 원인과 책임이 대개 경제 발전 지상주의를 부추기는 경제 선진국에 있다는 것이 문제해결을 더욱 어렵게 하고 있다.
㉣ 인간의 삶의 질과 직결된 환경문제가 경제 강대국의 이해관계에 따라 좌지우지되고 있기 때문이다.
㉤ 1997년 온실가스 감축을 협의한 '교토 의정서'를 미국의 부시 행정부가 들어서면서 이행을 거부하기로 한 것이 그 예이다.

① ㉡ - ㉠ - ㉢ - ㉣ - ㉤
② ㉠ - ㉣ - ㉢ - ㉤ - ㉡
③ ㉢ - ㉣ - ㉠ - ㉡ - ㉤
④ ㉣ - ㉤ - ㉢ - ㉠ - ㉡
⑤ ㉤ - ㉠ - ㉡ - ㉣ - ㉢

32

(가) 하지만 명은 왜구에 대한 두려움으로 일본과의 무역을 제한하는 해금정책을 풀지 않았고, 조선 또한 삼포왜란 이후 중단된 거래를 재개할 생각이 없었다.
(나) 임진왜란 4년 전인 1588년, 도요토미 히데요시는 왜구 집단에 대해 개별적인 밀무역과 해적활동을 금지하는 해적 정지령을 내렸다.
(다) 도요토미는 대규모 군대와 전쟁 물자를 수송해야 하는 문제를 고려하여 전자를 선택하였다. 임진왜란의 발발이었다.
(라) 도요토미는 은을 매개로 한 교역을 활성화할 수 있는 방법으로 전쟁을 택했다. 그에게는 조선을 거쳐 베이징으로 침공하는 방법과 중국 남해안을 직접 공격하는 방법이 있었다.
(마) 이로써 그는 독립적이었던 왜구의 무역 활동을 장악하고, 그 전력을 정규 수군화한 후 조선과 중국에 무역을 요구했다.

① (나) - (라) - (마) - (가) - (다)
② (나) - (마) - (가) - (라) - (다)
③ (나) - (다) - (마) - (가) - (라)
④ (라) - (나) - (마) - (가) - (다)
⑤ (라) - (마) - (가) - (나) - (다)

33

㉠ 이 학파는 단지 마음에 비추어 나타난 표상만이 있고 표상과 대응하는 외계의 존재물은 없다고 본다.
㉡ 그리하여 인간의 의식에 대한 탐구가 이 학파의 중요한 작업이다.
㉢ 유식 철학은 모든 것을 오직 의식의 흐름에 불과한 것으로 파악하는 대승불교의 한 학파이다.
㉣ 유식 학파는 한편으로는 유가행파라고도 불리는데, 요가의 수행을 위주로 하는 학파라는 의미이다.
㉤ 이 학파는 인간의 마음을 그만큼 중요하게 생각하고 있는 것이라 할 수 있다.

① ㉡ − ㉢ − ㉣ − ㉠ − ㉤
② ㉡ − ㉤ − ㉣ − ㉢ − ㉠
③ ㉡ − ㉣ − ㉢ − ㉠ − ㉤
④ ㉢ − ㉡ − ㉠ − ㉤ − ㉣
⑤ ㉢ − ㉠ − ㉤ − ㉡ − ㉣

34

㈎ 오늘날까지 인류가 알아낸 지식은 한 개인이 한 평생 체험을 거듭할지라도 그 몇 만분의 일도 배우기 어려운 것이다.
㈏ 가령, 무서운 독성을 가진 콜레라균을 어떠한 개인이 먹어 보아서 그 성능을 증명하려 하면, 그 사람은 그 지식을 얻기 전에 벌써 죽어 버리고 말게 될 것이다.
㈐ 지식은 그 종류와 양이 무한하다.
㈑ 또 지식 중에는 체험으로써 배우기에는 너무 위험한 것도 많다.
㈒ 그러므로 체험만으로써 모든 지식을 얻으려는 것은 매우 졸렬한 방법일 뿐 아니라, 거의 불가능한 일이라 하겠다.

① ㈐ − ㈎ − ㈑ − ㈏ − ㈒
② ㈐ − ㈑ − ㈎ − ㈏ − ㈒
③ ㈎ − ㈐ − ㈏ − ㈒ − ㈑
④ ㈎ − ㈏ − ㈑ − ㈒ − ㈐
⑤ ㈏ − ㈐ − ㈑ − ㈒ − ㈎

35

> (가) 지구에 도달하는 태양풍의 대부분은 지구의 자기장 밖으로 흩어지고, 일부는 지구의 자기장에 끌려 붙잡히기도 한다.
> (나) 이렇게 붙잡힌 태양풍을 구성하는 전기를 띤 대전입자들은 자기장을 따라 자기의 북극과 남극 방향으로 지구 대기에 들어온다.
> (다) 이 입자들은 자기장을 타고 나선형으로 맴돌면서 지구의 양쪽 자기극으로 쏟아진다.
> (라) 하강한 대전입자는 고도 100~500km 상공에서 대기와 충돌하면서 기체(원자와 분자)를 이온화하는 과정에서 가시광선과 자외선 및 적외선 영역의 빛을 낸다.

① (가) – (나) – (다) – (라)
② (가) – (나) – (라) – (다)
③ (다) – (라) – (가) – (나)
④ (나) – (라) – (가) – (다)
⑤ (나) – (다) – (라) – (가)

36 **다음의 ㉠, ㉡에 들어갈 말로 적절한 것은?**

> 우리에게 소중한 인간관계를 유지하는 데 필요한 정서적 요인 중 하나가 '정'이다. 정은 혼자 있을 때나 고립되어 있을 때는 우러날 수 없다. 항상 어떤 '관계'가 있어야만 생겨나는 감정이다. 그래서 정은 (㉠) 반응의 산물이다. 관계에서 우러나는 것이긴 하지만 그 관계의 시간적 지속과 밀접한 연관이 있다. 예컨대 순간적이거나 잠깐 동안의 관계에서는 정이 우러나지 않는다. 첫눈에 반한다는 말처럼 사랑은 순간에도 촉발되지만 정은 그렇지 않다. 많은 시간을 함께 보내야만 우러난다. 비록 그 관계가 굳이 사람이 아닌 짐승이나 나무, 산천일지라도 지속적인 관계가 유지되면 정이 생긴다. 정의 발생 빈도나 농도는 관계의 지속 시간과 (㉡)한다.

① 상대적, 비례
② 절대적, 일치
③ 객관적, 반비례
④ 주관적, 불일치
⑤ 보편적, 비례

37 다음 글의 인물을 가리키는 말로 가장 적절한 것은?

어느 곳에 멍청한 사람이 있었는데, 말도 잘하지 못하고 행동은 게으르고 졸렬한데다, 바둑이나 장기도 알지 못하였다. 다른 사람들이 욕해도 따지지 않고 오로지 책 보는 것만 낙으로 여겨 춥거나 덥거나 배고프거나 아파도 전혀 알지 못하였다.

① 백치
② 옹고집
③ 백면서생
④ 딸깍발이
⑤ 자린고비

38 다음 글의 제목으로 가장 적절한 것은?

도시의 중심 지역은 도시 활동의 핵심부로서 토지이용이 집약적으로 이루어져 건물의 고층화와 과밀화가 나타나며, 중추 관리 기능과 고급 서비스 기능이 집적된다. 도심 주변부인 중간 지역은 주택, 학교, 공장이 위치하며 도심에서 멀어질수록 주택지구, 공업 지구가 차례로 나타난다. 부도심은 도심과 주변 지역 사이의 교통의 결절점에 발달하며 도시 기능의 일부를 분담하여 도시의 과밀화와 교통난을 해소한다.

① 도시의 구조와 인구의 이동
② 도시의 발달과 문화적 특성
③ 도시의 경제 활동의 범위
④ 도시화의 추세와 방향
⑤ 도시의 공간적 기능 분화

Q 다음 글의 논증 구조를 바르게 분석한 것을 고르시오. 【39~40】

39

> ㉠ 1990년을 넘어서면서 미술의 본질을 표현으로 보는 견해가 일반화되었다.
> ㉡ 결국, 미술에 있어서 '현대성'이라는 초점은 이러한 표현 문제에서 비롯되는 것으로 생각할 수 있다.
> ㉢ 다시 말해서 표현이 일정한 대상을 전제로 하고 있지 않다는 관점에서 이해될 수 있다.
> ㉣ 이러한 이해는, 화면을 자연으로 향해 열려진 창문으로 보려 했던 인상파와는 달리 보여 지는 자연과는 무관하게 화면 그 자체의 질서를 찾으려 했던 고갱의 태도와 연결된다.

① ㉠과 ㉡은 의견을 진술하고 있다.
② ㉡은 ㉠의 뒷받침 문장이다.
③ ㉢은 ㉡의 근거이다.
④ ㉣은 ㉢을 구체화한 것이다.
⑤ ㉢은 ㉠의 반론이다.

40

> ㉠ 집단생활을 하는 것은 인간만이 아니다.
> ㉡ 유인원, 어류, 조류 등도 집단생활을 하며, 그 안에는 계층적 차이까지 있다.
> ㉢ 특히 유인원은 혈연적 유대를 기초로 하는 가족 집단이 있고, 성에 의한 분업이 행해지며, 새끼를 위한 공동 작업도 있어 인간의 가족생활과 유사한 점이 많다.
> ㉣ 그러나 이것은 다만 본능에 따른 것이므로, 창조적인 인간의 그것과는 구별된다.
> ㉤ 따라서 이들의 집단을 군집이라 하고, 인간의 집단을 사회라고 불러 이들을 구별한다.

① ㉠은 ㉡의 원인이다.
② ㉡은 ㉢의 반론이다.
③ ㉢은 ㉣의 이유이다.
④ ㉤은 ㉣의 부연이다.
⑤ ㉣은 ㉤의 근거이다.

Q 다음 문장의 문맥상 ( ) 안에 들어갈 단어로 가장 적절한 것을 고르시오.【41~47】

41

가정 내 대기전력으로 인한 에너지 소비 현실에 관해 알아보기 위해 한국전기연구원은 최근 전국 105개 표본 가구를 대상으로 대기전력을 ( )했다. 그 결과에 따르면 셋톱박스, 인터넷모뎀, 에어컨 등은 대기전력이 가장 많이 발생하는 기기임에도 불구하고 콘센트에 꽂아 두는 경우가 많았다.

① 예측
② 실측
③ 관측
④ 하측
⑤ 추측

42

빨간색을 많이 보는 의사의 눈에는 빨간색의 ( )인 청록색의 잔상이 남게 되는데, 이는 빨간색으로 피로해진 시신경이 감각의 균형을 이루기 위해 스스로 일으킨 반작용이다. 만약, 수술복이 흰색일 경우 시야를 혼동시켜 집중력을 떨어뜨릴 수 있기 때문에 이를 방지하기 위해 수술복을 청록색으로 만들었다는 것이다.

① 잔상
② 대비
③ 적응
④ 기법
⑤ 보색

43

물리적 힘의 사용이 허용되는 경우에만 개인의 권리는 침해당한다. 어떤 사람이 다른 사람의 삶을 빼앗거나 그 사람의 의지에 반하는 것을 ( )하기 위해서는 물리적 수단을 사용할 수밖에 없기 때문이다. 이성적인 수단인 토론이나 설득을 사용하여 다른 사람의 의견이나 행동에 영향을 미친다면, 개인의 권리는 침해당하지 않는다.

① 강요
② 반대
③ 인지
④ 대화
⑤ 축출

44

인체의 세포는 일종의 화력 발전소이다. 연기가 나지 않을 뿐이지 들어오는 음식을 잘 분해하고 (　　)시켜서 에너지를 만든다. 몸은 이 에너지를 이용하여 축구도 하고 달리기도 한다.

① 감소　② 연소
③ 희소　④ 전소
⑤ 귀소

45

지휘자와 오케스트라가 베토벤의 교향곡을 소리로 (　　)해 내지 않는다면 베토벤의 명곡은 결코 우리 앞에 '생생한 소리'로서 존재할 수 없다.

① 출현　② 관현
③ 재현　④ 발현
⑤ 알현

46

인생이란 험난한 항해를 같이 겪고 있다는 동지애를 느낄 수 있는 친구, 혹은 내 삶의 따뜻한 동반자라는 느낌이 전해져 오는 친구와 같이 있는 시간에는 이 세상도 한번 살아 볼 만하다는 (　　)가 솟는다.

① 원기　② 용기
③ 혈기　④ 정기
⑤ 만기

47

> 이성부의 「벼」는 벼의 속성을 민중과 연결시켜 희생과 인내를 통해 고난에 대응하는 민중의 강인한 생명력을 보여 주고 있다. 이를 통해 고통스러운 현실에 분노와 절망을 느끼면서도 자신의 (　　)을 다스리고 서로 단결하는 공동체 의식을 보여 주고 있는 것이다.

① 외면
② 내면
③ 가면
④ 이면
⑤ 면면

Q 다음 문장 또는 글의 빈칸에 어울리지 않는 단어를 고르시오. 【48~50】

48

> • 돈의 사용에 대해서 (　　)을/를 달리한다.
> • 학생들은 과학자보다 연예인이 되기를 더 (　　)한다.
> • 흡연에 대한 대책이 필요하다는 의견이 (　　)되었다.
> • 최근 북한의 인권 문제에 대하여 미국 의회가 문제를 (　　)하였다.
> • 직장 내에서 갈등의 양상은 다양하게 (　　)된다.

① 선호
② 제기
③ 견해
④ 전제
⑤ 표출

49

> • 선약이 있어서 모임에 (　　)이(가) 어렵게 되었다.
> • 홍보가 부족했는지 사람들의 (　　)이(가) 너무 적었다.
> • 그 대회에는 (　　)하는 데에 의의를 두자.
> • 손을 뗀다고 했으면 (　　)을(를) 마라.
> • 대중의 (　　)가 배제된 대중문화는 의미가 없다.

① 참여
② 참석
③ 참가
④ 참견
⑤ 참관

50

- 우리나라의 사회보장 체계는 사회적 위험을 보험의 방식으로 (　　)함으로써 국민의 건강과 소득을 보장한다.
- 혼자서 일상생활을 (　　)하기 어려운 노인 등에게 신체활동 또는 가사노동에 도움을 준다.
- 제조 · 판매업자가 장애인으로부터 서류일체를 위임받아 청구를 (　　)하였을 경우 지급이 가능한가요?
- 급속한 고령화에 능동적으로 (　　)할 수 있는 능력을 배양해야 한다.
- 고령 사회에 (　　)해 제도가 맞닥뜨린 문제점을 정확히 인식하고 개선방안을 모색하는 것이 필요하다.

① 완수　　② 대비
③ 대행　　④ 수행
⑤ 대처

Q 다음 글에서 추론할 수 있는 진술이 아닌 것을 고르시오. 【51~52】

51

명절 연휴 때면 어김없이 등장하는 귀성행렬의 사진촬영, 육로로 접근이 불가능한 지역으로의 물자나 인원이 수송, 화재 현장에서의 소화와 구난작업, 농약살포 등에는 어김없이 헬리콥터가 등장한다. 이는 헬리콥터가 일반 비행기로는 할 수 없는 호버링(공중정지), 전후진 비행, 수직 착륙, 저속비행 등이 가능하기 때문이다. 이렇게 헬리콥터를 자유자재로 움직이는 비밀은 로터에 있다. 비행체가 뜰 수 있는 양력과 추진력을 모두 로터에서 동시에 얻기 때문이다. 로터에는 일반적으로 2~4개의 블레이드(날개)가 붙어있다. 빠르게 회전하는 각각의 블레이드에서 비행기 날개와 같은 양력이 발생하는데 헬리콥터는 이 양력 덕분에 무거운 몸체를 하늘로 띄울 수 있다. 비행기 역시 엔진의 추진력 때문에 양쪽 날개에 발생하는 양력을 이용해 공중에 뜨게 되는 것이므로 사실 헬리콥터의 비행원리는 비행기와 다르지 않다.

① 헬리콥터는 현대사회에서 일반 비행기로는 할 수 없는 다양한 일에 사용된다.
② 비행기도 화재 현장에서의 소화와 구난작업, 농약살포 등에 이용할 수 있다.
③ 로터는 헬리콥터가 뜰 수 있는 양력과 추진력을 제공한다.
④ 헬리콥터는 빠르게 회전하는 블레이드 덕분에 무거운 몸체를 띄울 수 있다.
⑤ 헬리콥터가 뜨는 원리는 비행기와 크게 다르지 않다.

52

흑체복사(blackbody radiation)는 모든 전자기파를 반사 없이 흡수하는 성질을 갖는 이상적인 물체인 흑체에서 방출하는 전자기파 복사를 말한다. 20° C의 상온에서 흑체가 검게 보이는 이유는 가시영역을 포함한 모든 전자기파를 반사 없이 흡수하고 또한 가시영역의 전자기파를 방출하지 않기 때문이다. 하지만 흑체가 가열되면 방출하는 전자기파의 특성이 변한다. 가열된 흑체가 방출하는 다양한 파장의 전자기파에는 가시영역의 전자기파도 있기 때문에 흑체는 온도에 따라 다양한 색을 띨 수 있다.

흑체를 관찰하기 위해 물리학자들은 일정한 온도가 유지 되고 완벽하게 밀봉된 공동(空洞)에 작은 구멍을 뚫어 흑체를 실현했다. 공동이 상온일 경우 공동의 내벽은 전자기파를 방출하는데, 이 전자기파는 공동의 내벽에 부딪혀 일부는 반사되고 일부는 흡수된다. 공동의 내벽에서는 이렇게 전자기파의 방출, 반사, 흡수가 끊임없이 일어나고 그 일부는 공동 구멍으로 방출되지만 가시영역의 전자기파가 없기 때문에 공동 구멍은 검게 보인다. 또 공동이 상온일 경우 이 공동 구멍으로 들어가는 전자기파는 공동 안에서 이리저리 반사되다 결국 흡수되어 다시 구멍으로 나오지 않는다. 즉 공동 구멍의 특성은 모든 전자기파를 흡수하는 흑체의 특성과 같다.

한편 공동이 충분히 가열되면 공동 구멍으로부터 가시영역의 전자기파도 방출되어 공동 구멍은 색을 띨 수 있다. 이렇게 공동 구멍에서 방출되는 전자기파의 특성은 같은 온도에서 이상적인 흑체가 방출하는 전자기파의 특성과 일치한다. 물리학자들은 어떤 주어진 온도에서 공동 구멍으로부터 방출되는 공동 복사의 전자기파 파장별 복사에너지를 정밀하게 측정하여, 전자기파의 파장이 커짐에 따라 복사에너지 방출량이 커지다가 다시 줄어드는 경향을 보인다는 것을 발견하였다.

① 흑체의 온도를 높이면 흑체가 검지 않게 보일 수도 있다.
② 공동의 온도가 올라감에 따라 복사에너지 방출량은 커지다가 줄어든다.
③ 공동을 가열하면 공동 구멍에서 다양한 파장의 전자기파가 방출된다.
④ 흑체가 전자기파를 방출할 때 파장에 따라 복사에너지 방출량이 달라진다.
⑤ 상온으로 유지되는 공동 구멍이 검게 보인다고 공동 내벽에서 방출되는 전자기파가 없는 것은 아니다.

Q 다음 문장의 빈칸에 공통으로 들어갈 단어로 가장 알맞은 것을 고르시오. 【53~54】

53

- 상대방의 GPS 전파 ( )로/으로 우리 항공기와 선박이 영향을 받았다.
- 경찰은 사회 질서의 ( )을/를 노리는 불순 세력을 뿌리 뽑기로 했다.

① 교류(交流)
② 교착(膠着)
③ 교감(交感)
④ 교란(攪亂)
⑤ 교환(交換)

54

- 자발적 시민 참여를 통한 사회복지 증진도 (　　)할 예정이다.
- 직원들 간의 친목 (　　)를 위해 주말에 야유회를 가기로 했다.
- 관광객의 편익 (　　)를 최우선으로 해야 한다.

① 협의(協議)
② 상의(詳議)
③ 도모(圖謀)
④ 합의(合意)
⑤ 협상(協商)

Q 다음 제시된 단어가 같은 관계를 이루도록 ( ) 안에 알맞은 단어를 고르시오. 【55~57】

55

가결(可決) : 부결(否決) = 유동(遊動) : (　　)

① 부당(不當)
② 부분(部分)
③ 가역(可逆)
④ 유입(流入)
⑤ 고정(固定)

56

남대문 : 례(禮) = 동대문 : (　　)

① 인(仁)
② 의(義)
③ 례(禮)
④ 지(智)
⑤ 덕(德)

57

정밀하다 : 조잡하다 = 성기다 : (　　)

① 경과하다
② 실하다
③ 정확하다
④ 서먹하다
⑤ 조밀하다

58 **다음 설명에 해당하는 단어는?**

고기나 생선, 채소 따위를 양념하여 국물이 거의 없게 바짝 끓이다.

① 달이다
② 줄이다
③ 조리다
④ 말리다
⑤ 졸이다

59 **다음 중 우리말이 맞춤법에 따라 올바르게 사용된 것은?**

① 허위적허위적
② 괴팍하다
③ 미류나무
④ 케케묵다
⑤ 닐리리

Q 다음 문장을 읽고 뜻이 가장 잘 통하도록 ( ) 안에 적합한 단어를 고르시오. 【60~62】

60

> 매사에 집념이 강한 승호의 성격으로 볼 때 그는 이 일을 ( ) 성사시키고야 말 것이다.

① 마침내
② 도저히
③ 기어이
④ 일찍이
⑤ 게다가

61

> 표준어는 나라에서 대표로 정한 말이기 때문에, 각 급 학교의 교과서는 물론이고 신문이나 책에서 이것을 써야 하고, 방송에서도 바르게 사용해야 한다. 이와 같이 국가나 공공 기관에서 공식적으로 사용해야 하므로, 표준어는 공용어이기도 하다. ( ) 어느 나라에서나 표준어가 곧 공용어는 아니다. 나라에 따라서는 다른 나라 말이나 여러 개의 언어로 공용어를 삼는 수도 있다.

① 그래서
② 그러나
③ 그리고
④ 그러므로
⑤ 왜냐하면

62

> 우리말을 외국어와 비교하면서 우리말 자체가 논리적 표현을 위해서는 부족하다는 것을 주장하는 사람들이 있다. ( ) 우리말이 논리적 표현에 부적합하다는 말은 우리말을 어떻게 이해하느냐에 따라 수긍이 갈 수도 있고 그렇지 않을 수도 있다.

① 그리고
② 더욱이
③ 왜냐하면
④ 그러나
⑤ 그래서

63 다음 제시된 지문과 같은 논리적 오류를 범하고 있는 것은?

> 김연아 · 장미란 · 이상화가 올림픽에서 금메달을 딴 것으로 보아, 대한민국 여성들은 모두 운동감각이 뛰어나다고 할 수 있다.

① 이 카메라는 전 세계 100여 개 나라에서 판매되고 있습니다. 그러니 이 제품의 성능은 어느 회사도 따라올 수 없습니다. 지금 구매하세요.
② 이승엽 · 박찬호 · 추신수는 야구를 잘한다. 따라서 이들이 한 팀이 되면 세계 최고의 팀이 탄생할 것이다.
③ 무단 횡단을 하는 사람을 피하려다 다른 차량과 충돌하여 세 명이나 사망했으므로 그 운전자는 살인자이다.
④ 나와 함께 공부하는 일본인 친구들은 키가 작다. 따라서 일본인은 모두 키가 작다.
⑤ 저 사람 말은 믿으면 안 돼. 저 사람은 전과자거든.

64 다음에 제시된 단어와 의미가 유사한 단어는?

> 효시(嚆矢)

① 천연(天然)
② 연원(淵源)
③ 미시(微視)
④ 효용(效用)
⑤ 범례(範例)

65 다음 문장의 괄호 안에 들어갈 알맞은 단어는?

> 텔레비전의 귀재라고 불리는 토니 슈월츠는 1980년대에 들어서면서 텔레비전을 마침내 '제2의 신'이라고 불렀다. 신은 전지전능하며, 우리 곁에 항상 같이 있으며, 창조력과 파괴력을 동시에 지니고 있다는데, 이러한 신의 속성을 텔레비전은 빠짐없이 갖추고 있다는 것이다. (　　) 제2의 신은 과학이 만들어 낸 신이며, 전 인류가 이 제단 앞에 향불을 피운다는 점이 다를 뿐이라고 지적했다.

① 그리고
② 그래서
③ 따라서
④ 다만
⑤ 결국

66 갑, 을, 병, 정, 무가 달리기 시합을 하였다. 다음 중 알맞은 것은?

> • 병은 정보다 빨리 달렸다.
> • 정은 을보다 늦게 들어왔다.
> • 무와 병 사이에는 2명이 있다.
> • 무는 마지막으로 들어왔다.

> A : 을은 1등으로 들어왔다.
> B : 갑은 2등으로 들어왔다.

① A는 옳을 수도 있다.
② B만 항상 옳다.
③ A, B 모두 항상 옳다.
④ A, B 모두 옳지 않다.
⑤ A는 옳고, B는 옳지 않다.

67 다음의 진술로부터 도출될 수 없는 주장은?

> 어떤 사람은 신의 존재와 운명론을 믿지만, 모든 무신론자가 운명론을 거부하는 것은 아니다.

① 운명론을 거부하는 어떤 무신론자가 있을 수 있다.
② 운명론을 받아들이는 어떤 무신론자가 있을 수 있다.
③ 운명론과 무신론에 특별한 상관관계가 있는지는 알 수 없다.
④ 무신론자들 중에는 운명을 믿는 사람이 있다.
⑤ 모든 사람은 신의 존재와 운명론을 믿는다.

68 민수, 영희, 인영, 경수 네 명이 원탁에 둘러앉았다. 민수는 영희의 오른쪽에 있고, 영희와 인영은 마주보고 있다. 경수의 오른쪽과 왼쪽에 앉은 사람을 차례로 짝지은 것은?

① 영희 – 민수
② 영희 – 인영
③ 인영 – 영희
④ 민수 – 인영
⑤ 민수 – 영희

69 다음과 같은 전제가 있을 경우 옳게 설명하고 있는 것을 고르면?

> • 민수는 한국인이다.
> • 농구를 좋아하면 활동적이다.
> • 농구를 좋아하지 않으면 한국인이 아니다.

① 민수는 활동적이다.
② 한국인은 활동적이지 않다.
③ 민수는 농구를 좋아하지 않는다.
④ 활동적인 사람은 한국인이 아니다.
⑤ 농구를 좋아하면 한국인이 아니다.

70 다음 조건이 참이라고 할 때 항상 참인 것을 고르면?

- 민수는 A기업에 다닌다.
- 영어를 잘하면 업무능력이 뛰어난 것이다.
- 영어를 잘하지 못하면 A기업에 다닐 수 없다.
- A기업은 우리나라 대표 기업이다.

① 민수는 업무능력이 뛰어나다.
② A기업에 다니는 사람들은 업무능력이 뛰어나지 못하다.
③ 민수는 영어를 잘하지 못한다.
④ 민수는 수학을 매우 잘한다.
⑤ 업무능력이 뛰어난 사람은 A기업에 다니는 사람이 아니다.

71 다음을 읽고, 빈칸에 들어갈 내용으로 가장 알맞은 것을 고르시오.

언어와 사고의 관계를 연구한 사피어(Sapir)에 의하면 우리는 객관적인 세계에 살고 있는 것이 아니다. 우리는 언어를 매개로 하여 살고 있으며, 언어가 노출시키고 분절시켜 놓은 세계를 보고 듣고 경험한다. 워프(Whorf) 역시 사피어와 같은 관점에서 언어가 우리의 행동과 사고의 양식을 주조(鑄造)한다고 주장한다. 예를 들어 어떤 언어에 색깔을 나타내는 용어가 다섯 가지밖에 없다면, 그 언어를 사용하는 사람들은 수많은 색깔을 결국 다섯 가지 색 중의 하나로 인식하게 된다는 것이다. 이는 결국 ____________는 주장과 일맥상통한다.

① 언어와 사고는 서로 영향을 주고받는다.
② 언어가 우리의 사고를 결정한다.
③ 인간의 사고는 보편적이며 언어도 그러한 속성을 띤다.
④ 사용언어의 속성이 인간의 사고에 영향을 줄 수는 없다.
⑤ 인간의 사고에 따라 언어가 결정된다.

72 다음 글의 전개 순서로 가장 자연스러운 것은?

㉠ 이 세상에서 가장 결백하게 보이는 사람일망정 스스로나 남이 알아차리지 못하는 결함이 있을 수 있고, 이 세상에서 가장 못된 사람으로 낙인이 찍힌 사람일망정, 결백한 사람에서마저 찾지 못한 아름다운 인간성이 있을지도 모른다.
㉡ 소설만 그런 것이 아니다. 우리의 의식 속에는 은연중 이처럼 모든 사람을 좋은 사람과 나쁜 사람 두 갈래로 나누는 버릇이 도사리고 있다. 그래서인지 흔히 사건을 다루는 신문 보도에는 모든 사람이 '경찰' 아니면 도둑놈인 것으로 단정한다. 죄를 저지른 사람에 관한 보도를 보면 마치 그 사람이 죄의 화신이고, 그 사람의 이력이 죄만으로 점철되었고, 그 사람의 인격에 바른 사람으로서의 흔적이 하나도 없는 것으로 착각하게 된다.
㉢ 이처럼 우리는 부분만을 보고, 또 그것도 흔히 잘못 보고 전체를 판단한다. 부분만을 제시하면서도 보는 이가 그것이 전체라고 잘못 믿게 만들 뿐만이 아니라, '말했다'를 '으스댔다', '우겼다', '푸념했다', '넋두리했다', '뇌까렸다', '잡아뗐다', '말해서 빈축을 사고 있다' 같은 주관적 서술로 감정을 부추겨서, 상대방으로 하여금 이성적인 사실 판단이 아닌 감정적인 심리 반응으로 얘기를 들을 수밖에 없도록 만든다.
㉣ '춘향전'에서 이도령과 변학도는 아주 대조적인 사람들이었다. 흥부와 놀부가 대조적인 것도 물론이다. 한 사람은 하나부터 열까지가 다 좋고, 다른 사람은 모든 면에서 나쁘다. 적어도 이 이야기에 담긴 '권선징악'이라는 의도가 사람들을 그렇게 믿게 만든다.

① ㉠㉡㉢㉣
② ㉣㉡㉢㉠
③ ㉠㉢㉣㉡
④ ㉣㉢㉡㉠
⑤ ㉡㉢㉠㉣

73 다음 글에서 알 수 있는 내용이 아닌 것은?

‘한 달이 지나도 무르지 않고 거의 원형 그대로 남아 있는 토마토’, ‘제초제를 뿌려도 말라죽지 않고 끄떡없이 잘 자라는 콩’, ‘열매는 토마토, 뿌리는 감자’……. 이전에는 상상 속에서나 가능했던 것들이 오늘날 종자 내부의 유전자를 조작할 수 있게 됨으로써 현실에서도 가능하게 되었다. 이러한 유전자조작식품은 의심할 여지없이 과학의 산물이며, 생명공학 진보의 또 하나의 표상인 것처럼 보인다. 그러나 전 세계 곳곳에서는 이에 대한 찬성뿐 아니라 우려와 반대의 목소리도 드높다. 찬성하는 측에서는 유전자조작식품은 제2의 농업 혁명으로서 앞으로 닥칠 식량 위기를 해결해 줄 유일한 방법이라고 주장하고 있으나, 반대하는 측에서는 인체에 대한 유해성 검증에서 안전하다고 판명된 것이 아니며 게다가 생태계를 교란시키고 자속 가능한 농업을 불가능하게 만든다고 주장하고 있다. 양측 모두 나름대로의 과학적 증거를 제시하면서 자신의 목소리에 타당성을 부여하고 있으나 서로 상대측의 증거를 인정하지 않아 논란은 더욱 심화되어 가고 있다. 과연 유전자조작식품은 인류를 굶주림과 고통에서 해방시켜 줄 구원인가, 아니면 회복할 수 없는 생태계의 재앙을 초래할 판도라의 상자인가?
유전자조작식품은 오래 저장할 수 있게 해주는 유전자, 제초제에 대한 내성을 길러주는 유전자, 병충해에 저항성이 높은 유전자 등을 삽입하여 만든 새로운 생물 중 채소나 음식으로 먹을 수 있는 식품을 의미한다. 최초의 유전자조작식품은 1994년 미국 칼진 사가 미국 FDA(Food and Drug Administration)의 승인을 얻어 시판한 ‘무르지 않는 토마토’이다. 이것은 토마토의 숙성을 촉진시키는 유전자를 개조하거나 변형시켜 숙성을 더디게 만든 것으로, 저장 기간이 길어져 농민과 상인들에게 폭발적인 인기를 얻었다.
이후 품목과 비율이 급속하게 늘어나면서 현재 미국 내에서 시판 중인 유전자조작식품들은 콩, 옥수수, 감자, 토마토, 면화 등 모두 약 10여 종에 이른다. 그 대부분은 제초제에 저항성을 갖도록 하거나 해충에 견디기 위해 자체 독소를 만들어 내도록 유전자 조작된 것들이다.

① 유전자조작식품의 최초 출현 시기
② 유전자조작식품의 개념 설명
③ 유전자조작식품의 유해성 검증 방법
④ 유전자조작식품의 유용성 사례
⑤ 유전자조작식품에 대한 찬반 의견

74 다음 글의 제목으로 가장 적절한 것은?

새로운 지식의 발견은 한 학문 분과 안에서만 영향을 끼치지 않는다. 가령 뇌 과학의 발전은 버츄얼 리얼리티라는 새로운 현상을 가능하게 하고 이것은 다시 영상공학의 발전으로 이어진다. 이것은 새로운 인지론의 발전을 촉발시키는 한편 다른 쪽에서는 신경경제학, 새로운 마케팅 기법의 발견 등으로 이어진다. 이것은 다시 새로운 윤리적 관심사를 촉발하며 이에 따라 법학적 논의도 이루어지게 된다. 다른 쪽에서는 이러한 새로운 현상을 관찰하며 새로운 문학, 예술 형식이 발견되고 콘텐츠가 생성된다. 이와 같이 한 분야에서의 지식의 발견과 축적은 계속적으로 마치 도미노 현상처럼 인접 분야에 영향을 끼칠 뿐 아니라 예측하기 어려운 방식으로 환류한다. 이질적 학문에서 창출된 지식들이 융합을 통해 기존 학문은 변혁되고 새로운 학문이 출현하며 또다시 이것은 기존 학문의 발전을 이끌어내고 있는 것이다.

① 학문의 복잡성
② 이질적 학문의 상관관계
③ 지식의 상호 의존성
④ 신지식 창출의 형태와 변화 과정
⑤ 미래 지식의 예측불가성

Q 다음 글을 읽고 물음에 답하시오. 【75~76】

정보 사회라고 하는 오늘날, 우리는 실제적 필요와 지식 정보의 획득을 위해서 독서하는 경우가 많다. 일정한 목적의식이나 문제의식을 안고 달려드는 독서일수록 사실은 능률적인 것이다. 르네상스적인 만능의 인물이었던 괴테는 그림에 열중하기도 했다. 그는 그림의 대상이 되는 집이나 새를 더 관찰하기 위해서 그리는 것이라고, 의아해 하는 주위 사람에게 대답했다고 전해진다. 그림을 그리겠다는 목적의식을 가지고 집이나 꽃을 관찰하면 분명하고 세밀하게 그 대상이 떠오를 것이다. 마찬가지로 일정한 주제 의식이나 문제의식을 가지고 독서를 할 때, 보다 창조적이고 주체적인 독서 행위가 성립될 것이다.
오늘날 기술 정보 사회의 시민이 취득해야 할 상식과 정보는 무량하게 많다. 간단한 읽기, 쓰기와 셈하기 능력만 갖추고 있으면 얼마 전까지만 하더라도 문맹(文盲)상태를 벗어날 수 있었다. 오늘날 사정은 이미 동일하지 않다. 자동차 운전이나 컴퓨터 조작이 바야흐로 새 시대의 '문맹'탈피 조건으로 부상하고 있다. 현대인 앞에는 그만큼 구비해야 할 기본적 조건과 자질이 수없이 기다리고 있다.
사회가 복잡해짐에 따라 신경과 시간을 바쳐야 할 세목도 증가하게 마련이다. 그러나 어느 시인이 얘기한 대로 인간 정신이 마련해 낸 가장 위대한 세계는 언어로 된 책의 마법 세계이다. 그 세계 속에서 현명한 주민이 되기 위해서는 무엇보다도 자기 삶의 방향에 맞게 시간을 잘 활용해야 할 것이다.

75 윗글의 핵심내용으로 가장 적절한 것은?

① 현대인이 구비해야 할 조건
② 현대인이 다루어야 할 지식
③ 문맹상태를 벗어나기 위한 노력
④ 지식 정보 획득을 위한 독서
⑤ 주제의식이나 문제의식을 가진 독서

76 윗글의 내용과 일치하는 것은?

① 과거에는 간단한 읽기, 쓰기와 셈하기 능력만으로 문맹상태를 벗어날 수 있었다.
② 사회가 복잡해져도 신경과 시간을 바쳐야 할 세목은 일정하다.
③ 오늘날 기술 정보의 발달로 시민이 취득해야 할 상식과 정보는 적어졌다.
④ 실세적 필요와 지식 정보의 획득을 위해서 독서하는 것이 중요하다.
⑤ 주제 의식이나 문제의식에 의미를 두지 않고 독서를 해도 주체적인 독서 행위가 성립될 수 있다.

77 다음 글의 주제를 뒷받침하는 내용으로 적당하지 않은 것은?

> 사람들은 현재의 생활환경을 더욱더 나은 환경으로 개선하기 위해 많은 노력을 한다. 아파트가 몰려 있는 지역에서는 부녀회 등을 만들어서 화단에 나무와 꽃을 심는 일, 탁아소를 운영하는 일 등 여러 가지 생활 문제를 협의한다. 그리고 사람들은 주차 공간을 확보하기 위해 서로 싸우기도 한다. 농어촌에서는 협동조합을 만들어 운영한다. 협동조합은 농산물이나 축산물, 수산물 등을 공동으로 내다 팔아 생산자가 손해를 입지 않도록 한다. 회사원들은 자신들의 근무조건을 개선하고 권리를 보호하기 위하여 노동조합을 만들어 문제점을 서로 토의하고 해결해 나가기도 한다.

① 농어촌에서는 협동조합을 만들어 운영한다.
② 사람들은 주차 공간을 확보하려고 서로 싸운다.
③ 아파트 부녀회에서 화단에 나무와 꽃을 심는다.
④ 회사원은 노동조합을 만들어 문제점을 토의한다.
⑤ 아파트 부녀회에서는 여러 가지 생활 문제를 협의한다.

78 다음 글을 읽고 이를 통해 알 수 있는 글쓴이의 영화에 대한 관점으로 옳은 것은?

미국 영화가 전통적으로 당대의 시대정신과 문화를 반영하고 있다는 사실은 이미 잘 알려져 있지만, 그 중에서도 1990년대 개봉되어 대성공을 거둔 '나 홀로 집에(Home Alone)'와 '후크(Hook)'는 오늘날 미국 사회의 문제점을 잘 드러내 주고 있다.
맥컬리 컬킨이라는 아역 배우를 일약 유명하게 만들어 준 '나 홀로 집에'는 케빈 맥콜리스터라는 여덟 살 난 소년이 우연히 홀로 집에 남겨져 겪게 되는 고독과 모험을 그린 영화다. 그의 가족들은 깜박 그의 존재를 잊어버리고 유럽으로 크리스마스 휴가 여행을 떠난다. 텅 빈 집에 혼자 남겨진 그는 처음에는 자유를 즐기지만 결국에는 고독을 느끼게 되고, 이윽고 침입해 들어오는 도둑들과 대면해서 그들을 퇴치해 집을 지킨다. 그런 후에 가족들이 다시 돌아오며 영화는 끝난다.
이 단순한 구성의 코미디 영화가 미국에서 1990년도 흥행 1위와 영화사상 흥행 3위를 차지한 이유의 이면에는, 그것은 현대 미국인들의 불안 심리에 호소하는 바가 컸기 때문이다. 왜냐 하면 오늘날 미국 가정주부들의 대부분이 직장을 갖고 있으며, 그 결과 아이들은 '나 홀로 집에' 버려져 있는 경우가 허다하기 때문이다.
미국의 아이들은 처음에는, 물론 그러한 자유를 즐기고 좋아한다. 그러나 오래지 않아 그들은 고독을 느끼게 되고, 이윽고, 가정을 파괴하는 위협적인 요소들과 대면하게 된다. 영화 속의 케빈은 다행히도 그 사악한 요소들과 대면해 싸워서 그 위협을 이겨 내지만, 많은 아이들은 불행히도 악의 힘에 밀려서 차츰 가정으로부터 멀어져 간다. 그러므로 '나 홀로 집에'는 사실 모든 미국 어린이들의 현실이자, 모든 미국 주부들의 악몽이라고 할 수 있다.

① 영화는 인간이 가 볼 수 없는 환상의 세계를 보여 줌으로써, 꿈을 가질 수 있게 하는 장점을 가지고 있다.
② 현대 사회에서 영화는 대중들의 욕구를 대변하는 최고의 매체라는 점에서 대중문화의 총아라고 할 수 있다.
③ 영화는 영화가 상영되는 그 시대의 문화의 일부를 보여 준다는 점에서 우리 현실을 비추는 거울이라고 할 수 있다.
④ 영화는 모순적인 사회 현실을 개혁하려는 이들이 자신들의 사상을 전달하는 매체라는 점에서 중요한 의의가 있다.
⑤ 영화의 폭력적이며 선정적인 장면들이 청소년에게 무분별하게 전달되면서 결국 불건전한 생각과 가치관을 심어주게 되므로 영화는 부정적인 문화라 할 수 있다.

79 다음 글의 내용과 일치하는 것은?

> 한국의 미술, 이것은 이러한 한국 강산의 마음씨에서 그리고 이 강산의 몸짓 속에서 벗어날 수는 없다. 쌓이고 쌓인 조상들의 긴 옛 이야기와도 같은 것, 그리고 우리의 한숨과 웃음이 뒤섞인 한반도의 표정 같은 것, 마치 묵은 솔밭에서 송이버섯들이 예사로 돋아나듯이 이 땅 위에 예사로 돋아난 조촐한 버섯들, 한국의 미술은 이처럼 한국의 마음씨와 몸짓을 너무나 잘 닮고 있다. 한국의 미술은 언제나 담담하다. 그리고 욕심이 없어서 좋다. 없으면 없는 대로의 재료, 있으면 있는 대로의 솜씨가 별로 꾸밈없이 드러난 것, 다채롭지도 수다스럽지도 않은 그다지 슬플 것도 즐거울 것도 없는 덤덤한 매무새가 한국 미술의 마음씨이다.

① 한국 미술은 자연미에 바탕을 두고 있다.
② 한국 미술의 전통이 현대에 와서 단절되었다.
③ 한국 미술의 우수성은 화려함에서 찾을 수 있다.
④ 한국 미술은 다른 나라의 미술에 비해 독창적이다.
⑤ 한국 미술은 동방 미술사에 커다란 영향을 주었다.

80 다음 글에서 설명하지 않는 것은?

> 우리는 흔히 어떤 현상이나 사람들의 행위가 정상적이지 못하거나 기대한 바와 다를 때, 혹은 잘못되었을 때, '문제가 있다.'라는 표현을 쓴다. 이 때 문제라는 말 속에는 분명 그 현상에 대한 부정적인 이미지가 반영되어 있다. 그런데, 부정적인 이미지는 홀로 떠오르는 것이 아니라 어떤 준거를 필요로 한다. 말하자면, 무엇에 비추어 볼 때 부정적이고 무엇과 비교했을 때 비정상적인가를 판가름해 줄 수 있는 기준이 필요한 것이다. 그리고 문제라는 개념이 등장할 때에는 이미 그 문제 상황을 바꾸려 하거나 바꿀 수 있다는 기대 또한 내포되어 있는 것이 보통이다.
>
> 한편, 문제 상황은 개인적일 수도 있고 사회적일 수도 있다. 그러나 모든 사회적 현상이 다 사회 문제로 인식되는 것은 아니다. 예를 들어 어떤 사람이 감기에 걸렸다든지 일시적으로 실업자가 되었다 하자. 이것도 분명 문제 상황이긴 하지만, 사람들이 여기에 사회 문제라는 개념을 적용시키지는 않는다. 또한 홍수라든가 가뭄 등은 자연적 재해라고 하지 그 자체를 사회 문제라고 정의하지는 않는다. 흔히 우리는 신문에서 빈부 격차의 문제, 노동 문제, 실업 문제, 교육 문제, 가족 해체, 인구 문제, 청소년 비행, 교통체증, 주택 문제, 부동산 투기 등의 내용과 마주치게 되는데, 이 때 이것들이 중대한 사회 문제라는 사실을 곧 느낄 수 있게 될 것이다. 분명한 것은 위에 열거된 상황들이 자연 현상에 관계되거나 개인적 차원의 문제가 아니라 어느 정도는 지속적이고 반복적인 사회적 차원의 문제들이라는 사실이다.
>
> 그런데 위의 문제 상황들 중에는 오래 전부터 인식되어 온 것들이 있는 반면, 최근에 들어와서야 비로소 부각되고 인식되는 문제들도 있다. 사회가 변화하고 복잡하게 됨에 따라 사회 문제로 포착되는 문제 상황들이 바뀌게 되는 것이다. 따라서 사회 문제라는 용어 속에 포괄되는 구체적인 상황들은 필연적으로 역사성을 띨 수밖에 없다.
>
> 한편, 사회 문제의 개념적 규정을 위해서는 문제가 되는 객관적 상황이 실제로 존재하고 있어야 한다. 그러나 객관적으로 존재하는 문제 상황이 모두 사회 문제로 규정되는 것이 아니다. 어떤 현상이 사회 문제라고 정의되기 위해서는 '문제되는 상황을 견디기 힘들다.'라는 주관적 가치 판단이 덧붙여져야 한다. 이렇게 해서 동일한 상황에 대한 주관적 판단이 상이성과 상대성으로 말미암아 문제로 파악되는 방식과 영역은 달라지게 된다.

① 사회 문제의 역사성
② 사회 문제의 다양한 측면
③ 사회 문제의 객관성과 주관성
④ 사회 문제의 발생 원인과 기원
⑤ 사회 문제와 문제 상황과의 관계

CHAPTER

자료해석 02

≫ 정답 및 해설 p.242

01 다음과 같은 규칙으로 자연수를 나열할 때 13은 몇 번째에 처음 나오는가?

2, 2, 3, 3, 3, 5, 5, 5, 5, 5, …

① 28
② 29
③ 30
④ 31

02 다음과 같은 규칙으로 자연수를 나열할 때 18은 몇 번째에 처음 나오는가?

3, 1, 6, 3, 2, 1, 9, 3, 1, …

① 19
② 20
③ 21
④ 22

03 다음과 같은 규칙으로 자연수를 나열할 때 21은 몇 번째에 처음 나오는가?

3, 6, 6, 9, 9, 9, 12, 12, 12, 12, …

① 22
② 23
③ 24
④ 25

04 다음과 같은 규칙으로 자연수를 나열할 때 25는 몇 번째에 처음 나오는가?

13, 15, 15, 17, 17, 17, 19, 19, 19, 19, …

① 22
② 23
③ 24
④ 25

05 다음과 같은 규칙으로 자연수를 나열할 때 20은 몇 번째에 처음 나오는가?

2, 2, 4, 4, 4, 4, 6, 6, 6, 6, 6, 6, …

① 83
② 91
③ 18
④ 110

Q 다음 제시된 숫자의 배열을 보고 규칙을 적용하여 빈칸에 들어갈 알맞은 수를 고르시오. 【06~20】

06

78　86　92　94　98　106　(　)

① 110　② 112
③ 114　④ 116

07

7　13　20　27　36　43　(　)

① 47　② 52
③ 59　④ 61

08

11　17　29　53　101　197　(　)

① 358　② 374
③ 389　④ 392

09

9　15　18　29　36　43　72　57　(　)

① 123　② 131
③ 137　④ 144

10

13　17　20　10　27　3　(　)　−4

① 38　② 34
③ 30　④ 26

11

3　14　(　)　252　1019　4090

① 27　② 61
③ 85　④ 129

12

$$\frac{1}{3} \quad \frac{4}{5} \quad \frac{13}{9} \quad \frac{40}{17} \quad \frac{121}{33} \quad (\quad) \quad \frac{1093}{129}$$

① $\frac{364}{65}$
② $\frac{254}{53}$
③ $\frac{413}{48}$
④ $\frac{197}{39}$

13

10 18 ( ) 28 30

① 27
② 26
③ 25
④ 24

14

<u>20 10 3</u> <u>30 5 7</u> <u>40 5 ( )</u>

① 8
② 9
③ 10
④ 11

15

6 2 8 10　　3 7 10 17　　5 8 13 ( )

① 20　② 21
③ 22　④ 23

16

2 3 4 13　　3 6 ( ) 220　　4 2 7 23　　5 2 3 35

① 4　② 5
③ 6　④ 7

17

1 4 5　　2 6 14　　3 8 27　　4 10 ( )

① 41　② 42
③ 43　④ 44

18

1　2　2　4　8　32　(　)

① 64
② 25
③ 256
④ 512

19

10　2　$\frac{17}{2}$　$\frac{9}{2}$　7　7　$\frac{11}{2}$　(　)

① $\frac{13}{2}$
② $\frac{15}{2}$
③ $\frac{17}{2}$
④ $\frac{19}{2}$

20

1　2　−1　8　(　)　62

① 0
② −19
③ 81
④ −27

21 민국이가 어느 해의 12월 달력을 보니 화요일과 금요일이 4번 있었다. 12월 31일의 요일은?

① 월요일
② 수요일
③ 목요일
④ 토요일

22 다음은 어느 지역의 13세 이상의 연령대별 독서 현황을 나타낸 자료이다. 빈칸 ⓐ, ⓑ의 합은?

〈13세 이상의 연령대별 독서 현황〉

	1인당 연간 독서권수	독서인구 1인당 연간 독서권수	독서인구 비율
13~19세	15.0	20.2	74.3
20~29세	14.0	ⓐ	74.1
30~39세	13.1	ⓑ	68.6
40~49세	9.6	15.2	63.2
50~59세	5.9	12.6	46.8
60~64세	2.8	10.4	26.9
65세 이상	2.3	10.0	23.0

① 35.4
② 36.9
③ 38.0
④ 38.8

23 모든 가구가 애완동물을 키우는 W마을의 애완동물 현황을 조사한 자료이다. 염소를 키우는 가구는 전체의 몇 %인가?(단, 계산은 소수점 둘째 자리에서 반올림한다)

개	여우	돼지	염소	양	고양이
34	3	17	26	16	24

① 18.6
② 19.8
③ 20.5
④ 21.7

24 다음은 2014~2021년 서원기업의 콘텐츠 유형별 매출액에 관한 자료이다. 이에 대한 설명으로 옳지 않은 것은?

(단위 : 백만 원)

연도 \ 유형	게임	음원	영화	SNS	전체
2014	235	108	371	30	744
2015	144	175	355	45	719
2016	178	186	391	42	797
2017	269	184	508	59	1,020
2018	485	199	758	58	1,500
2019	470	302	1,031	308	2,111
2020	603	411	1,148	104	2,266
2021	689	419	1,510	341	2,959

① 2016년 이후 매출액이 매년 증가한 콘텐츠 유형은 영화뿐이다.
② 2021년에 전년대비 매출액 증가율이 가장 큰 콘텐츠 유형은 SNS이다.
③ 영화 매출액은 매년 전체 매출액의 40% 이상이다.
④ 2018~2021년 동안 매년 게임 매출액은 음원 매출액의 2배 이상이다.

Q 다음은 지난 분기의 국가기술자격 등급별 시험 시행 결과이다. 물음에 답하시오. 【25~26】

〈국가기술자격 등급별 시험 시행 결과〉

구분 / 등급	필기			실기		
	응시자	합격자	합격률	응시자	합격자	합격률
기술사	19,327	2,056	10.6	3,173	1,919	
기능장	21,651	9,903	ⓐ	16,390	4,862	
기사	345,833	135,170	39.1	210,000	89,380	
산업기사	210,814	78,209	37.1	101,949	49,993	
기능사	916,224	423,269	46.2	752,202	380,198	
전체	1,513,849	648,607	42.8	1,083,714	526,352	

※ 합격률(%) $= \frac{\text{합격자}}{\text{응시자}} \times 100$

25 기능장 필기시험의 합격률은?

① 44.3
② 45.7
③ 46.1
④ 46.3

26 국가기술자격 실기시험 중 합격률이 가장 낮은 등급은 무엇인가?

① 기술사
② 기능장
③ 기사
④ 산업기사

27 다음은 A철도공사의 경영 현황에 대한 자료이다. 이에 대한 설명으로 옳지 않은 것은?(단, 계산 값은 소수 둘째 자리에서 반올림 한다.)

〈A철도공사 경영 현황〉

(단위 : 억 원)

	2017	2018	2019	2020	2021
경영성적 (당기순이익)	−44,672	−4,754	5,776	−2,044	−8,623
총수익	47,506	51,196	61,470	55,587	52,852
영업수익	45,528	48,076	52,207	53,651	50,572
기타수익	1,978	3,120	9,263	1,936	2,280
총비용	92,178	55,950	55,694	57,631	61,475
영업비용	47,460	47,042	51,063	52,112	55,855
기타비용	44,718	8,908	4,631	5,519	5,620

① 총수익이 가장 높은 해에 당기순수익도 가장 높다.
② 영업수익이 가장 낮은 해에 영업비용이 가장 높다.
③ 총수익 대비 영업수익이 가장 높은 해에 기타 수익이 2,000억 원을 넘지 않는다.
④ 기타수익이 가장 낮은 해와 총수익이 가장 낮은 해는 다르다.
⑤ 2019년부터 총비용 대비 영업비용의 비중이 90%를 넘는다.

28 다음 표에서 a~d의 값을 모두 더한 값은?

	2019년		2020년	전월대비		전년동월대비	
	1월	12월	1월	증감액	증감률(차)	증감액	증감률(차)
총거래액(A)	107,230	126,826	123,906	a	−2.3	b	15.6
모바일 거래액(B)	68,129	83,307	82,730	c	−0.7	d	21.4
비중(B/A)	63.5	65.7	66.8	−	1.1	−	3.3

① 27,780
② 28,542
③ 28,934
④ 33,620
⑤ 34,774

Q 다음 표는 커피 수입 현황에 대한 표이다. 물음에 답하시오. 【29~30】

(단위 : 톤, 천 달러)

구분		2016	2017	2018	2019	2020
생두	중량	97.8	96.9	107.2	116.4	100.2
	금액	252.1	234.0	316.1	528.1	365.4
원두	중량	3.1	3.5	4.5	5.4	5.4
	금액	37.1	42.2	55.5	90.5	109.8
커피조제품	중량	6.3	5.0	5.5	8.5	8.9
	금액	42.1	34.6	44.4	98.8	122.4

※ 1) 커피는 생두, 원두, 커피조제품으로만 구분됨

2) 수입단가 = $\frac{\text{금액}}{\text{중량}}$

29 다음 중 표에 관한 설명으로 가장 적절한 것은?

① 커피 전체에 대한 수입금액은 매해마다 증가하고 있다.

② 2019년 생두의 수입단가는 전년의 2배 이상이다.

③ 원두 수입단가는 매해마다 증가하고 있지는 않다.

④ 2020년 커피조제품 수입단가는 2016년의 2배 이상이다.

30 다음 중 수입단가가 가장 큰 것은?

① 2018년 원두

② 2019년 생두

③ 2020년 원두

④ 2019년 커피조제품명

Ⓠ 다음은 연도별 최저임금 현황을 나타낸 표이다. 물음에 답하시오. 【31~33】

(단위 : 원, %, 천 명)

구분	2015년	2016년	2017년	2018년	2019년	2020년	2021년
시간급 최저임금	3,770	4,000	4,110	4,320	4,580	4,860	5,210
전년대비 인상률(%)	8.30	6.10	2.75	5.10	6.00	6.10	7.20
영향률(%)	13.8	13.1	15.9	14.2	13.7	14.7	x
적용대상 근로자 수	15,351	15,882	16,103	16,479	17,048	17,510	17,734
수혜 근로자 수	2,124	2,085	2,566	2,336	2,343	y	2,565

* 영향률=수혜 근로자 수 / 적용대상 근로자 수 × 100

31 2021년 영향률은 몇 %인가?

① 13.5%
② 13.9%
③ 14.2%
④ 14.5%

32 2020년 수혜 근로자 수는 몇 명인가?

① 약 234만3천 명
② 약 256만5천 명
③ 약 257만4천 명
④ 약 258만2천 명

33 표에 대한 설명으로 옳지 않은 것은?

① 시간급 최저임금은 매해 조금씩 증가하고 있다.
② 전년대비 인상률은 2017년까지 감소하다가 이후 증가하고 있다.
③ 영향률은 불규칙적인 증감의 추세를 보이고 있다.
④ 2022년의 전년대비 인상률이 2021년과 같을 경우 시간급 최저임금은 5,380원이다.

Q 다음은 각 통신사별 휴대전화의 월 기본료 및 통화료에 대한 자료이다. 물음에 답하시오. 【34~35】

구분	월 기본료	통화료	
		주간	야간
S사	12,000원	60원/분	25원/분
K사	11,000원	40원/분	25원/분
L사	10,000원	50원/분	25원/분

34 다음 중 야간만 사용할 경우 연간 사용료가 가장 저렴한 통신사는?

① S사 ② K사
③ L사 ④ 모두 같다.

35 다음 중 주간만 사용할 경우 한 달에 20,000원을 사용료로 낼 때 가장 통화시간이 긴 통신사는?

① S사 ② K사
③ L사 ④ 모두 같다.

Q 다음은 지방자치단체별 재정지수에 관한 표이다. 물음에 답하시오. 【36~37】

(단위 : 십억 원)

자치 단체명	기준재정 수입액	기준재정 수요액	재정자립도
A	4,520	3,875	92%
B	1,342	1,323	79%
C	892	898	65%
D	500	520	72%
E	2,815	1,620	69%
F	234	445	18%
G	342	584	29%
H	185	330	30%
I	400	580	35%
J	82	164	31%

※ 재정력지수 $= \frac{\text{기준재정 수입액}}{\text{기준재정 수요액}}$

36 다음 설명 중 옳지 않은 것은?

① 자치단체 F의 재정력지수는 자치단체 I보다 작다.
② 표에서 재정자립도가 가장 낮은 자치단체는 F이다.
③ 기준재정 수입액과 기준재정 수요액이 가장 높은 자치단체의 재정자립도가 가장 높다.
④ 자치단체 A, B, D, E의 재정력지수는 모두 1보다 크다.

37 다음 중 재정자립도가 가장 높은 곳은?

① A
② B
③ C
④ D

Q 다음은 국내 온실가스 배출현황을 나타낸 표이다. 물음에 답하시오. 【38~39】

(단위 : 백만 톤 CO_2 eq.)

구분	2016년	2017년	2018년	2019년	2020년	2021년	2022년
에너지	467.5	473.9	494.4	508.8	515.1	568.9	597.9
산업공정	64.5	63.8	60.8	60.6	57.8	62.6	63.4
농업	22.0	21.8	21.8	21.8	22.1	22.1	22.0
폐기물	15.4	15.8	14.4	14.3	14.1	x	14.4
LULUCF	−36.3	−36.8	−40.1	−42.7	−43.6	−43.7	−43.0
순배출량	533.2	538.4	551.3	562.7	565.6	624.0	654.7
총배출량	569.4	575.3	591.4	605.5	609.1	667.6	697.7

38 2021년 폐기물로 인한 온실가스 배출량은? (단, 총배출량=에너지+산업공정+농업+폐기물)

① 14.0
② 14.1
③ 14.2
④ 14.3

39 전년대비 총배출량 증가율이 가장 높은 해는?

① 2019년
② 2020년
③ 2021년
④ 2022년

40 농촌 거주민을 상대로 한 현재 생활 만족도에 대한 설문 조사를 실시하였다. 다음은 조사 결과 농촌을 떠나겠다고 응답한 비율을 정리한 것이다. 이를 근거로 하여 확인할 수 있는 질문만을 있는 대로 고른 것은?

(단위 : %)

구분	성별		연령별				
	남	여	30대 이하	40대	50대	60대	70대 이상
2010년	8.4	8.7	29.9	16.6	11.0	4.1	3.1
2015년	8.3	5.7	22.4	12.8	5.7	4.2	1.8
2020년	5.9	5.2	24.0	12.8	5.3	2.0	1.6

㉠ 어느 해에 이농이 가장 활발하게 일어났는가?
㉡ 시간이 흐르면서 이농하려는 생각은 확산되고 있는가?
㉢ 연령이 높을수록 이농에 대한 긍정적 응답률은 낮아지고 있는가?
㉣ 남자와 여자 중 이농을 생각하는 사람의 수는 어느 쪽이 더 많은가?

① ㉠㉣
② ㉡㉢
③ ㉡㉣
④ ㉠㉡㉢

41 A쇼핑몰은 회원의 등급별로 포인트와 적립금을 다르게 제공하고 있다. 일반회원의 포인트는 P라 하며 200P당 1,000원의 적립금을 제공한다. 우수회원의 포인트는 S라 하며 40S당 1,500원의 적립금을 제공한다. 그러면 360P는 몇 S인가?

① 42S
② 45S
③ 48S
④ 50S

42 어느 야구선수가 시합에 10번 참여하여 시합당 평균 0.6개의 홈런을 기록하였다. 앞으로 5번의 시합에 더 참여하여 총 15번 경기에서의 시합당 평균 홈런을 0.8개 이상으로 높이고자 한다. 남은 5번의 시합에서 최소 몇 개의 홈런을 쳐야하는가?

① 4
② 5
③ 6
④ 7

43 50원, 100원, 1,000원, 5,000원을 합쳐서 총 14개를 가지고 있으며, 합치면 총 금액이 12,000원이라고 한다. 이 중 50원 짜리 동전은 몇 개인가? (단, 동전과 지폐는 적어도 하나 이상 가지고 있다.)

① 1개
② 2개
③ 3개
④ 4개

44 물통에 세 개의 수도꼭지 A, B, C로 물을 채우려고 한다. 세 개를 모두 틀어 물을 채우면 1시간이 걸리고, A와 C를 틀어 채우면 1시간 30분이 걸리며, B와 C를 틀어 채우면 2시간이 걸린다. A와 B를 틀어 채울 때, 걸리는 시간을 구하면?

① 1시간
② 1.2시간
③ 1.5시간
④ 2시간

45 바구니에 4개의 당첨 제비를 포함한 10개의 제비가 들어있다. 이 중에서 갑이 먼저 한 개를 뽑고, 다음에 을이 한 개의 제비를 뽑는다고 할 때, 을이 당첨제비를 뽑을 확률은? (단, 한 번 뽑은 제비는 바구니에 다시 넣지 않는다.)

① 0.2
② 0.3
③ 0.4
④ 0.5

46 갑과 을이 집에서 공원을 향해 분당 150m의 속력으로 걸어가고 있다. 30분을 걸었을 때, 갑은 지갑을 집에 두고 온 것을 기억하여 분당 300m의 속력으로 집에 갔다가 다시 공원을 향해 걸어갔다고 한다. 을은 그 속력 그대로 20분 뒤에 공원에 도착했을 때, 갑은 을이 공원에 도착한 지 몇 분 후에 공원에 도착할 수 있을까?

① 10분
② 15분
③ 20분
④ 25분

47 직장에서 병원에 갈 때는 60km/h로 가고, 병원에서 집에 갈 때는 30km/h로 간다. 직장에서 병원의 거리가 10km이고, 병원에서 집의 거리가 15km라면 직장에서 집까지 가는데 걸리는 시간은 얼마인가?

① 20분 ② 30분
③ 40분 ④ 50분

48 서원유원지의 1일 평균 입장자 수는 12,000명이다. 입장료는 600원인데 x%의 가격인상을 하면 1일 평균 입장자 수는 가격인상 전보다도 $\frac{x}{3}$% 감소함을 알고 있다. 1일 입장료의 평균을 960만 원으로 하려면 몇 %의 가격인상을 하여야 하는가?

① 70% ② 80
③ 90% ④ 100%

49 시온이가 책을 펼쳐서 나온 두 면의 쪽수의 곱이 506이라면, 시온이가 펼친 두 면 중 한 면의 쪽수가 될 수 있는 것은?

① 19 ② 21
③ 23 ④ 25

50 영미는 시속 3km로 걷는다. 영미가 50분 동안 걷는 거리를 철수는 30분 만에 걷는다. 철수의 걷는 속력은 얼마인가?

① 3km/h ② 4km/h
③ 5km/h ④ 6km/h

Q 다음은 지역별 건축 및 대체에너지 설비투자 현황에 관한 자료이다. 물음에 답하시오. 【51~52】

(단위 : 건, 억 원, %)

지역	건축 건수	건축공사비(A)	대체에너지 설비투자액				대체에너지 설비투자 비율
			태양열	태양광	지열	합(B)	
가	12	8,409	27	140	336	503	5.98
나	14	12,851	23	265	390	678	( )
다	15	10,127	15	300	210	525	( )
라	17	11,000	20	300	280	600	5.45
마	21	20,100	30	600	450	1,080	( )

※ 대체에너지 설비투자 비율= (B/A) × 100

51 다음 중 옳지 않은 것은?

① 건축 건수 1건당 건축공사비가 가장 많은 곳은 마 지역이다.
② 가~마 지역의 대체에너지 설비투자 비율은 각각 5% 이상이다.
③ 라 지역에서 태양광 설비투자액이 210억 원으로 줄어들어도 대체에너지 설비투자 비율은 5% 이상이다.
④ 대체에너지 설비투자액 중 태양광 설비투자액 비율이 가장 높은 지역은 대체에너지 설비투자 비율이 가장 낮다.

52 가 지역의 지열 설비투자액이 250으로 줄어들 경우 대체에너지 설비투자 비율의 변화는?

① 약 15% 감소
② 약 17% 감소
③ 약 21% 감소
④ 약 25% 감소

Ⓠ 다음 표는 A 자동차 회사의 고객만족도 조사결과이다. 다음 물음에 답하시오. 【53~54】

(단위 : %)

구분	1 ~ 12개월(출고 시기별)	13 ~ 24개월(출고 시기별)	고객 평균
안전성	41	48	45
A/S의 신속성	19	17	18
정숙성	2	1	1
연비	15	11	13
색상	11	10	10
주행 편의성	11	9	10
차량 옵션	1	4	3
계	100	100	100

53 출고시기에 관계없이 전체 조사 대상 중에서 1,350명이 안전성을 장점으로 선택했다면 이번 설문에 응한 고객은 모두 몇 명인가?

① 2,000명　　② 2,500명
③ 3,000명　　④ 3,500명

54 차를 출고 받은 지 12개월 이하 된 고객 중에서 30명이 연비를 선택했다면 정숙성을 선택한 고객은 몇 명인가?

① 2명　　② 3명
③ 4명　　④ 5명

55 아래는 인플루엔자 백신 접종 이후 3종류의 바이러스에 대한 연령별 항체가 1:40 이상인 피험자 비율의 시간에 따른 변화를 나타낸 것이다. 여기에서 추론 가능한 것은?

(단위 : %)

구분		6개월–2세	3–8세	9–18세
H1N1	접종 전	4.88	61.97	63.79
	접종 후 1개월	85.37	88.73	98.28
	접종 후 6개월	58.97	90.14	92.59
	접종 후 12개월	29.63	84	95.74
H3N2	접종 전	12.20	52.11	48.28
	접종 후 1개월	73.17	90.14	94.83
	접종 후 6개월	41.03	87.32	79.63
	접종 후 12개월	44.44	76	63.83
B	접종 전	17.07	47.89	81.03
	접종 후 1개월	68.29	94.37	93.10
	접종 후 6개월	28.21	74.65	90.74
	접종 후 12개월	14.81	50	80.85

① 현존하는 백신의 종류는 모두 3가지이다.
② 청소년은 백신접종의 필요성이 낮다.
③ B형 바이러스에 대한 항체가 가장 잘 형성된다.
④ 3세 미만의 소아가 백신 면역 지속력이 가장 낮다.

Q 다음 그래프는 5세의 신장을 기준으로 하여 철수의 키가 작년과 비교하였을 때 얼마나 성장하였는가를 보여주는 것이다. 물음에 답하시오. 【56~58】

나이	6세	7세	8세
성장율	6%	5%	10%

56 위 표에 대한 설명으로 옳은 것은?

① 7세 때부터 8세 때까지 신장이 10cm 자랐다.
② 8세 때에는 5세 때의 신장에 비해 24.7% 자랐다.
③ 5세 때부터 7세 때까지가 6세 때부터 8세 때까지보다 더 많이 자랐다.
④ 7세 때부터 8세 때까지가 5세 때부터 6세 때까지보다 더 많이 자랐다.

57 철수의 8세 때의 신장은 5세 때의 신장에 비해 몇 % 성장 하였는가? (단, 소수 둘째 자리에서 반올림함)

① 20.3%
② 21%
③ 22.4%
④ 24.7%

58 철수의 7세 때의 신장이 89cm라고 할 때 8세 때의 신장은 몇 cm인가?

① 97.9cm
② 99cm
③ 110cm
④ 111.4cm

59 어떤 스포츠 용품 회사가 줄의 소재, 프레임의 넓이, 손잡이의 길이, 프레임의 재질 등 4개의 변인이 테니스 채의 성능에 미치는 영향에 관하여 실험하였다. 다음은 최종 실험 결과를 나타낸 것이다. 해석한 것으로 옳은 것은?

성능	변인			
	줄의 소재	프레임의 넓이	손잡이의 길이	프레임의 재질
좋음	천연	넓다	길다	보론
나쁨	천연	좁다	길다	탄소섬유
나쁨	천연	넓다	길다	탄소섬유
나쁨	천연	좁다	길다	보론
좋음	천연	넓다	짧다	보론
나쁨	천연	좁다	짧다	탄소섬유
나쁨	천연	넓다	짧다	탄소섬유
나쁨	천연	좁다	짧다	보론
좋음	합성	넓다	길다	보론
나쁨	합성	좁다	길다	탄소섬유
나쁨	합성	넓다	길다	탄소섬유
나쁨	합성	좁다	길다	보론
좋음	합성	넓다	짧다	보론
나쁨	합성	좁다	짧다	탄소섬유
나쁨	합성	넓다	짧다	탄소섬유
나쁨	합성	좁다	짧다	보론

① 손잡이의 길이가 단독으로 성능에 영향을 준다.
② 프레임의 넓이가 단독으로 성능에 영향을 준다.
③ 손잡이의 길이와 프레임의 재질이 함께 성능에 영향을 준다.
④ 프레임의 넓이와 프레임의 재질이 함께 성능에 영향을 준다.

60 다음 표에 대한 설명으로 적절하지 않은 것은?

소득 수준별 노인의 만성 질병 수

(단위 : 만 원, %)

소득 \ 질병수	없다	1개	2개	3개 이상
50 미만	3.7	19.9	27.3	33.0
50~99	7.5	25.7	28.3	26.0
100~149	8.3	29.3	28.3	25.3
150~199	10.6	30.2	29.8	20.4
200~299	12.6	29.9	29.0	19.5
300 이상	15.7	25.9	25.4	25.9

① 소득이 가장 낮은 수준의 노인이 3개 이상의 만성 질병을 앓고 있는 비율이 가장 높다.
② 모든 소득 수준에서 만성 질병의 수가 3개 이상인 경우가 4분의 1을 넘는다.
③ 소득 수준이 높을수록 노인들이 만성 질병을 전혀 앓지 않을 확률은 높아진다.
④ 월 소득이 50만 원 미만인 노인이 만성 질병이 없을 확률은 5%에도 미치지 못한다.

Ⓠ 다음은 어느 해의 인터넷 부문 국제 정보화 통계에 관한 자료이다. 물음에 답하시오. 【61~62】

(단위 : 명, 달러)

순위 \ 구분	인터넷		초고속인터넷		초고속인터넷 요금	
	국가명	인구 100명당 이용자 수	국가명	인구 100명당 가입자 수	국가명	속도 1Mbps당 월평균 요금
1	아일랜드	90.7	덴마크	37.2	한국	0.85
2	노르웨이	85.1	네덜란드	35.8	프랑스	3.30
3	네덜란드	84.2	노르웨이	34.5	영국	4.08
4	덴마크	81.3	스위스	33.5	일본	4.79
5	스웨덴	80.9	아이슬란드	32.8	포르투갈	4.94
6	안도라	79.3	한국	32.3	이탈리아	5.28
7	핀란드	79.0	스웨덴	32.0	독일	5.64
8	룩셈부르크	78.2	핀란드	30.7	체코	6.53
9	스페인	76.7	룩셈부르크	30.2	룩셈부르크	6.81
10	한국	76.3	캐나다	29.5	덴마크	7.11
11	대만	74.4	영국	28.5	오스트리아	7.35
12	캐나다	73.1	벨기에	28.1	노르웨이	7.97
13	스위스	72.6	프랑스	28.0	네덜란드	8.83
14	미국	72.5	독일	27.4	핀란드	9.63
15	모나코	72.2	미국	25.8	미국	10.02

61 인구 100명당 초고속인터넷 가입자 수 상위 5개국 중 인구 100명당 인터넷 이용자 수가 가장 적은 국가는?

① 덴마크
② 네덜란드
③ 노르웨이
④ 아이슬란드

62 세 가지 지표에서 모두 15위 이내에 속한 국가는 몇 개국인가?

① 6개국
② 7개국
③ 8개국
④ 9개국

63 다음은 모 대학 합격자 100명의 수리영역과 언어영역의 성적에 대한 상관표이다. 합격자의 두 영역 성적을 합한 값의 평균에 가장 가까운 것은?

(단위 : 명)

언어영역 \ 수리영역	55	65	75	85	95
95	–	2	2	–	–
85	6	12	10	6	–
75	2	8	12	10	2
65	–	4	6	12	–
55	–	–	2	4	–

① 120
② 130
③ 140
④ 150

64 다음은 우리나라의 성별, 졸업대학 특성별 고용률을 연도별로 나타낸 자료이다. 다음 자료를 보고 판단한 〈보기〉의 의견 중 올바른 것만으로 짝지어진 것은 어느 것인가?

(단위: %)

		2021	2020	2019	2018	2017
전체		73.9	74.9	73.7	75.9	79.4
성	남성	75.1	76.3	75.0	77.4	81.6
	여성	72.9	73.7	72.5	74.4	77.3
학교유형	2～3년제	76.1	77.6	75.6	78.0	80.3
	4년제	72.5	73.1	72.2	74.4	78.7
	교육대	89.6	91.3	90.9	87.5	87.2
전공계열	인문	69.5	68.0	65.5	69.1	75.1
	사회	74.2	74.1	73.2	75.8	78.8
	교육	77.1	78.2	76.3	74.9	78.1
	공학	75.3	76.7	76.2	78.6	81.8
	자연	66.4	67.8	67.5	69.4	75.4
	의약	84.8	85.9	83.1	83.4	86.5
	예체능	70.9	74.4	73.0	76.5	78.8

〈보기〉

(가) 교육대를 졸업한 교육 전공자들은 4년제 공학계열 전공자들보다 매년 고용률이 더 높다고 판단할 수 있다.

(나) 2020년에는 모든 지표에서 2019년보다 높은 고용률을 나타내고 있다.

(다) 전공 기준으로만 보면, 의약 전공자들의 고용률이 매년 가장 높다.

(라) 2017년 대비 2021년의 고용률은 사회 전반적으로 더 악화되었다고 볼 수 있다.

① (나), (다), (라)

② (가), (다), (라)

③ (가), (나), (라)

④ (가), (나), (다)

65 다음은 우리 국민이 가장 좋아하는 산 및 등산 횟수에 관한 설문조사 결과이다. 다음 설명 중 적절하지 않은 것은?

〈표1〉 우리 국민이 가장 좋아하는 산

산 이름	설악산	지리산	북한산	관악산	기타
비율(%)	38.9	17.9	7.0	5.8	30.4

〈표2〉 우리 국민의 등산 횟수

횟수	주 1회 이상	월 1회 이상	분기 1회 이상	연 1~2회	기타
비율(%)	16.4	23.3	13.1	29.8	17.4

① 우리 국민이 가장 좋아하는 산 중 선호도가 높은 2개의 산에 대한 비율은 50% 이상이다.

② 설문조사에서 설악산을 좋아한다고 답한 사람은 지리산, 북한산, 관악산을 좋아한다고 답한 사람보다 더 많다.

③ 우리 국민의 80% 이상은 일 년에 최소한 1번 이상 등산을 한다.

④ 우리 국민들 중 가장 많은 사람들이 월 1회 정도 등산을 한다.

Q 다음 표는 정보통신 기술 분야 예산 신청금액 및 확정금액에 대한 조사 자료이다. 물음에 답하시오. 【66~67】

(단위 : 억 원)

연도 / 구분 / 기술분야	2019		2020		2021	
	신청	확정	신청	확정	신청	확정
네트워크	1,179	1,112	1,098	1,082	1,524	950
이동통신	1,769	1,679	1,627	1,227	1,493	805
메모리반도체	652	478	723	409	746	371
방송장비	892	720	1,052	740	967	983
디스플레이	443	294	548	324	691	282
LED	602	217	602	356	584	256
차세대컴퓨팅	207	199	206	195	295	188
시스템반도체	233	146	319	185	463	183
RFID	226	125	276	145	348	133
3D 장비	115	54	113	62	136	149
전체	6,318	5,024	6,564	4,725	7,247	4,300

66 2021년 신청금액이 전년대비 30% 이상 증가한 기술 분야는 총 몇 개인가?

① 2개
② 3개
③ 4개
④ 5개

67 2019년 확정금액 상위 3개 기술 분야의 확정금액 합은 2019년 전체 확정금액의 몇 %를 차지하는가? (단, 소수점 첫째 자리에서 반올림하시오.)

① 63%
② 65%
③ 68%
④ 70%

Q 다음은 우체국 택배물 취급에 관한 기준표이다. 표를 보고 물음에 답하시오. 【68~70】

(단위 : 원/개당)

중량(크기)		2kg까지 (60cm까지)	5kg까지 (80cm까지)	10kg까지 (120cm까지)	20kg까지 (140cm까지)	30kg까지 (160cm까지)
동일지역		4,000원	5,000원	6,000원	7,000원	8,000원
타 지역		5,000원	6,000원	7,000원	8,000원	9,000원
제주지역	빠른(항공)	6,000원	7,000원	8,000원	9,000원	11,000원
	보통(배)	5,000원	6,000원	7,000원	8,000원	9,000원

※ 1) 중량이나 크기 중에 하나만 기준을 초과하여도 초과한 기준에 해당하는 요금을 적용함.
2) 동일지역은 접수지역과 배달지역이 동일한 시/도이고, 타지역은 접수한 시/도지역 이외의 지역으로 배달되는 경우를 말한다.
3) 부가서비스(안심소포) 이용 시 기본요금에 50% 추가하여 부가됨.

68 미영이는 서울에서 포항에 있는 보람이와 설희에게 각각 택배를 보내려고 한다. 보람이에게 보내는 물품은 10kg에 130cm이고, 설희에게 보내려는 물품은 4kg에 60cm이다. 미영이가 택배를 보내는데 드는 비용은 모두 얼마인가?

① 13,000원　　② 14,000원
③ 15,000원　　④ 16,000원

69 설희는 서울에서 빠른 택배로 제주도에 있는 친구에게 안심소포를 이용해서 18kg짜리 쌀을 보내려고 한다. 쌀 포대의 크기는 130cm일 때, 설희가 지불해야 하는 택배 요금은 얼마인가?

① 19,500원　　② 16,500원
③ 15,500원　　④ 13,500원

70 ㉠타지역으로 15kg에 150cm 크기의 물건을 안심소포로 보내는 가격과 ㉡제주지역에 보통 택배로 8kg에 100cm 크기의 물건을 보내는 가격을 각각 바르게 적은 것은?

	㉠	㉡
①	13,500원	7,000원
②	13,500원	6,000원
③	12,500원	7,000원
④	12,500원	6,000원

Q 다음은 주유소 4곳을 경영하는 서원각에서 2021년 VIP 회원의 업종별 구성비율을 지점별로 조사한 표이다. 표를 보고 물음에 답하시오. (단, 가장 오른쪽은 각 지점의 회원수가 전 지점의 회원 총수에서 차지하는 비율을 나타낸다) 【71~73】

구분	대학생	회사원	자영업자	주부	각 지점 / 전 지점
A	10%	20%	40%	30%	10%
B	20%	30%	30%	20%	30%
C	10%	50%	20%	20%	40%
D	30%	40%	20%	10%	20%
전 지점	20%		30%		100%

71 서원각 전 지점에서 회사원의 수는 회원 총수의 몇 %인가?

① 24%
② 33%
③ 39%
④ 51%

72 A지점의 회원수를 5년 전과 비교했을 때 자영업자의 수가 2배 증가했고 주부회원과 회사원은 1/2로 감소하였으며 그 외는 변동이 없었다면 5년전 대학생의 비율은? (단, A지점의 2021년 VIP회원의 수는 100명이다)

① 7.69% ② 8.53%
③ 8.67% ④ 9.12%

73 B지점의 대학생 회원수가 300명일 때 C지점의 대학생 회원수는?

① 100명 ② 200명
③ 300명 ④ 400명

74 다음은 서원고등학교 A반과 B반의 시험성적에 관한 표이다. 옳지 않은 것은?

분류	A반 평균		B반 평균	
	남학생(20명)	여학생(15명)	남학생(15명)	여학생(20명)
국어	6.0	6.5	6.0	6.0
영어	5.0	5.5	6.5	5.0

① 국어과목의 경우 A반 학생의 평균이 B반 학생의 평균보다 높다.
② 영어과목의 경우 A반 학생의 평균이 B반 학생의 평균보다 낮다.
③ 2과목 전체 평균의 경우 A반 여학생의 평균이 B반 남학생의 평균보다 높다.
④ 2과목 전체 평균의 경우 A반 남학생의 평균은 B반 여학생의 평균과 같다.

Q 다음은 우리나라 각 지역의 경제활동인구, 경제활동참가율, 실업률이다. 다음을 보고 물음에 답하시오. 【75~76】

(단위 : 천 명, %)

행정구역	경제활동인구			경제활동참가율			실업률		
	남	여	전체	남	여	전체	남	여	전체
서울특별시	2,968	2,360	5,329	72.4	52.9	62.2	3.6	3.6	3.6
부산광역시	963	760	1,723	67.9	49.2	58.2	3.4	3.1	3.3
대구광역시	736	538	1,274	73.0	49.9	61.0	2.8	3.3	3.0
인천광역시	918	661	1,579	75.9	53.4	64.5	4.8	4.4	4.7
광주광역시	434	333	766	70.2	50.8	60.2	3.0	2.7	2.8
대전광역시	465	341	806	73.5	51.8	62.4	3.1	2.1	2.7
울산광역시	378	204	582	76.4	43.7	60.5	1.8	3.0	2.2

※ 경제활동참가율(%) = (경제활동인구 ÷ 만 15세 이상 인구) × 100

※ 실업률(%) = (실업자 ÷ 경제활동인구) × 100

75 위의 표를 바탕으로 실업자 수를 구한 것으로 옳지 않은 것은?

① 인천광역시 여성 실업자 수 : 29,000명
② 대전광역시 여성 실업자 수 : 7,000명
③ 부산광역시 남성 실업자 수 : 22,000명
④ 광주광역시 남성 실업자 수 : 13,000명

76 위의 표에 대한 설명으로 옳은 것은?

① 대전광역시보다 울산광역시의 전체 실업자 수가 더 많다.
② 전체 경제활동참가율이 높을수록 전체 경제활동인구가 많다.
③ 인천광역시는 경제활동참가율이 남녀 모두에서 가장 높다.
④ 남녀 실업률에서 가장 많이 차이가 나는 지역은 울산광역시이다.

77 10%의 소금물이 있다. 이 소금물에 물을 더 넣어 4%의 소금물을 만들었다. 더 넣은 물의 양은 처음 물의 양보다 200g 더 많다고 할 때 처음 소금물의 양은?

① 200g　　② 400g
③ 600g　　④ 800g

78 평창올림픽 기념엽서를 몇 사람의 사원에게 나누어 주는데 한 사람에게 9장씩 나누어 주면 34장이 모자라고, 한 사람에게 6장씩 나누어 주면 14장이 남는다고 할 때 기념엽서는 모두 몇 장인가?

① 90장　　② 100장
③ 110장　　④ 120장

Q 가사분담 실태에 대한 통계표이다. 표를 보고 물음에 답하시오. 【79~80】

(단위 : %)

	부인 주도	부인 전적	부인 주로	공평 분담	남편 주도	남편 주로	남편 전적
15~29세	40.2	12.6	27.6	17.1	1.3	0.9	0.3
30~39세	49.1	11.8	27.3	9.4	1.2	1.1	0.1
40~49세	48.8	15.2	23.5	9.1	1.9	1.6	0.3
50~59세	47.0	17.6	20.4	10.6	2.0	2.2	0.2
60세 이상	47.2	18.2	18.3	9.3	3.5	2.3	1.2
65세 이상	47.2	11.2	25.2	9.2	3.6	2.2	1.4

	부인 주도	부인 전적	부인 주로	공평 분담	남편 주도	남편 주로	남편 전적
맞벌이	55.9	14.3	21.5	5.2	1.9	1.0	0.2
비 맞벌이	59.1	12.2	20.9	4.8	2.1	0.6	0.3

79 50세에서 59세의 부부의 가장 높은 비율을 차지하는 가사분담 형태는?

① 부인 주도로 가사 담당
② 부인이 전적으로 가사 담당
③ 공평하게 가사 분담
④ 남편이 주로 가사 담당

80 위 표에 대한 설명으로 옳은 것은?

① 맞벌이 부부가 공평하게 가사 분담하는 비율이 부인이 주로 가사 담당하는 비율보다 높다.
② 비 맞벌이 부부는 가사를 부인이 주도하는 경우가 가장 높은 비율을 차지하고 있다.
③ 60세 이상은 비 맞벌이 부부가 대부분이기 때문에 부인이 가사를 주도하는 경우가 많다.
④ 대체로 부인이 가사를 전적으로 담당하는 경우가 가장 높은 비율을 차지하고 있다.

81 다음은 한별의 3학년 1학기 성적표의 일부이다. 이 중에서 다른 학생에 비해 한별의 성적이 가장 좋다고 할 수 있는 과목은 ㉠이고, 이 학급에서 성적이 가장 고른 과목은 ㉡이다. 이 때 ㉠, ㉡에 해당하는 과목을 차례대로 나타낸 것은?

과목 / 성적	국어	영어	수학
한별의 성적	79	74	78
학급 평균 성적	70	56	64
표준편차	15	18	16

① 국어, 수학
② 수학, 국어
③ 영어, 국어
④ 영어, 수학

Q 다음은 4개 대학교 학생들의 하루 평균 독서시간을 조사한 결과이다. 다음 물음에 답하시오. 【82~83】

구분	1학년	2학년	3학년	4학년
㉠	3.4	2.5	2.4	2.3
㉡	3.5	3.6	4.1	4.7
㉢	2.8	2.4	3.1	2.5
㉣	4.1	3.9	4.6	4.9
대학생평균	2.9	3.7	3.5	3.9

82 주어진 단서를 참고하였을 때, 표의 처음부터 차례대로 들어갈 대학으로 알맞은 것은?

- A대학은 고학년이 될수록 독서시간이 증가하는 대학이다
- B대학은 각 학년별 독서시간이 항상 평균 이상이다.
- C대학은 3학년의 독서시간이 가장 낮다.
- 2학년의 하루 독서시간은 C대학과 D대학이 비슷하다.

	㉠	㉡	㉢	㉣
①	C →	A →	D →	B
②	A →	B →	C →	D
③	D →	B →	A →	C
④	D →	C →	A →	B

83 다음 중 옳지 않은 것은?

① C대학은 학년이 높아질수록 독서시간이 줄어들었다.
② A대학은 3, 4학년부터 대학생 평균 독서시간보다 독서시간이 증가하였다.
③ B대학은 학년이 높아질수록 꾸준히 독서시간이 증가하였다.
④ D대학은 대학생 평균 독서시간보다 매 학년 독서시간이 적다.

Q 다음 표는 법령에 근거한 신고자 보상금 지급기준과 신고자별 보상대상가액 사례이다. 물음에 답하시오. 【84~85】

〈표 1〉 신고자 보상금 지급기준

보상대상가액	지급기준
1억 원 이하	보상대상가액의 10%
1억 원 초과 5억 원 이하	1천만 원+1억 원 초과금액의 7%
5억 원 초과 20억 원 이하	3천8백만 원+5억 원 초과금액의 5%
20억 원 초과 40억 원 이하	1억1천3백만 원+20억 원 초과금액의 3%
40억 원 초과	1억7천3백만 원+40억 원 초과금액의 2%

※ 보상금 지급은 보상대상가액의 총액을 기준으로 함

※ 공직자가 자기 직무와 관련하여 신고한 경우에는 보상금의 100분의 50 범위 안에서 감액할 수 있음

〈표 2〉 신고자별 보상대상가액 사례

신고자	공직자 여부	보상대상가액
A	예	8억 원
B	예	21억 원
C	예	4억 원
D	아니요	6억 원
E	아니요	2억 원

84 다음 설명 중 옳은 것을 모두 고르면?

㉠ A가 받을 수 있는 최대보상금액은 E가 받을 수 있는 최대보상금액의 3배 이상이다.
㉡ B가 받을 수 있는 최대보상금액과 최소보상금액의 차이는 6,000만 원 이상이다.
㉢ C가 받을 수 있는 보상금액이 5명의 신고자 가운데 가장 적을 수 있다.
㉣ B가 받을 수 있는 최대보상금액은 다른 4명의 신고자가 받을 수 있는 최소보상금액의 합계보다 적다.

① ㉠, ㉡
② ㉠, ㉢
③ ㉠, ㉣
④ ㉡, ㉢

85 올해부터 공직자 감면액을 30%로 인하한다고 할 때 B의 최소보상금액은 기존과 비교하여 얼마나 증가하는가?

① 2,218만 원 ② 2,220만 원
③ 2,320만 원 ④ 2,325만 원

Q 2021년 사이버 쇼핑몰 상품별 거래액에 관한 표이다. 물음에 답하시오. 【86~87】

(단위 : 백만 원)

	1월	2월	3월	4월	5월	6월	7월	8월	9월
컴퓨터	200,078	195,543	233,168	194,102	176,981	185,357	193,835	193,172	183,620
소프트웨어	13,145	11,516	13,624	11,432	10,198	10,536	45,781	44,579	42,249
가전 · 전자	231,874	226,138	251,881	228,323	239,421	255,383	266,013	253,731	248,474
서적	103,567	91,241	130,523	89,645	81,999	78,316	107,316	99,591	93,486
음반 · 비디오	12,727	11,529	14,408	13,230	12,473	10,888	12,566	12,130	12,408
여행 · 예약	286,248	239,735	231,761	241,051	288,603	293,935	345,920	344,391	245,285
아동 · 유아용	109,344	102,325	121,955	123,118	128,403	121,504	120,135	111,839	124,250
음 · 식료품	122,498	137,282	127,372	121,868	131,003	130,996	130,015	133,086	178,736

86 1월 컴퓨터 상품 거래액의 다음 달 거래액과 차이는?

① 4,455백만 원 ② 4,535백만 원
③ 4,555백만 원 ④ 4,655백만 원

87 1월 서적 상품 거래액은 음반 · 비디오 상품의 몇 배인가? (소수 둘째 자리까지 구하시오)

① 8.13 ② 8.26
③ 9.53 ④ 9.75

Q 다음은 1999~2007년 서울시 거주 외국인의 국적별 인구 분포 자료이다. 표를 보고 물음에 답하시오. 【88~89】

(단위 : 명)

국적 \ 연도	2014	2015	2016	2017	2018	2019	2020	2021	2022
대만	3,011	2,318	1,371	2,975	8,908	8,899	8,923	8,974	8,953
독일	1,003	984	937	997	696	681	753	805	790
러시아	825	1,019	1,302	1,449	1,073	927	948	979	939
미국	18,763	16,658	15,814	16,342	11,484	10,959	11,487	11,890	11,810
베트남	841	1,083	1,109	1,072	2,052	2,216	2,385	3,011	3,213
영국	836	854	977	1,057	828	848	1,001	1,133	1,160
인도	491	574	574	630	836	828	975	1,136	1,173
일본	6,332	6,703	7,793	7,559	6,139	6,271	6,710	6,864	6,732
중국	12,283	17,432	21,259	22,535	52,572	64,762	77,881	119,300	124,597
캐나다	1,809	1,795	1,909	2,262	1,723	1,893	2,084	2,300	2,374
프랑스	1,180	1,223	1,257	1,360	1,076	1,015	1,001	1,002	984
필리핀	2,005	2,432	2,665	2,741	3,894	3,740	3,646	4,038	4,055
호주	838	837	868	997	716	656	674	709	737
서울시 전체	57,189	61,920	67,908	73,228	102,882	114,685	129,660	175,036	180,857

※ 2개 이상 국적을 보유한 자는 없는 것으로 가정함.

88 2022년에 서울시에 거주하는 외국인 중 가장 많은 국적은?

① 미국
② 인도
③ 중국
④ 일본

89 서울시 거주 외국인의 연도별 국적별 분포 자료에 대한 해석으로 옳은 것은?

① 서울시 거주 인도국적 외국인 수는 2016~2022년 사이에 매년 증가하였다.
② 2021년 서울시 거주 전체 외국인 중 중국국적 외국인이 차지하는 비중은 60% 이상이다.
③ 2015~2022년 사이에 서울시 거주 외국인 수가 매년 증가한 국적은 3개이다.
④ 2014년 서울시 거주 전체 외국인 중 일본국적 외국인과 캐나다국적 외국인의 합이 차지하는 비중은 2021년 서울시 거주 전체 외국인 중 대만국적 외국인과 미국국적 외국인의 합이 차지하는 비중보다 작다.

90 다음 연도별 인구분포비율표에 대한 설명으로 옳지 않은 것은?

구분 \ 연도	2019	2020	2021
평균 가구원 수	4.0명	3.0명	2.4명
광공업 비율	56%	37%	21%
생산가능 인구비율	50%	56%	65%
노령 인구비율	4%	6%	8%

① 광공업의 비율을 보면 경제적 비중이 줄어들고 있음을 할 수 있다.
② 인구의 노령화에 따라 평균 가구원 수가 증가하고 있다.
③ 생산가능 인구의 증가는 경제발전에 도움을 준다.
④ 노령인구의 증가로 노령화사회로 다가가고 있다.

91 다음은 어떤 지역의 연령층 · 지지 정당별 사형제 찬반에 대한 설문조사 결과이다. 이에 대한 설명 중 옳은 것을 고르면?

(단위 : 명)

연령층	지지정당	사형제에 대한 태도	빈도
청년층	A	찬성	90
		반대	10
	B	찬성	60
		반대	40
장년층	A	찬성	60
		반대	10
	B	찬성	15
		반대	15

① 청년층은 장년층보다 사형제에 반대하는 사람의 수가 적다.
② B당 지지자의 경우, 청년층은 장년층보다 사형제 반대 비율이 높다.
③ A당 지지자의 사형제 찬성 비율은 B당 지지자의 사형제 찬성 비율보다 낮다.
④ 사형제 찬성 비율의 지지 정당별 차이는 청년층보다 장년층에서 더 크다.

Q 다음 표는 정책대상자 294명과 전문가 33명을 대상으로 정책과제에 대한 정책만족도를 조사한 자료이다. 물음에 답하시오. 【92~93】

〈표 1〉 정책대상자의 항목별 정책만족도

(단위 : %)

항목 \ 만족도	매우 만족	약간 만족	보통	약간 불만족	매우 불만족
의견수렴도	4.8	28.2	34.0	26.9	6.1
적절성	7.8	44.9	26.9	17.3	3.1
효과성	6.5	31.6	32.7	24.1	5.1
체감만족도	3.1	27.9	37.4	26.5	5.1

〈표 2〉 전문가의 항목별 정책만족도

(단위 : %)

항목 \ 만족도	매우 만족	약간 만족	보통	약간 불만족	매우 불만족
의견수렴도	3.0	24.2	30.3	36.4	6.1
적절성	3.0	60.6	21.2	15.2	–
효과성	3.0	30.3	30.3	36.4	–
체감만족도	–	30.3	33.3	33.3	3.0

※ 만족비율 = '매우 만족' 비율 + '약간 만족' 비율

※ 불만족비율 = '매우 불만족' 비율 + '약간 불만족' 비율

92 다음 중 위 자료에 근거한 설명으로 옳은 것은?

① 정책대상자의 정책만족도를 조사한 결과, 만족비율은 불만족 비율보다 약간 낮은 수준이다.

② 효과성 항목에서 '약간 불만족'으로 응답한 전문가 수는 '매우 불만족'으로 응답한 정책대상자 수보다 많다.

③ 체감만족도 항목에서 만족비율은 정책대상자가 전문가보다 낮다.

④ 적절성 항목이 타 항목에 비해 만족비율이 높다.

93 정책대상자 중 의견수렴도 항목에 만족하는 사람의 비율은 몇 명인가? (단, 소수점 첫째자리에서 반올림한다)

① 97명 ② 99명

③ 100명 ④ 102명

Q 다음은 대학생 700명을 대상으로 실시한 설문조사 결과이다. 물음에 답하시오. 【94~95】

〈표 1〉 학년별 여름방학 계획

(단위 : 명, %)

구분 학년	자격증취득	배낭여행	아르바이트	봉사활동	기타	합
4학년	85(56.7)	23(15.3)	29(19.3)	6(4.0)	7(4.7)	150(100.0)
3학년	67(51.5)	17(13.1)	25(19.2)	6(4.6)	15(11.5)	130(100.0)
2학년	72(42.4)	54(31.8)	36(21.2)	5(2.9)	3(1.8)	170(100.0)
1학년	79(31.6)	83(33.2)	54(21.6)	22(8.8)	12(4.8)	250(100.0)
계	303(43.3)	177(25.3)	144(20.6)	39(5.6)	37(5.3)	700(100.0)

〈표 2〉 학년별 관심 있는 동아리

(단위 : 명, %)

구분 학년	주식투자	외국어 학습	봉사	음악 · 미술	기타	합
4학년	18(12.0)	100(66.7)	12(8.0)	16(10.7)	4(2.7)	150(100.0)
3학년	12(9.2)	71(54.6)	22(16.9)	16(12.3)	9(6.9)	130(100.0)
2학년	8(4.7)	58(34.1)	60(35.3)	34(20.0)	10(5.9)	170(100.0)
1학년	12(4.8)	72(28.8)	86(34.4)	55(22.0)	25(10.0)	250(100.0)
계	50(7.1)	301(43.0)	180(25.7)	121(17.3)	48(6.9)	700(100.0)

※ 괄호 안의 값은 소수점 둘째 자리에서 반올림한 값임.

94 전체 설문대상자 중 여름 방학에 자격증취득을 계획하고 있는 4학년 학생과 아르바이트를 계획하고 있는 1학년 학생이 차지하는 비율은 각각 얼마인가? (단, 소수점 둘째 자리에서 반올림하시오.)

① 13.1%, 8.7%
② 12.6%, 8.2%
③ 12.1%, 7.7%
④ 11.6%, 7.2%

95 주식투자 동아리에 관심을 보이는 학생 중 3학년이 차지하는 비중과, 외국어학습 동아리에 관심을 보이는 학생 중 1학년 학생이 차지하는 비중의 차이는? (단, 소수점 둘째 자리에서 반올림하시오.)

① 0.3%
② 0.2%
③ 0.1%
④ 차이 없음

96 다음은 서울 및 수도권 지역의 가구를 대상으로 난방방식 현황 및 난방연료 사용현황에 대해 조사한 자료이다. 이에 대한 설명 중 옳은 것을 모두 고르면?

〈표 1〉 난방방식 현황

(단위 : %)

종류	서울	인천	경기남부	경기북부	전국평균
중앙난방	22.3	13.5	6.3	11.8	14.4
개별난방	64.3	78.7	26.2	60.8	58.2
지역난방	13.4	7.8	67.5	27.4	27.4

〈표 2〉 난방연료 사용현황

(단위 : %)

종류	서울	인천	경기남부	경기북부	전국평균
도시가스	84.5	91.8	33.5	66.1	69.5
LPG	0.1	0.1	0.4	3.2	1.4
등유	2.4	0.4	0.8	3.0	2.2
열병합	12.6	7.4	64.3	27.1	26.6
기타	0.4	0.3	1.0	0.6	0.3

㉠ 경기북부지역의 경우, 도시가스를 사용하는 가구수가 등유를 사용하는 가구수의 20배 이상이다.
㉡ 서울과 인천지역에서는 다른 난방연료보다 도시가스를 사용하는 비율이 높다.
㉢ 지역난방을 사용하는 가구수는 서울이 인천의 2배 이하이다.
㉣ 경기지역은 남부가 북부보다 지역난방을 사용하는 비율이 낮다.

① ㉠㉡ ② ㉠㉢
③ ㉠㉣ ④ ㉡㉣

Q 다음은 A, B 두 회사 전체 신입사원의 성별 교육연수 분포에 대한 자료이다. 물음에 답하시오. 【97~98】

〈표 1〉 회사별 성별 전체 신입사원의 교육연수 분포

(단위 : %)

회사 \ 성별 \ 교육연수		12년 (고졸)	14년 (초대졸)	16년 (대졸)	18년 (대학원졸)	합
A	남	30	20	40	10	100
	여	40	20	30	10	100
B	남	40	10	30	20	100
	여	50	30	10	10	100

〈표 2〉 신입사원 초임결정공식

회사	성별	초임
A사	남자	초임(만 원) = 1,000 + 180 × (교육연수)
	여자	초임(만 원) = 1,840 + 120 × (교육연수)
B사	남자	초임(만 원) = 750 + 220 × (교육연수)
	여자	초임(만 원) = 2,200 + 120 × (교육연수)

97 다음 중 초임이 가장 높은 신입사원은?

① 교육연수가 18년인 A사 남자사원
② 교육연수가 18년인 A사 여자사원
③ 교육연수가 18년인 B사 남자사원
④ 교육연수가 18년인 B사 여자사원

98 A사 여자 신입사원 중, 교육연수가 동일한 A사 남자 신입사원보다 초임이 낮은 사원의 비율은 몇 %인가?

① 10%
② 20%
③ 30%
④ 40%

99 다음은 7월부터 12월까지 서울과 파리의 월평균 기온과 강수량을 나타낸 것이다. 보기 중 옳은 것은?

	구분	7월	8월	9월	10월	11월	12월
서울	기온(℃)	24.6	25.4	20.6	14.3	6.6	−0.4
	강수량(mm)	369.1	293.9	168.9	49.4	53.1	21.7
파리	기온(℃)	18.6	17.9	14.2	10.8	7.4	4.3
	강수량(mm)	79	84	79	59	71	67

① 서울과 파리 모두 7월에 월평균 강수량이 가장 적다.
② 7월부터 12월까지 월평균기온은 매월 서울이 파리보다 높다.
③ 파리의 월평균 기온은 7월부터 12월까지 점점 낮아진다.
④ 서울의 월평균 강수량은 7월부터 12월까지 감소한다.

100 다음은 매장별 에어컨 판매 조건과 판매가격 표이다. 이 표에 대한 설명으로 옳지 않은 것은?

매장	판매 조건	한 대당 판매 가격
A	10대 구매하면, 1대 무료로 추가 증정	1대당 100만 원
B	9대당 1대 50% 할인	1대당 100만 원
C	20대 구매하면, 1대 무료로 추가 증정	1대당 99만 원

① 50대를 구매하는 경우 C매장에서는 2대를 추가로 받을 수 있다.
② A매장에서는 3,000만 원에 33대를 구매할 수 있다.
③ 20대를 구매하려고 할 때 가장 저렴하게 구매할 수 있는 매장은 C매장이다.
④ C매장에서는 42대를 3,960만 원에 구매할 수 있다.

지각속도

≫ 정답 및 해설 p.265

Q 제시된 기호, 문자, 숫자의 대응을 참고하여 각 문제의 대응이 같으면 '① 맞음'을, 틀리면 '② 틀림'을 선택하시오. 【01~05】

☭=A	☬=B	☁=C	♗=D	♅=E
☯=a	♨=b	☸=c	▥=d	▤=e

01 B D a E C – ☬♗☯♅☁ ① 맞음 ② 틀림

02 c A e c D – ☸☭▥☸♗ ① 맞음 ② 틀림

03 a d C b E – ☯▤☁♨♅ ① 맞음 ② 틀림

04 A e d B D – ☭▥▤☬♗ ① 맞음 ② 틀림

05 E B c D e – ♅☬☸♗▤ ① 맞음 ② 틀림

Ⓠ 제시된 기호, 문자, 숫자의 대응을 참고하여 각 문제의 대응이 같으면 '① 맞음'을, 틀리면 '② 틀림'을 선택하시오. 【06~10】

ㄱ = a	ㄴ = b	ㄷ = c	ㄹ = e
ㅁ = g	ㅂ = i	ㅅ = l	ㅇ = m
ㅈ = n	ㅊ = o	ㅋ = p	ㅌ = s
ㅍ = t	ㅎ = u	ㄲ = v	ㄸ = x

06 e x a m i n a t i o n – ㄹ ㄸ ㄱ ㅇ ㅂ ㅈ ㄱ ㅂ ㅍ ㅊ ㅈ　① 맞음　② 틀림

07 i n t e l l i g e n t – ㅁ ㅈ ㅍ ㄹ ㅅ ㅅ ㅂ ㅁ ㄹ ㅈ ㅍ　① 맞음　② 틀림

08 e v a l u a t i o n – ㄹ ㄲ ㄱ ㅅ ㅎ ㄱ ㅍ ㅂ ㅊ ㅈ　① 맞음　② 틀림

09 s o l u t i o n – ㅌ ㅊ ㅅ ㅎ ㅍ ㅂ ㅊ ㅈ　① 맞음　② 틀림

10 c a p a b i l i t e – ㄷ ㄱ ㅋ ㄱ ㄴ ㅂ ㅅ ㅂ ㅍ ㄹ　① 맞음　② 틀림

Q 다음 각 문제의 왼쪽에 표시된 굵은 글씨체의 기호, 문자 또는 숫자의 개수를 오른쪽에서 찾으시오. 【11~20】

11 **e** They're all posing in a picture frame Whilst my world's crashing down

① 5개 ② 4개 ③ 3개 ④ 2개

12 **ㅇ** 우리 지구가 속해 있는 태양계는 태양을 중심으로 현재 8개 행성이 포함되어 있다.

① 11개 ② 12개 ③ 13개 ④ 14개

13 **6** 76451321489187653121798465132179865431

① 1개 ② 2개 ③ 3개 ④ 4개

14 **o** Sing song when I'm walking home Jump up to the top LeBron

① 6개 ② 5개 ③ 4개 ④ 3개

15 **ㅗ** 우리나라는 예부터 유교의 영향을 많이 받은 국가로 제사를 지내는 전통 또한 유교의 영향이라 할 수 있다.

① 2개 ② 3개 ③ 4개 ④ 5개

16 **⍃** ⍁⍂+⍃⍇⍕⍄⍃+⌶⍍⍄⍃⍔⍗⍇+⍈⍂

① 1개 ② 2개 ③ 3개 ④ 4개

17 **↦** ↢↤↦↣↔⇄↣↦↪↩↮↣↢↬↫

① 1개 ② 2개 ③ 3개 ④ 4개

18 **ζ** *ΞΟε Πζ ΡΣη ΤΥε ΦΧζ Ρζ Ογ β ψ η κ Υ μ η ξ π Σψ ζ γ Ξχ λ Ψ*

① 2개 ② 3개 ③ 4개 ④ 5개

19 **ㄹ** 두 볼에 흐르는 빛은 정작으로 고와서 서러워라

① 2개 ② 3개 ③ 4개 ④ 5개

20 **c** Don't cry snowman right in front of me Who will catch your tears

① 1개 ② 2개 ③ 3개 ④ 4개

Q 제시된 기호, 문자, 숫자의 대응을 참고하여 각 문제의 대응이 같으면 '① 맞음'을, 틀리면 '② 틀림'을 선택하시오. 【21~25】

네=;	울=$	르=@	베=^	칸=~	트=&
테=*	소=₩	모=%	이=/	은=!	메=#

21 베 르 테 르 – ^@*@ ① 맞음 ② 틀림

22 네 이 메 르 – ; / % @ ① 맞음 ② 틀림

23 소 울 메 이 트 – ₩ $ # ; ^ ① 맞음 ② 틀림

24 테 네 울 메 베 – * ; $ # ^ ① 맞음 ② 틀림

25 이 모 르 칸 은 – / % @ ~ ! ① 맞음 ② 틀림

Q 다음 왼쪽과 오른쪽 기호, 문자, 숫자의 대응을 참고하여 각 문제의 대응이 같으면 '① 맞음'을, 틀리면 '② 틀림'을 선택하시오. 【26~30】

♩=강	♭=바	♯=람	♫=산	♬=들
⧕=숲	⧒=성	⧑=풀	⧔=해	⧓=달

26 풀 바 들 강 숲 – ⧑ ♭ ♬ ♩ ⧕ ① 맞음 ② 틀림

27 산 람 성 달 바 – ♫ ♯ ⧑ ⧓ ♭ ① 맞음 ② 틀림

28 달 바 람 성 – ⧓ ♭ ♯ ⧒ ① 맞음 ② 틀림

29 해 강 들 산 숲 = ⧔ ♩ ♫ ♬ ⧕ ① 맞음 ② 틀림

30 산 들 바 풀 달 – ♫ ♬ ♭ ⧑ ⧓ ① 맞음 ② 틀림

Q 다음 왼쪽과 오른쪽 기호, 문자, 숫자의 대응을 참고하여 각 문제의 대응이 같으면 '① 맞음'을, 틀리면 '② 틀림'을 선택하시오. 【31~33】

O = 9	v = 2	e = 3.5	r = 8	D = 1.5
d = 2.5	x = 5.5	E = 6	S = 7.5	o = 4

31 5.5 8 9 1.5 2 – x r o D v ① 맞음 ② 틀림

32 4 2 7.5 6 8 – o v S e r ① 맞음 ② 틀림

33 3.5 2.5 9 5.5 6 – e d O x E ① 맞음 ② 틀림

Ⓠ 다음 왼쪽과 오른쪽 기호, 문자, 숫자의 대응을 참고하여 각 문제의 대응이 같으면 '① 맞음'을, 틀리면 '② 틀림'을 선택하시오. 【34~36】

큭 = ㅏ	틑 = ㅜ	는 = ㅖ	듣 = ㅞ	릁 = ㅛ
씄 = ㅣ	훙 = ㅢ	응 = ㅟ	믐 = ㅡ	즞 = ㅒ

34 틑 응 즞 릁 씄 − ㅜ ㅟ ㅖ ㅜ ㅣ　　① 맞음　② 틀림

35 믐 는 훙 듣 큭 − ㅡ ㅖ ㅢ ㅞ ㅏ　　① 맞음　② 틀림

36 릁 큭 즞 훙 믐 − ㅛ ㅏ ㅒ ㅢ ㅣ　　① 맞음　② 틀림

Ⓠ 다음 왼쪽과 오른쪽 기호, 문자, 숫자의 대응을 참고하여 각 문제의 대응이 같으면 '① 맞음'을, 틀리면 '② 틀림'을 선택하시오. 【37~39】

1 = 템	3 = 릇	F = 랜	4 = 던	k = 전
h = 팀	T = 플	j = 덤	2 = 오	0 = 토

37 오 팀 플 랜 던 − 2 h j F 4　　① 맞음　② 틀림

38 템 릇 전 토 덤 − 1 T k 0 j　　① 맞음　② 틀림

39 전 오 랜 덤 팀 − k 2 F j 0　　① 맞음　② 틀림

Ⓠ 다음 왼쪽과 오른쪽 기호, 문자, 숫자의 대응을 참고하여 각 문제의 대응이 같으면 '① 맞음'을, 틀리면 '② 틀림'을 선택하시오. 【40~42】

◑ = 행	♥ = 보	○ = 군	▽ = 통	◎ = 병
◈ = 정	♧ = 급	★ = 부	▶ = 신	△ = 참

40 행 보 병 참 급 – ◑ ♥ ◎ △ ◈ — ① 맞음 ② 틀림

41 군 통 정 군 부 – ○ ▽ ◈ ○ ★ — ① 맞음 ② 틀림

42 병 정 행 신 보 – ◎ ◈ ◑ ▶ ♥ — ① 맞음 ② 틀림

Ⓠ 다음 왼쪽과 오른쪽 기호, 문자, 숫자의 대응을 참고하여 각 문제의 대응이 같으면 '① 맞음'을, 틀리면 '② 틀림'을 선택하시오. 【43~45】

† = ㅜ	k = ㅠ	╳ = ㅗ	s = ㅇ	e = ㅛ
✚ = ㅟ	t = ㅋ	m = ㅚ	✖ = ㅕ	♓ = ㄴ

43 ㅠ ㅚ ㄴ ㅇ ㅕ – k m ♓ e ✖ — ① 맞음 ② 틀림

44 ㅜ ㅟ ㅋ ㅟ ㅕ – † ✚ t ✚ ✖ — ① 맞음 ② 틀림

45 ㅋ ㅛ ㄴ ㅛ ㅗ – t e ♓ ╳ e — ① 맞음 ② 틀림

Ⓠ 다음 각 문제의 왼쪽에 표시된 굵은 글씨체의 기호, 문자, 숫자의 개수를 오른쪽에서 찾으시오. 【46~80】

46 **C** ATJRLECBPEOCWTKVCGKQRFCLS

① 1개 ② 2개 ③ 3개 ④ 4개

47 **이** 이번에 유출된 기름은 태안사고 당시 기름 유출량의 약 1.9배에 이르는 양이다.

① 2개 ② 3개 ③ 4개 ④ 5개

48 **9** 696803269469596979549697

① 6개 ② 7개 ③ 8개 ④ 9개

49 **火** 秋花春風南美北西冬木日火水金

① 1개 ② 2개 ③ 3개 ④ 4개

50 **w** when I am down and oh my soul so weary

① 1개 ② 2개 ③ 3개 ④ 4개

51 **♣** ☺◆↗⊙♡☆▽◁♧◑†♬♪▣♣

① 1개 ② 2개 ③ 3개 ④ 4개

52 **ㅆ** ㅸ ㅹ ㄳㄻㄽㄾㄿㅀㄵㄶ ㅆ ㅅ ㅌ ㅂ ㄸ ㅁ ㅿ ㅱ

① 1개 ② 2개 ③ 3개 ④ 4개

53 **Ⅻ** iii iv Ⅰ vi ⅣⅫ i vii x viii Ⅴ ⅦⅧⅨ Ⅹ Ⅺ ix xi ii v Ⅻ

① 1개 ② 2개 ③ 3개 ④ 4개

54 **Ξ** ƳШβ ΨΞԿϯϬҌϑπ τ φ λ μ ξ ή O Ξ M Ÿ

① 1개 ② 2개 ③ 3개 ④ 4개

55 **α** $\sum 4\lim 6\vec{A}\pi 8\beta\frac{5}{9}\Delta\pm\int\frac{2}{3}\text{Å}\theta\gamma 8$

① 0개 ② 1개 ③ 2개 ④ 3개

56 ㅞ ㅙㅞㅓㅠㅝㅕㅞㆍㅣㅡㅏㅙㅛㅜㅖㅝㅢㅑ

① 0개 ② 1개
③ 2개 ④ 3개

57 ₩ ₠₡₢₣₤₥₦₧₨₩₪₫€₭₮₯₰₱

① 0개 ② 1개
③ 2개 ④ 3개

58 ㅁ 머루나비먹이무리만두먼지미리메리나루무림

① 4개 ② 5개
③ 7개 ④ 9개

59 4 GcAshH748vdafo25W641981

① 0개 ② 1개
③ 2개 ④ 3개

60 겉 걅겷겲게겗겚겔겱겆겍겡겞겥겍겵겱

① 0개 ② 1개
③ 2개 ④ 3개

61 으 軍事法院은 戒嚴法에 따른 裁判權을 가진다.

① 0개 ② 1개
③ 2개 ④ 3개

62 る ゆよるらろくぎつであぱるれわゐを

① 0개 ② 1개
③ 2개 ④ 3개

63 ② ④❾②⑧⑥⑤①7⃞❶⑨❺8⃞4⃞3⃞❼②

① 0개 ② 1개
③ 2개 ④ 3개

64 ≒ ≦≢≍≠≏≁≭≕≗≙≓≒≲

① 1개 ② 2개
③ 3개 ④ 4개

65 ∌ ∪∬∈∄∌∑∀∩∯≮∓∗∌∈∆

① 1개 ② 2개
③ 3개 ④ 4개

66 ^

%#@&!&@*%#^!@$^~+−₩

① 1개 ② 2개 ③ 3개 ④ 4개

67 $\frac{3}{2}$

$\frac{4}{5}\ \frac{8}{2}\ \frac{4}{5}\ \frac{3}{4}\ \frac{6}{7}\ \frac{9}{5}\ \frac{7}{9}\ \frac{7}{3}\ \frac{2}{2}\ \frac{1}{7}\ \frac{1}{2}\ \frac{5}{6}$

① 0개 ② 1개 ③ 2개 ④ 3개

68 𝅘𝅥𝅯

𝄞♪♯♪♫♬𝅘𝅥𝅯𝅗𝅥𝅘𝅥𝅯♬𝅘𝅥.♪𝄢♫

① 1개 ② 2개 ③ 3개 ④ 4개

69 ㅌ

the뭉크韓中日rock셔틀bus피카소%3986as5$₩

① 1개 ② 2개 ③ 3개 ④ 4개

70 s

dbrrnsgornsrhdrnsqntkrhks

① 1개 ② 2개 ③ 3개 ④ 4개

71 x^2

$x^3 x^2 z^7 x^3 z^6 z^5 x^4 x^2 x^9 z^2 z^1$

① 1개 ② 2개 ③ 3개 ④ 4개

72 ㄹ

두 쪽으로 깨뜨려져도 소리하지 않는 바위가 되리라.

① 2개 ② 3개 ③ 4개 ④ 5개

73 a

Listen to the song here in my heart

① 1개 ② 2개 ③ 3개 ④ 4개

74 2

10059478628948624982492314867

① 2개 ② 4개 ③ 6개 ④ 8개

75 東

一三車軍東海善美參三社會東

① 1개 ② 2개 ③ 3개 ④ 4개

76 솔 골돌몰볼톨홀솔돌촐롤졸콜홀볼골

① 1개 ② 2개
③ 3개 ④ 4개

77 ㅣ 군사기밀 보호조치를 하지 아니한 경우 2년 이하 징역

① 3개 ② 5개
③ 7개 ④ 9개

78 스 누미디아타가스테아우구스티투스생토귀스탱

① 1개 ② 2개
③ 3개 ④ 4개

79 m Ich liebe dich so wie du mich am abend

① 1개 ② 2개
③ 3개 ④ 4개

80 9 95174628534319876519684

① 1개 ② 2개
③ 3개 ④ 4개

Q 다음 왼쪽과 오른쪽 기호, 문자, 숫자의 대응을 참고하여 각 문제의 대응이 같으면 '① 맞음'을, 틀리면 '② 틀림'을 선택하시오. 【81~83】

韓 = 1	加 = c	有 = 5	上 = 8	德 = 11
武 = 6	下 = 3	老 = 21	無 = R	體 = Z

81 c R 11 6 3 − 加 無 德 武 下

① 맞음 ② 틀림

82 1 21 5 3 Z − 韓 老 有 下 體

① 맞음 ② 틀림

83 6 R 21 c 8 − 武 無 加 老 上

① 맞음 ② 틀림

Q 다음 왼쪽과 오른쪽 기호, 문자, 숫자의 대응을 참고하여 각 문제의 대응이 같으면 '① 맞음'을, 틀리면 '② 틀림'을 선택하시오. 【84~86】

예=A	글=O	도=S	표=G	해=F
약=D	높=P	유=Q	특=W	활=J

84 A P W G J - 예 높 특 표 활 ① 맞음 ② 틀림

85 D S D O Q - 약 도 약 글 유 ① 맞음 ② 틀림

86 F G J A S - 해 표 활 예 도 ① 맞음 ② 틀림

Q 다음 왼쪽과 오른쪽 기호, 문자, 숫자의 대응을 참고하여 각 문제의 대응이 같으면 '① 맞음'을, 틀리면 '② 틀림'을 선택하시오. 【87~88】

$x^2=2$	$k^2=3$	$l=7$	$y=8$	$z=4$
$x=6$	$z^2=0$	$y^2=1$	$l^2=9$	$k=5$

87 2 0 9 5 4 - x^2 z^2 l^2 k z ① 맞음 ② 틀림

88 3 7 4 6 1 - k l z x y^2 ① 맞음 ② 틀림

Q 다음 왼쪽과 오른쪽 기호, 문자, 숫자의 대응을 참고하여 각 문제의 대응이 같으면 '① 맞음'을, 틀리면 '② 틀림'을 선택하시오. 【89~90】

울 = a	둘 = 2	굴 = k	불 = 7	툴 = 1
술 = 5	물 = 3	줄 = j	룰 = p	쿨 = q

89 5 3 k q 7 – 술 굴 불 쿨 불

① 맞음 ② 틀림

90 1 j k p 3 – 툴 줄 물 룰 굴

① 맞음 ② 틀림

CHAPTER

공간지각 04

≫ 정답 및 해설 p.277

Q 다음 입체도형의 전개도로 알맞은 것을 고르시오. 【01~08】

- 입체도형을 전개하여 전개도를 만들 때, 전개도에 표시된 그림(예 : ▮, ◢, ▬ 등)은 회전의 효과를 반영함. 즉, 본 문제의 풀이과정에서 보기의 전개도 상에 표시된 ▮과 ▬는 서로 다른 것으로 취급함.
- 단, 기호 및 문자(예 : ♤, ☎, ♨, K, H)의 회전에 의한 효과는 본 문제의 풀이과정에 반영하지 않음. 즉, 입체도형을 펼쳐 전개도를 만들었을 때 ☎의 방향으로 나타나는 기호 및 문자도 보기에서는 ☎방향으로 표시하며 동일한 것으로 취급함.

01

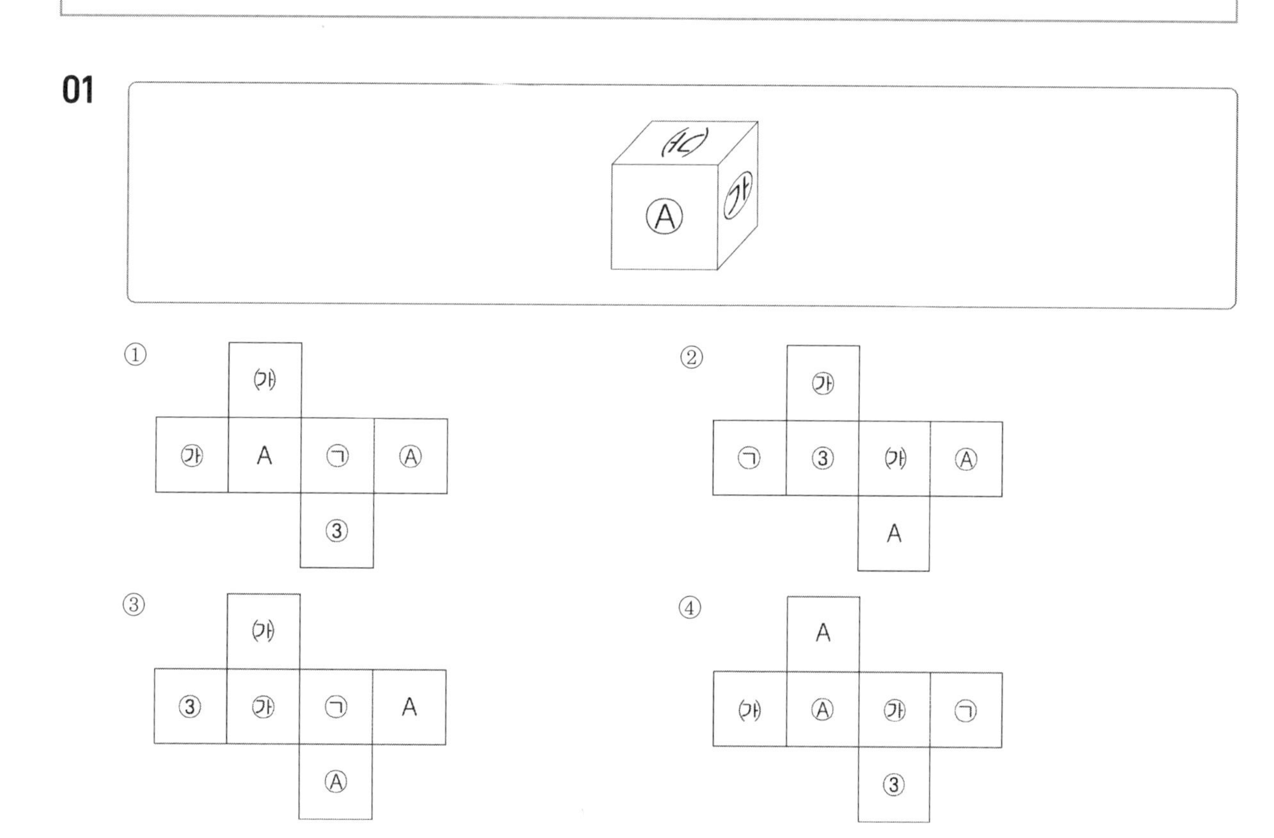

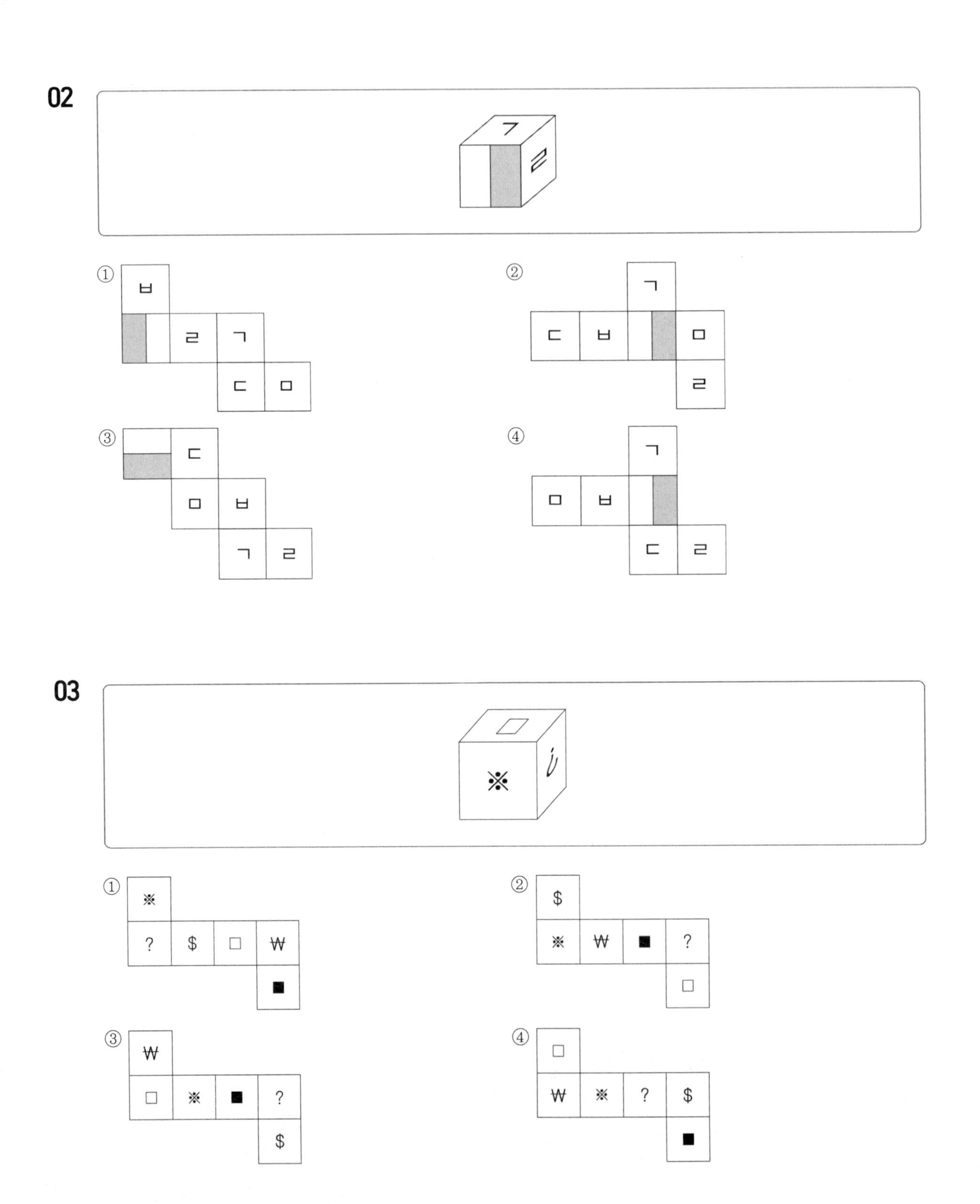
02
03

04

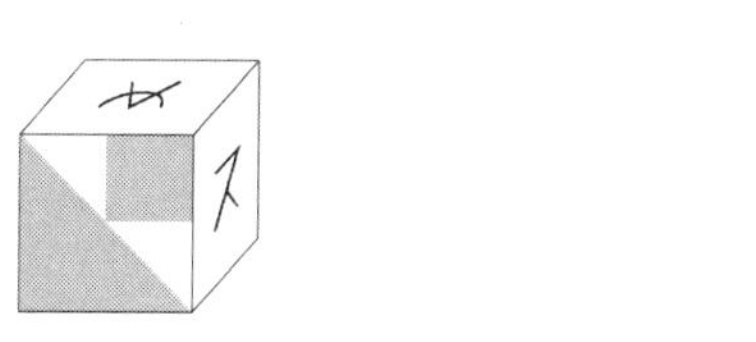

①

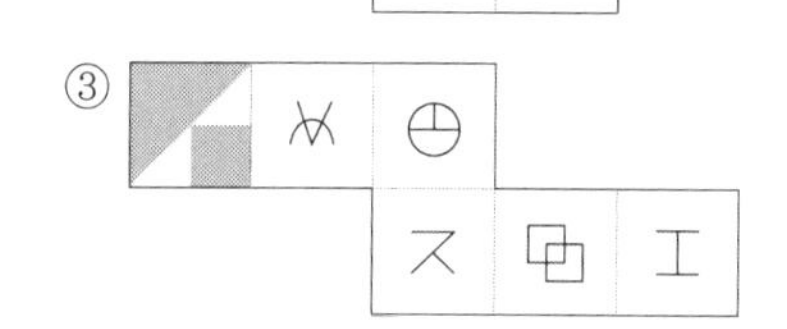

②

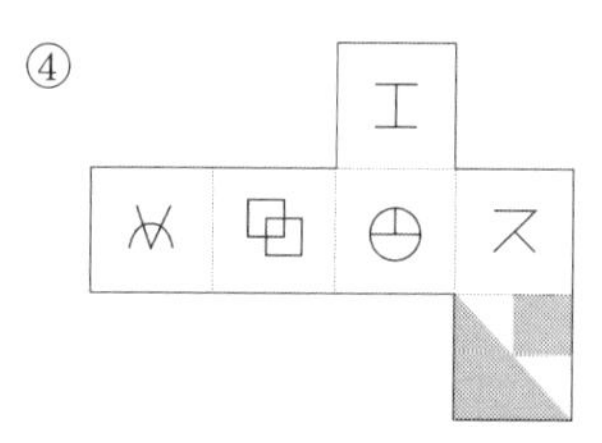

③

④

05

①

T

A !

②

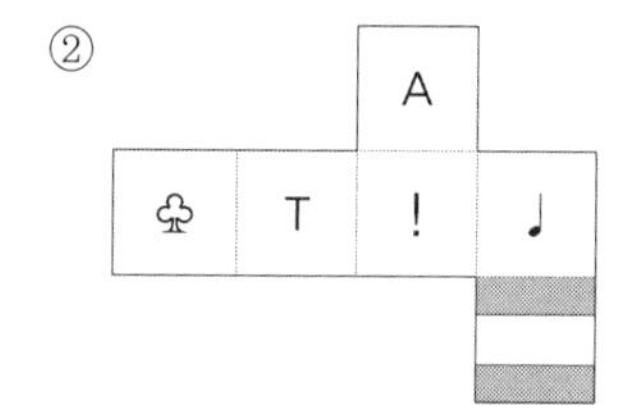

③

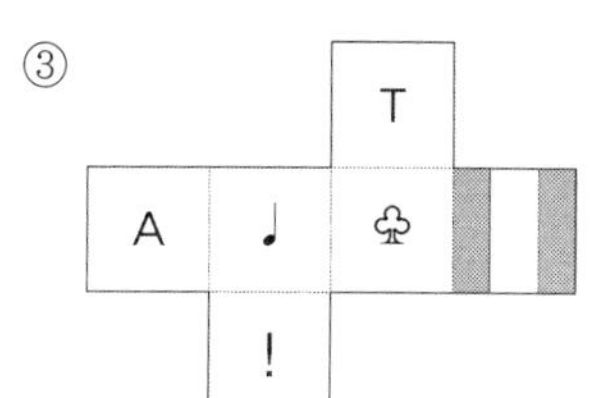

④

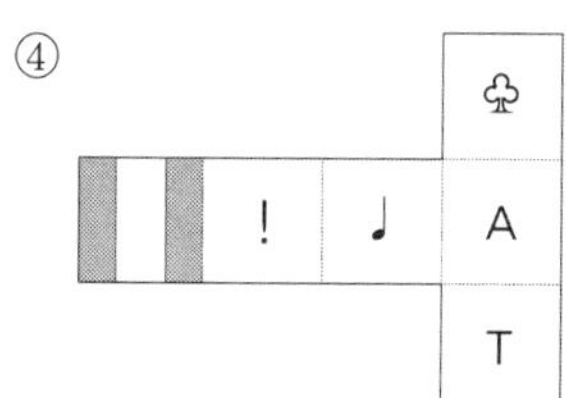

06

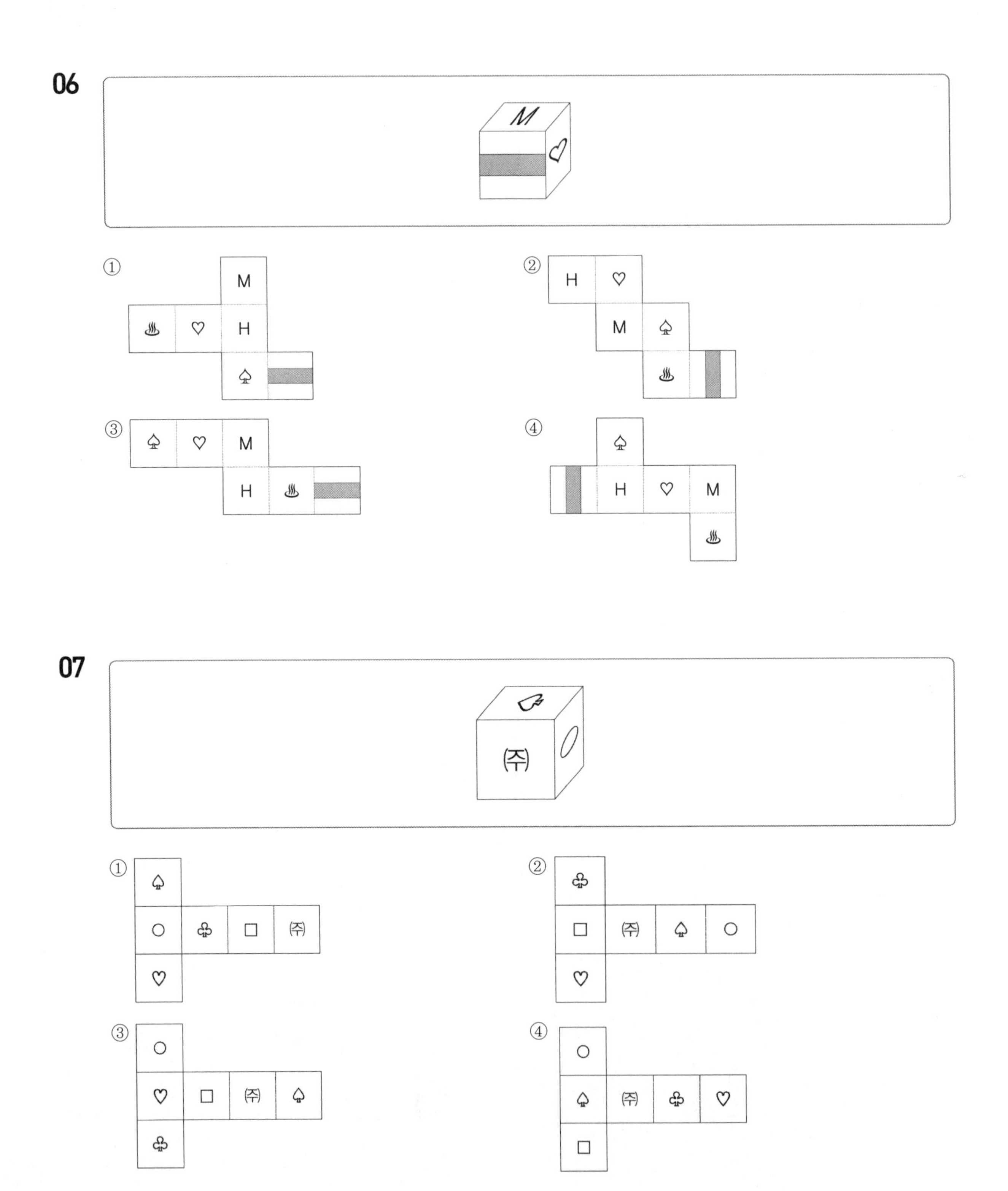

08

①

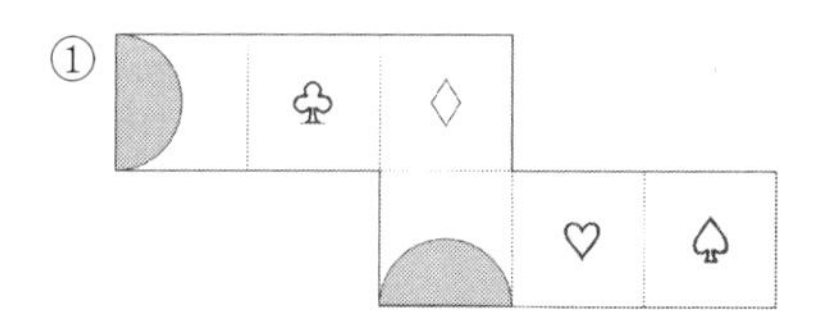

②

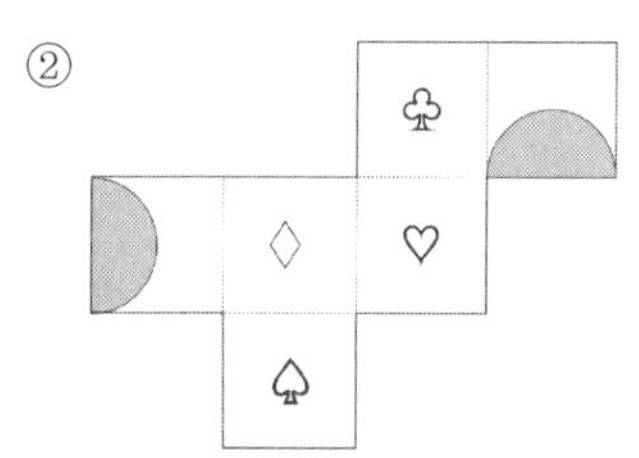

③

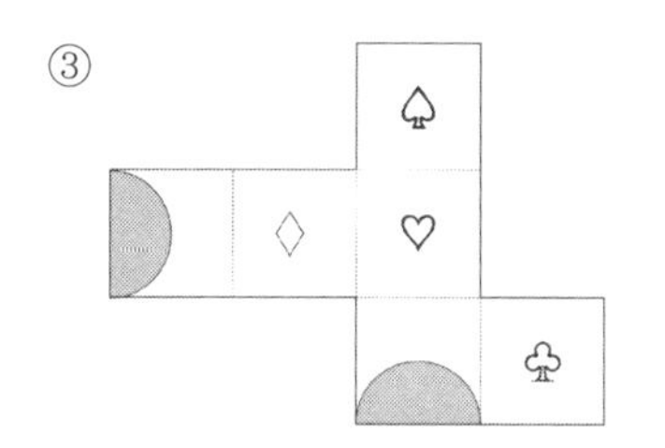

④

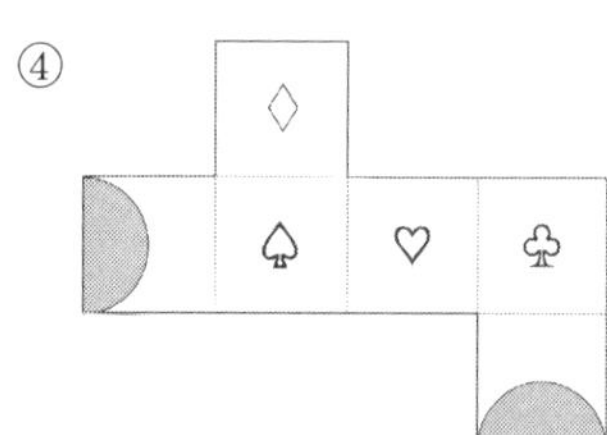

Q 다음 전개도로 만든 입체도형에 해당하는 것을 고르시오. 【09~20】

- 전개도를 접을 때 전개도 상의 그림, 기호, 문자가 입체도형의 겉면에 표시되는 방향으로 접음
- 전개도를 접어 입체도형을 만들 때, 전개도에 표시된 그림(예 : ▮, ◢, ▮ 등)은 회전의 효과를 반영함. 즉, 본 문제의 풀이과정에서 보기의 전개도 상에 표시된 ▮과 ▬는 서로 다른 것으로 취급함.
- 단, 기호 및 문자(예 : ♤, ☎, ♨, K, H)의 회전에 의한 효과는 본 문제의 풀이과정에 반영하지 않음. 즉, 전개도를 접어 입체도형을 만들었을 때 ☎의 방향으로 나타나는 기호 및 문자도 보기에서는 ☎방향으로 표시하며 동일한 것으로 취급함.

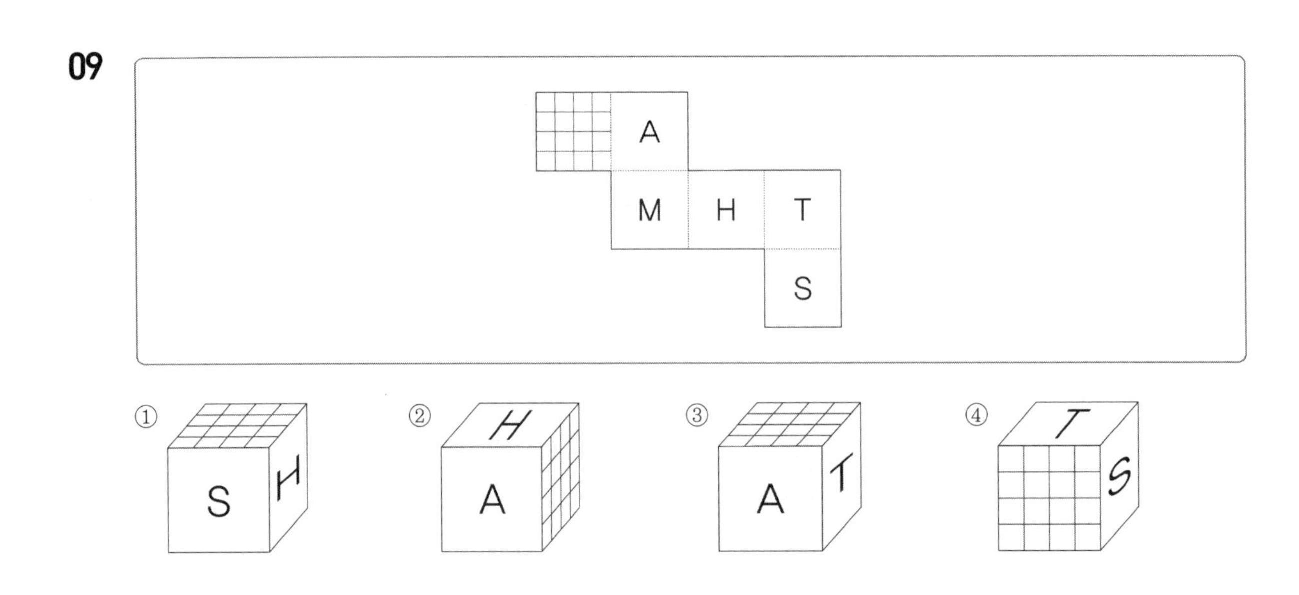

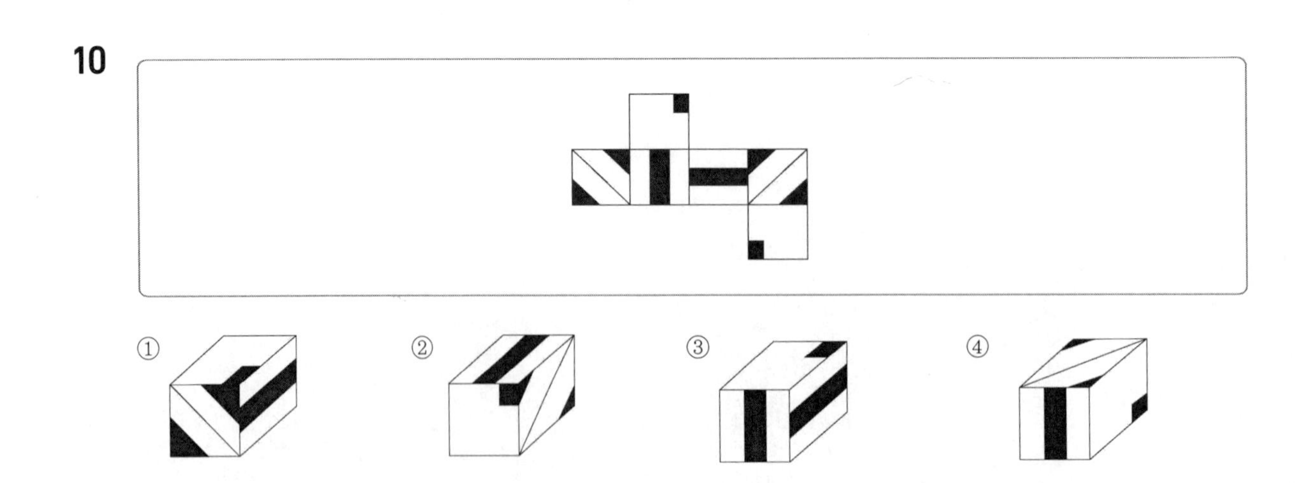

11

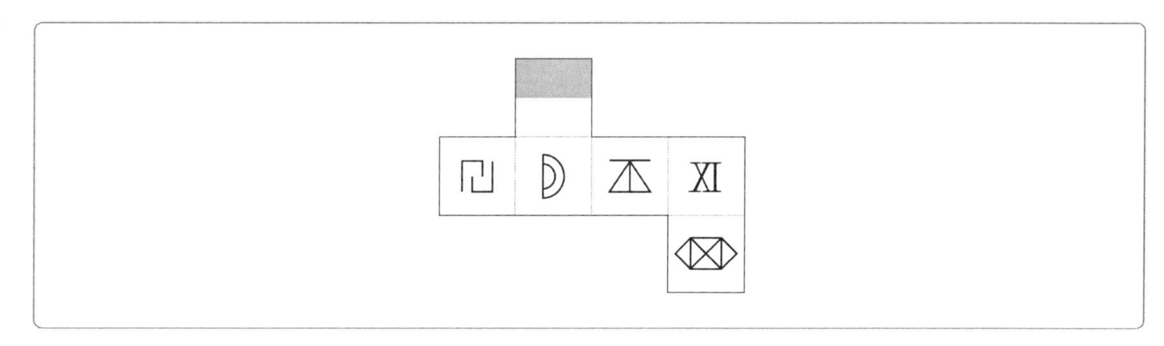

① 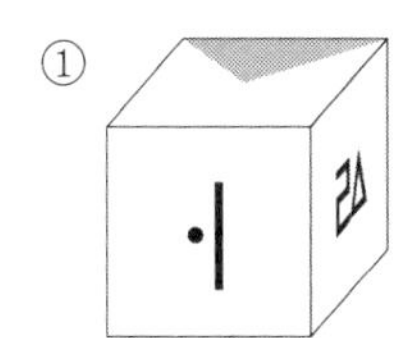
② 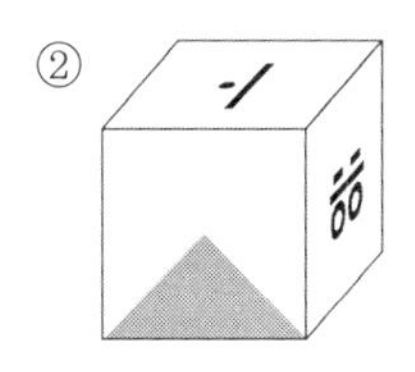
③ 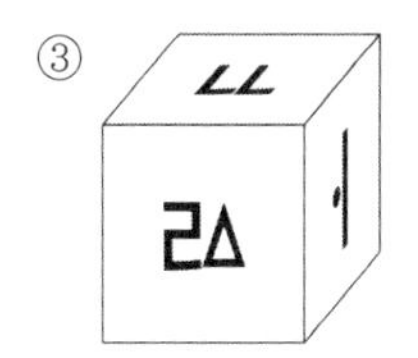
④ 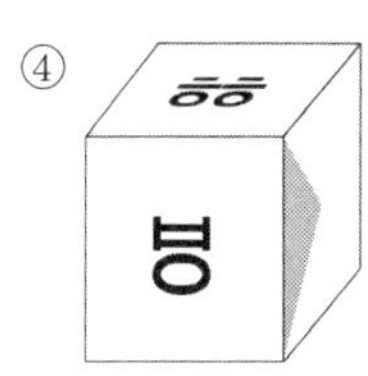

12

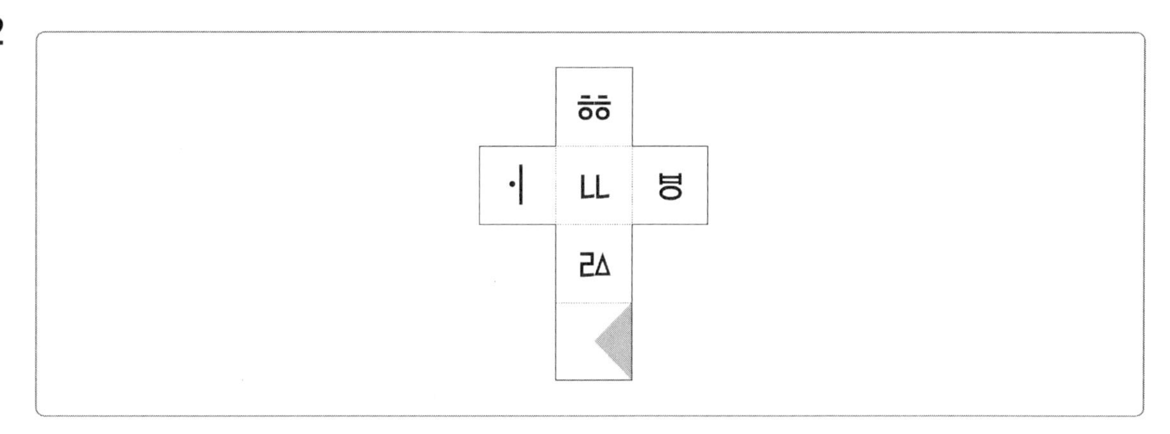

① ② ③ ④

13

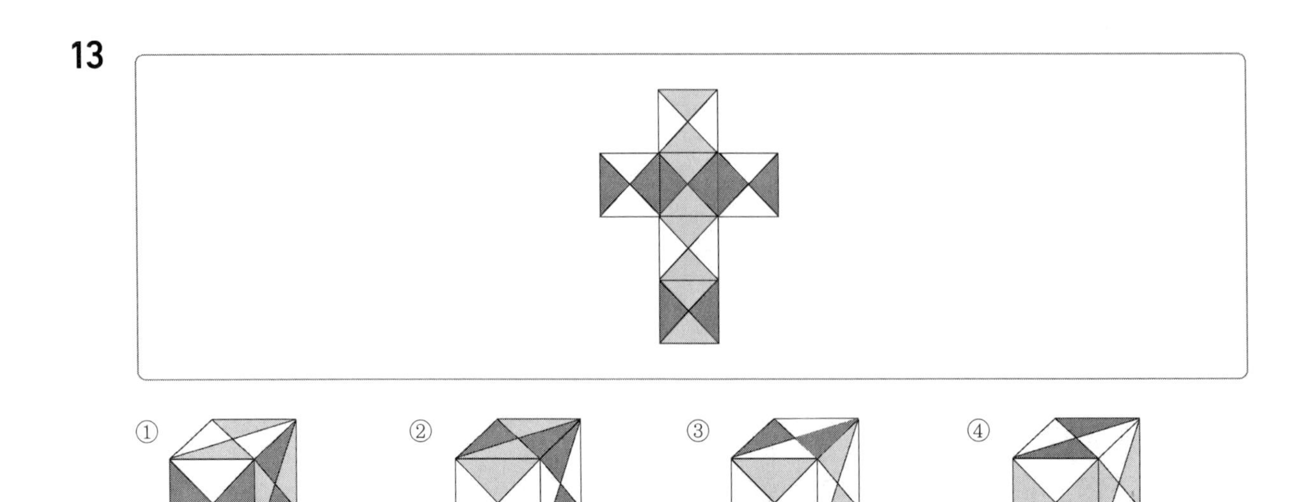

14

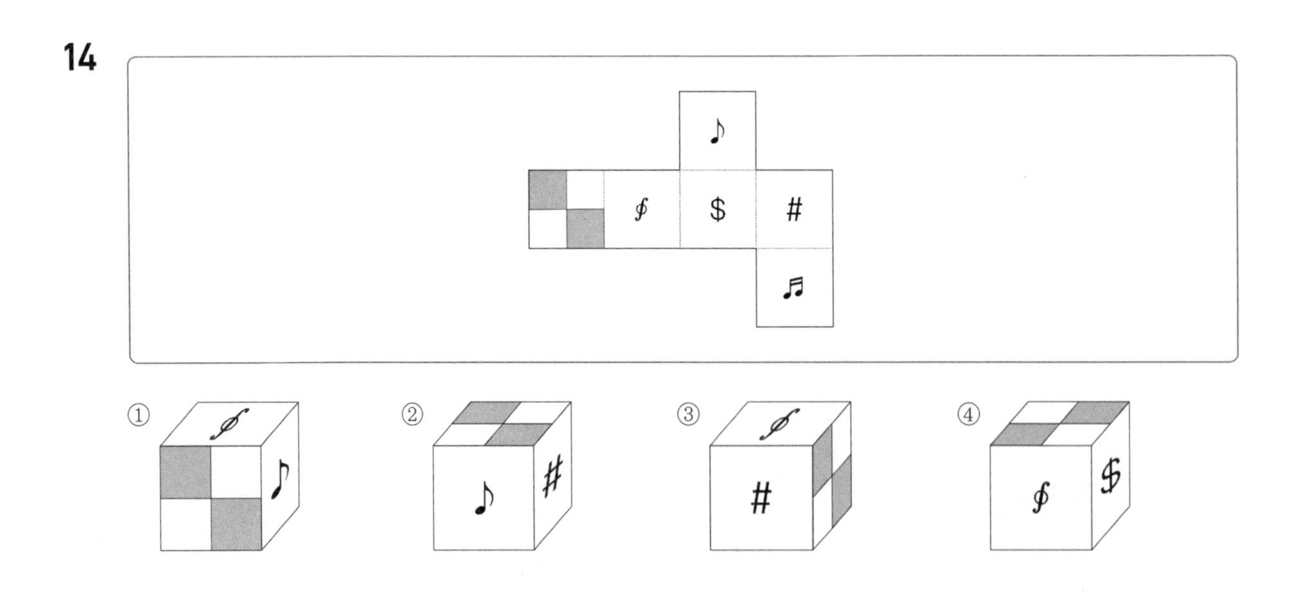

15

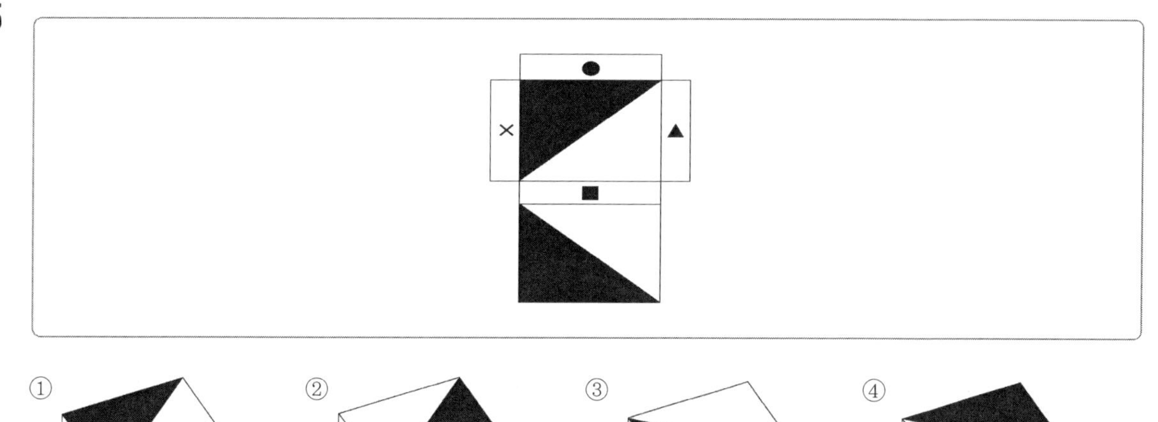

① ② ③ ④

16

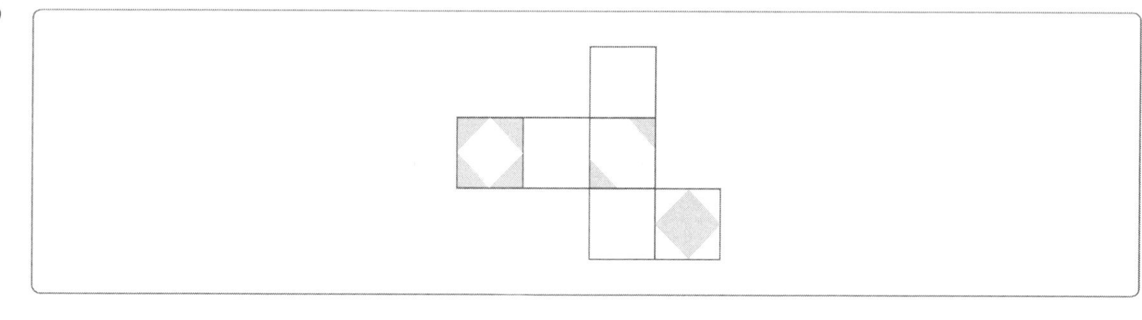

① 

② 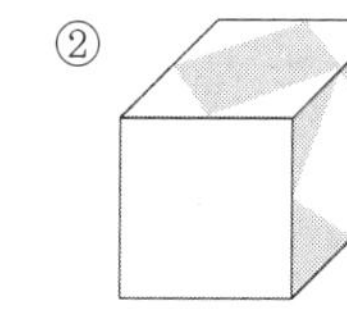

③  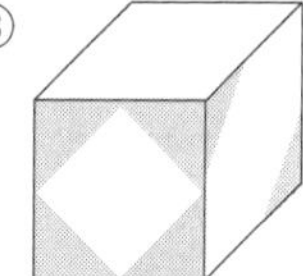

④ 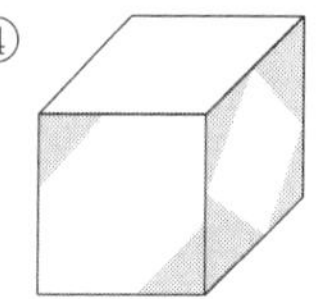

17

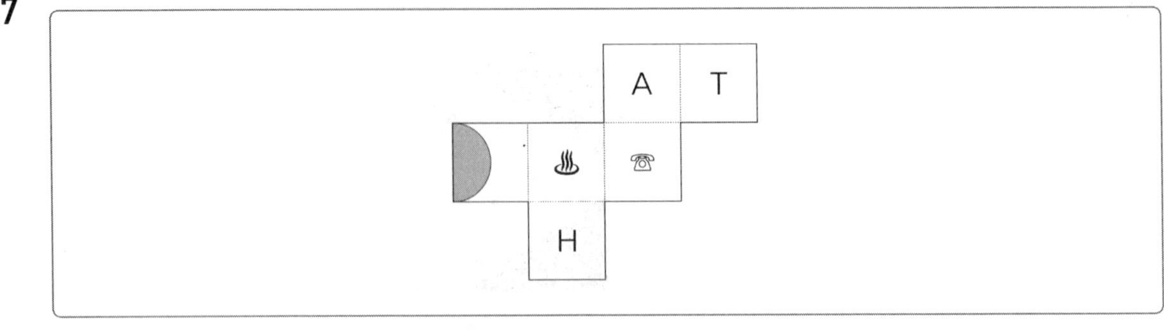

① 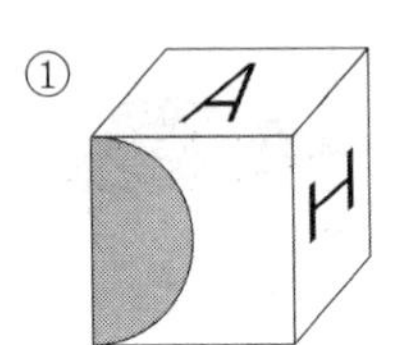

② 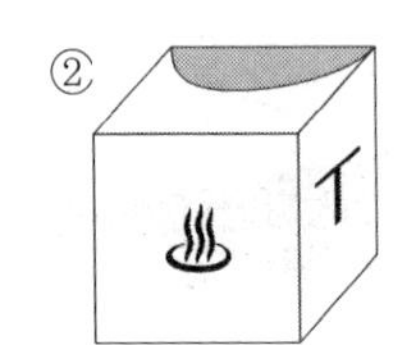

③ 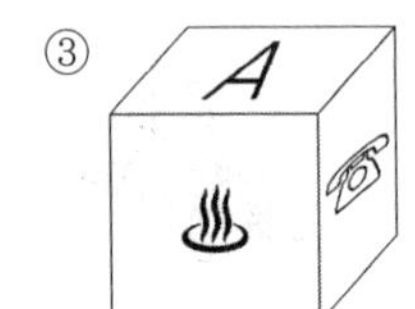

④ 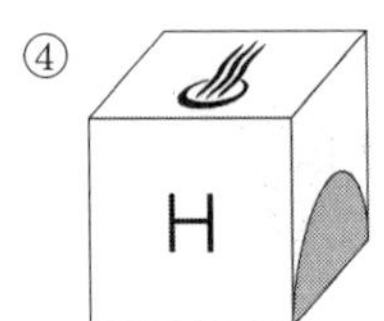

18

① 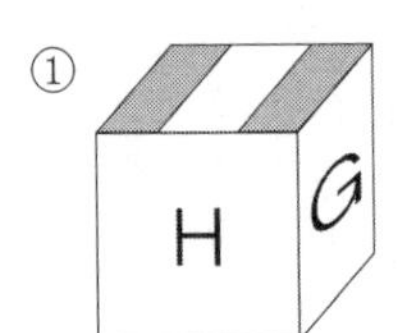

② 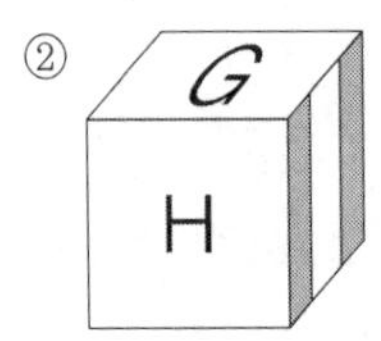

③ 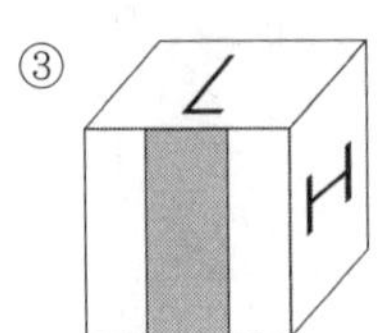

④ 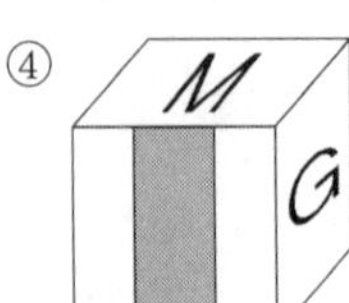

19

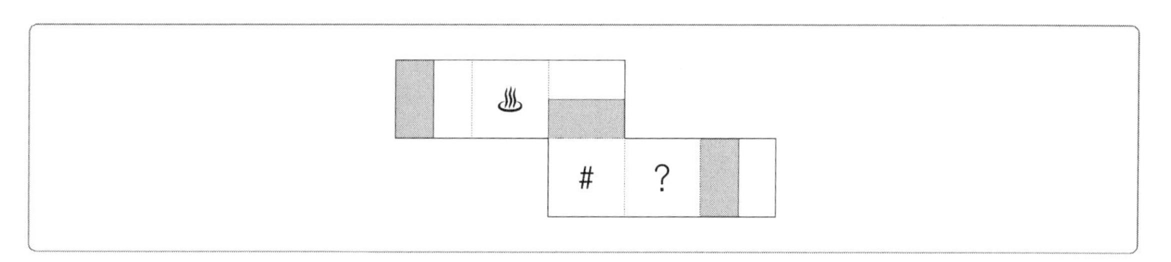

① 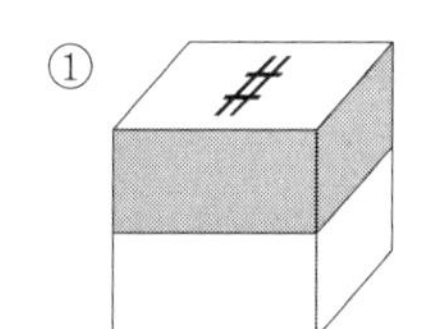
② 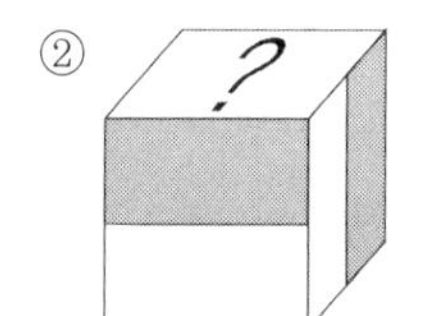
③ 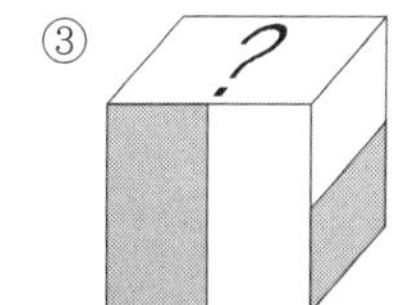
④ 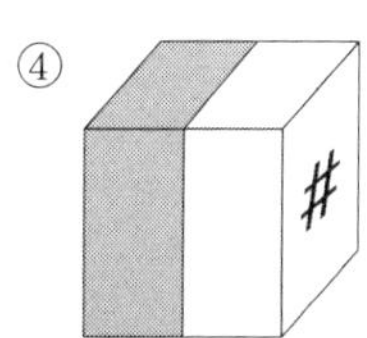

20

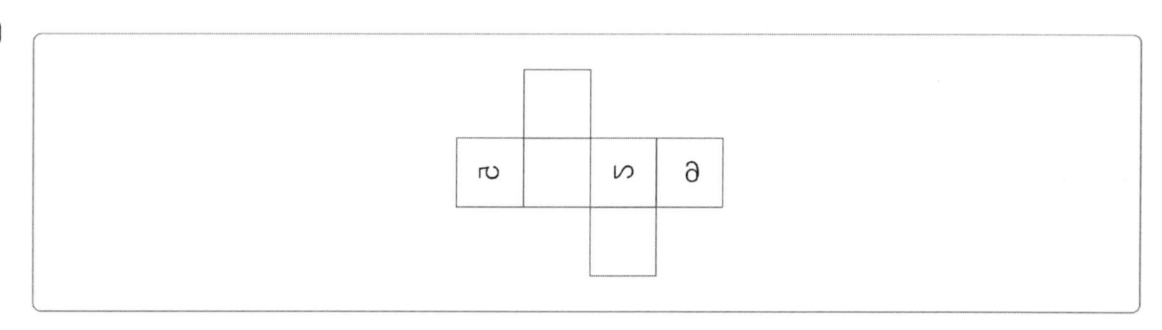

① 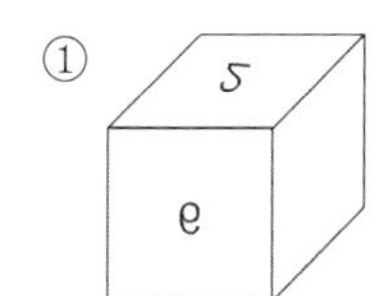
② 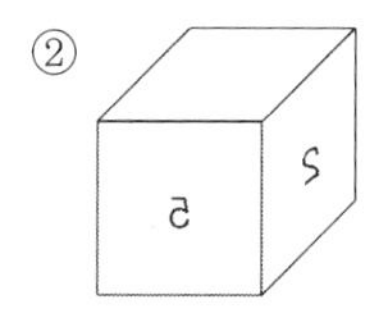
③ 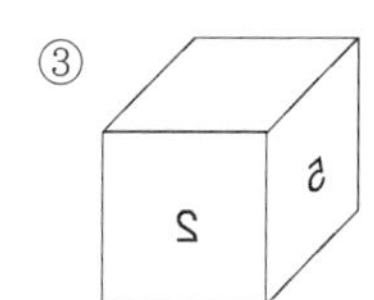
④ 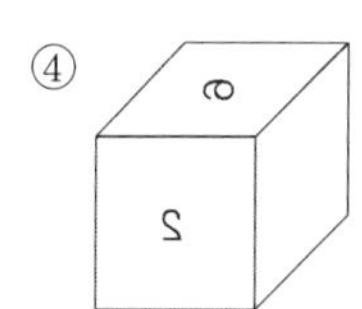

Q 다음 아래에 제시된 그림과 같이 쌓기 위해 필요한 블록의 수를 고르시오. 【21~32】
(단, 블록은 모양과 크기는 모두 동일한 정육면체이다)

21

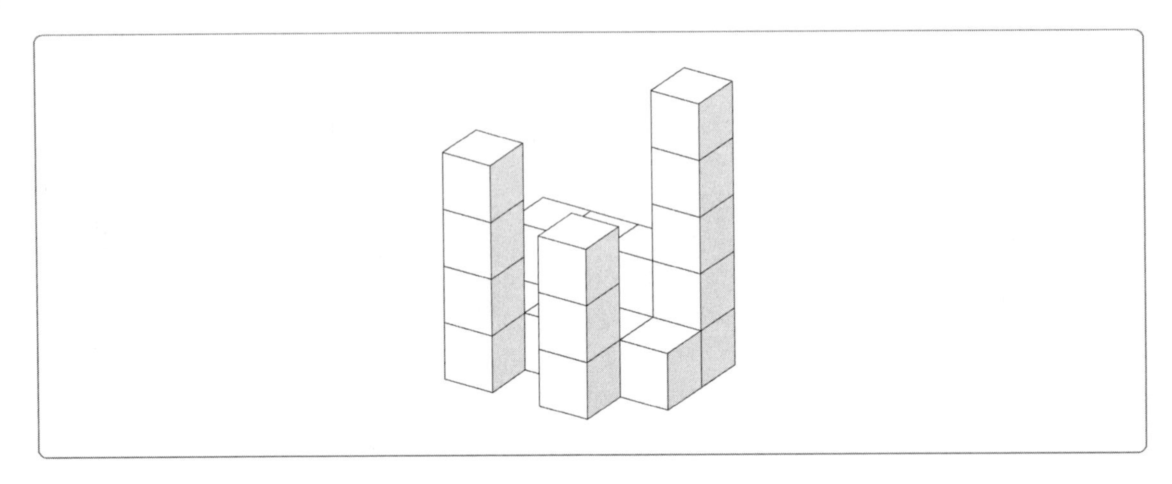

① 16
② 18
③ 20
④ 22

22

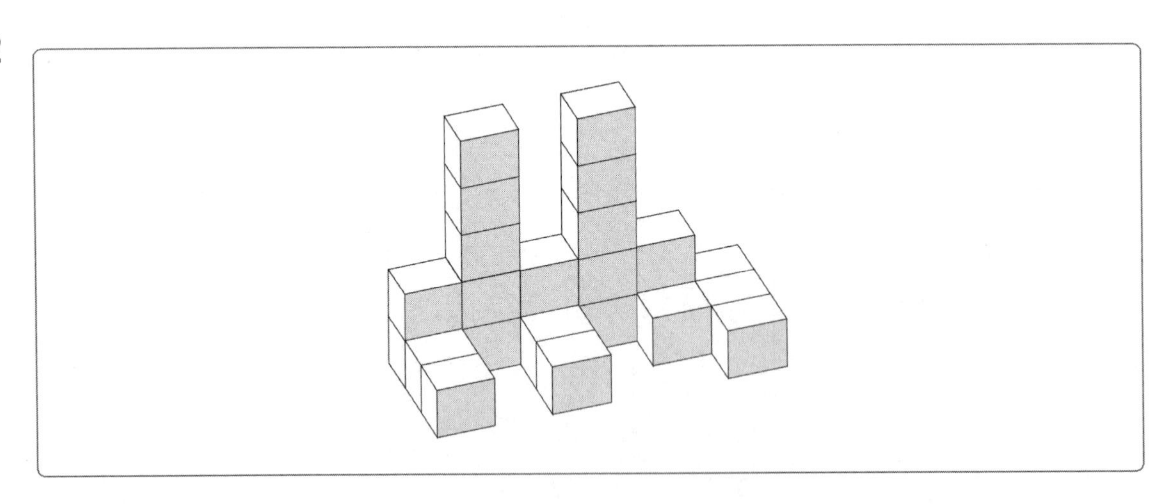

① 23
② 24
③ 25
④ 26

23

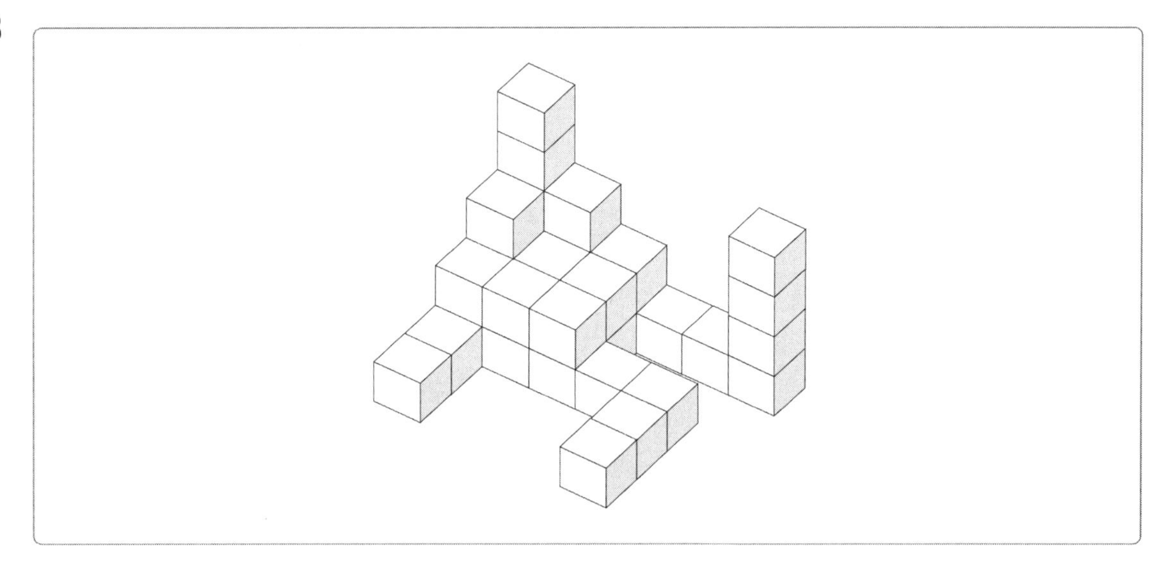

① 35　② 36
③ 37　④ 38

24

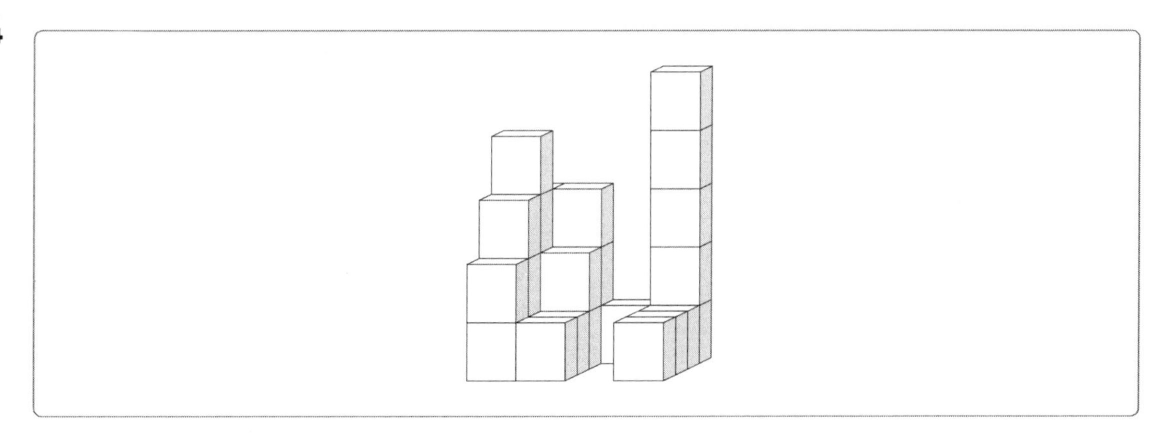

① 20　② 24
③ 28　④ 32

25

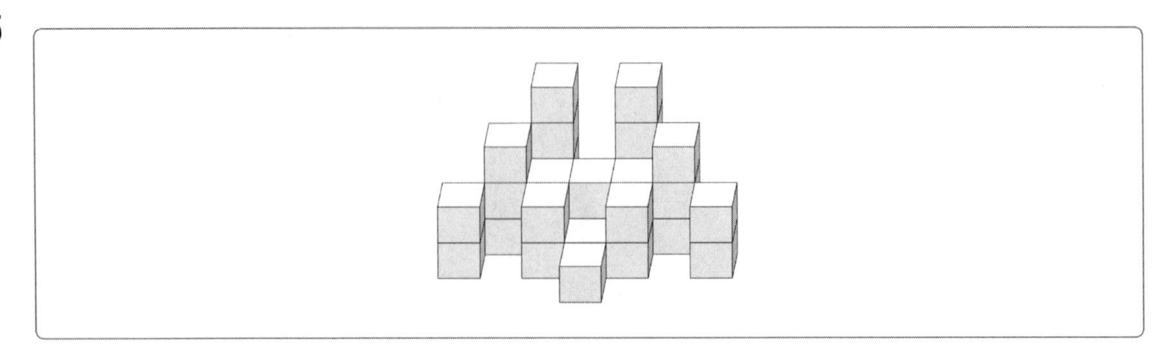

① 28
② 29
③ 30
④ 31

26

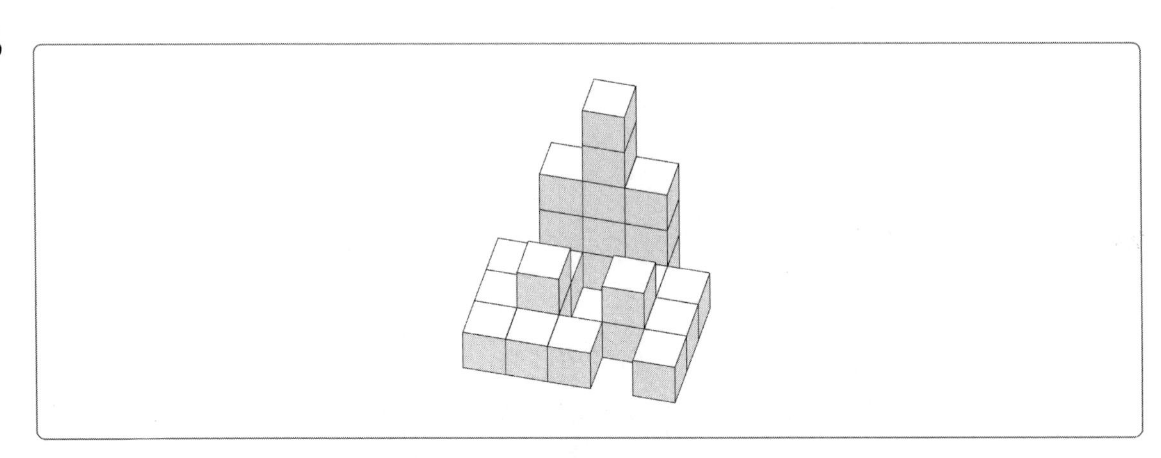

① 24
② 25
③ 26
④ 27

27

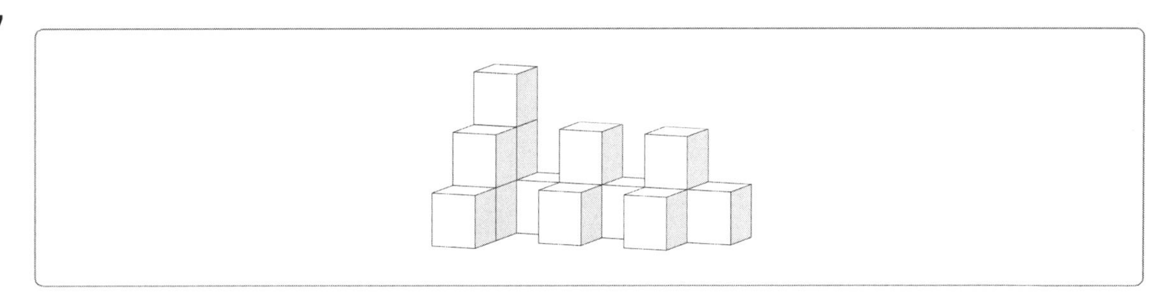

① 13
② 14
③ 15
④ 16

28

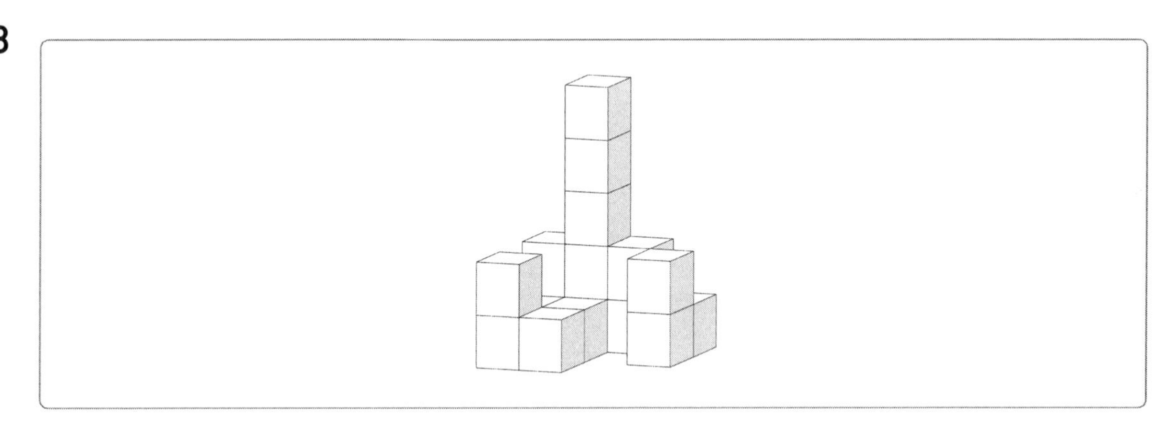

① 17
② 18
③ 19
④ 20

29

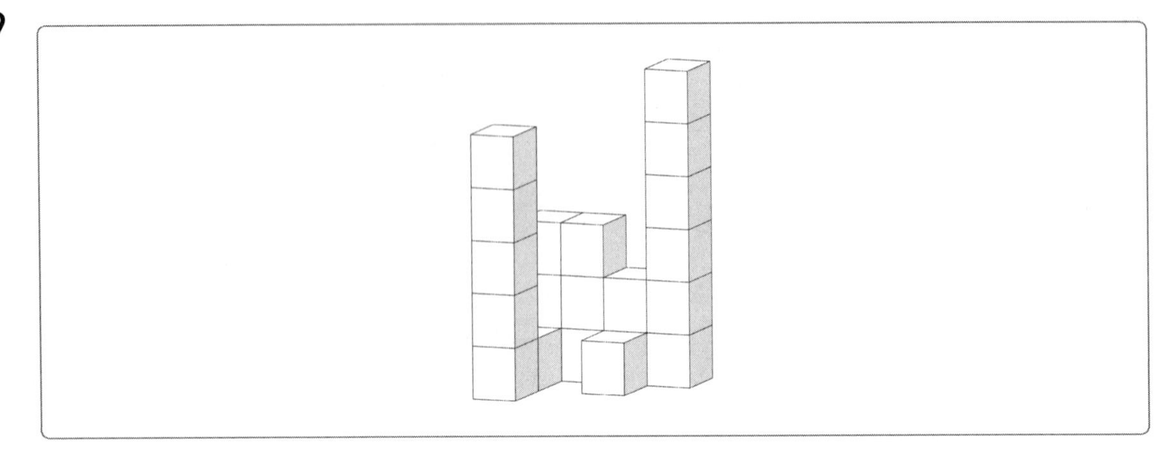

① 19　　② 20
③ 21　　④ 22

30

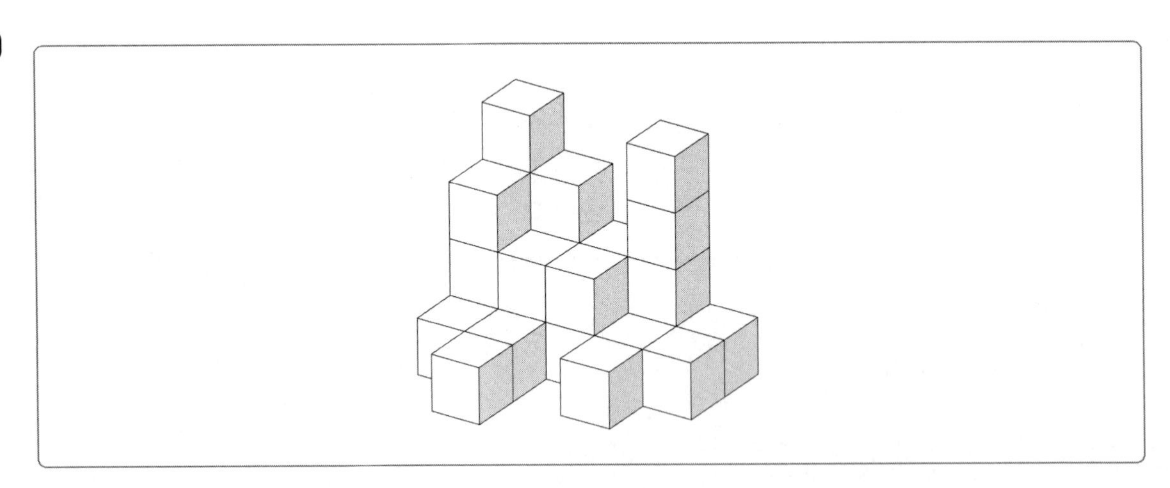

① 18　　② 21
③ 24　　④ 27

31

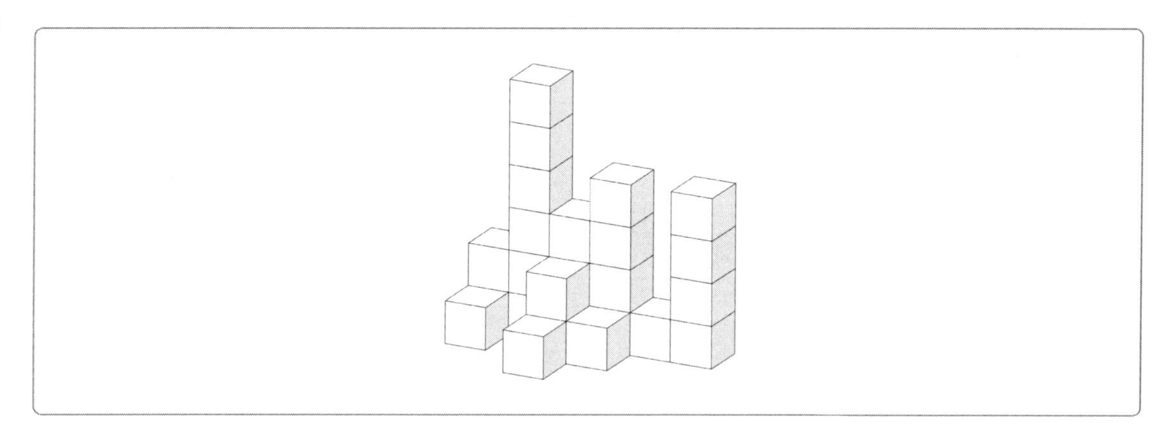

① 23　　② 25
③ 27　　④ 29

32

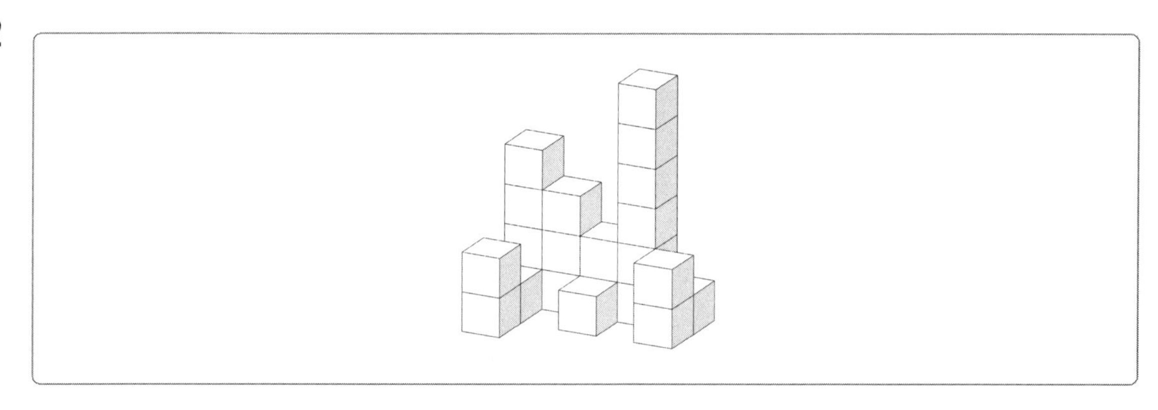

① 20　　② 22
③ 24　　④ 26

Q 다음 아래에 제시된 블록들을 화살표 표시한 방향에서 바라봤을 때의 모양으로 알맞은 것을 고르시오. 【33~40】

- 블록은 모양과 크기는 모두 동일한 정육면체이다.
- 바라보는 시선의 방향은 블록의 면과 수직을 이루며 원근에 의해 블록이 작게 보이는 효과는 고려하지 않는다.

33

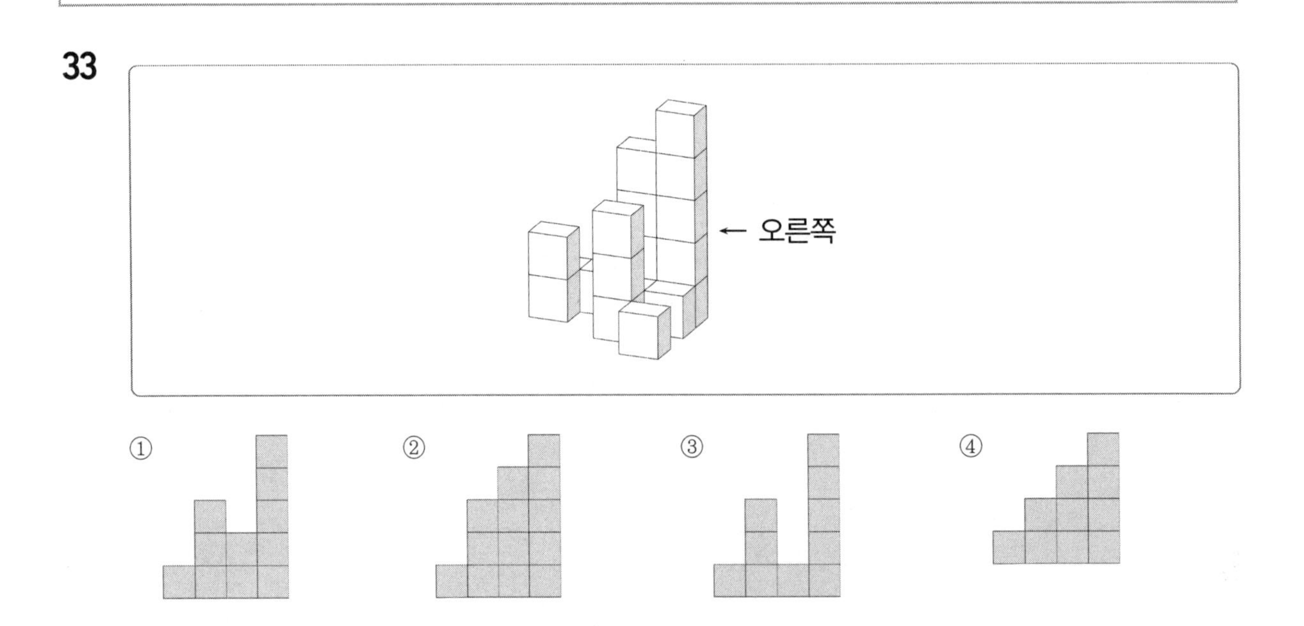

34

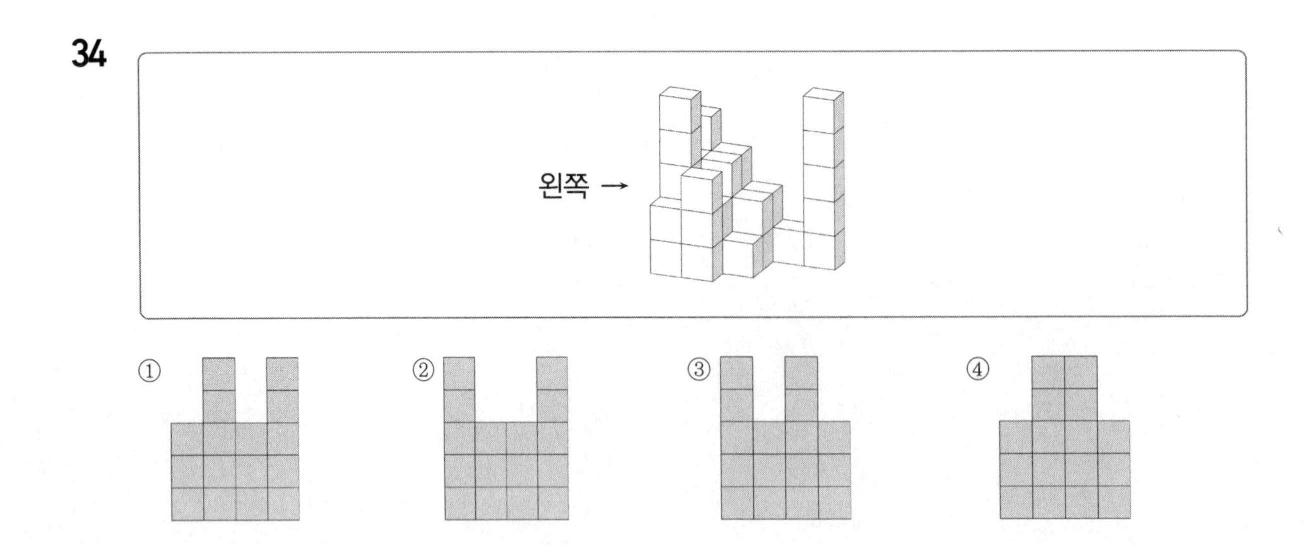

35

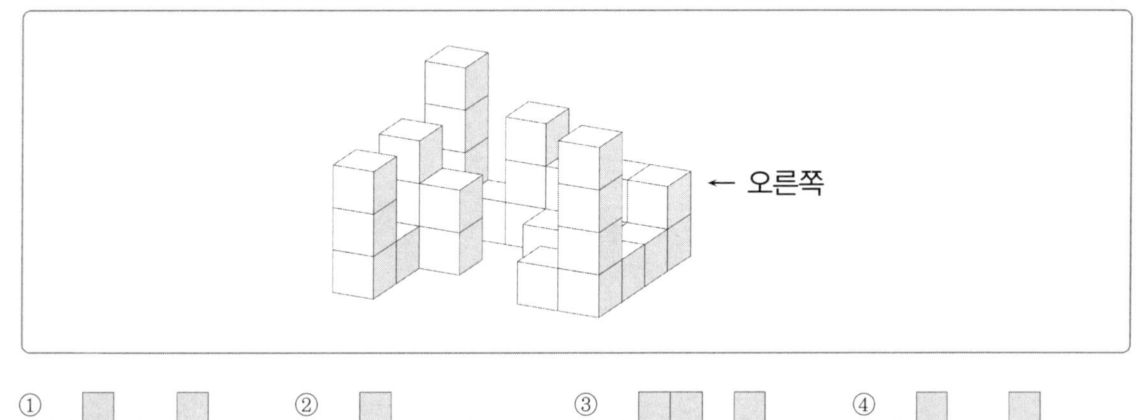

① 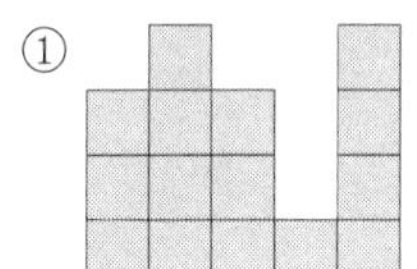
② 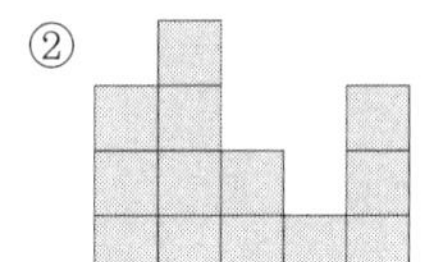
③ 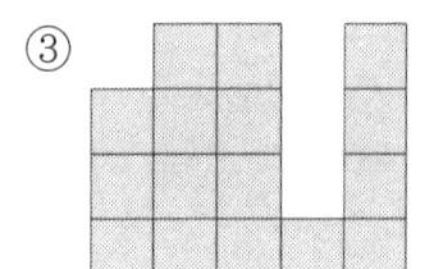
④ 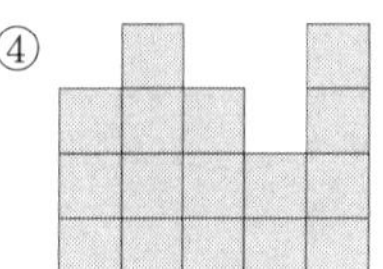

36

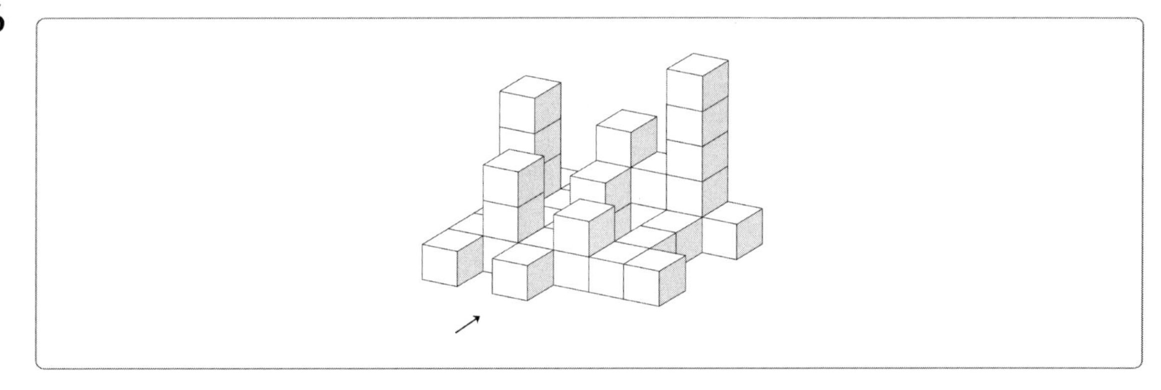

① 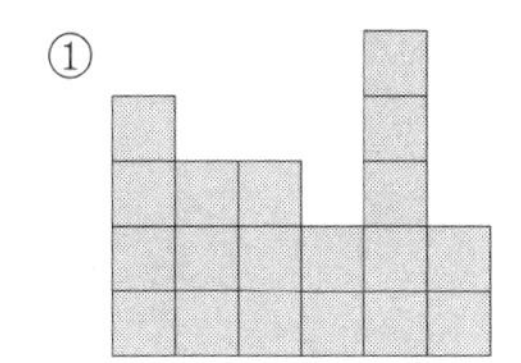
② 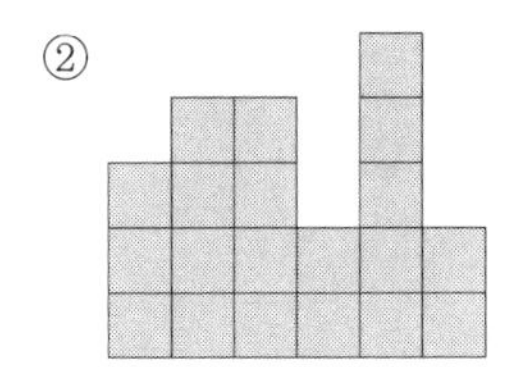
③ 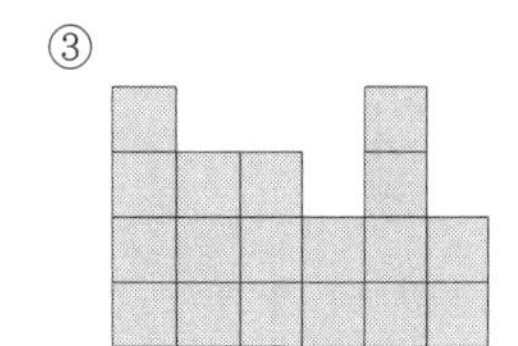
④ 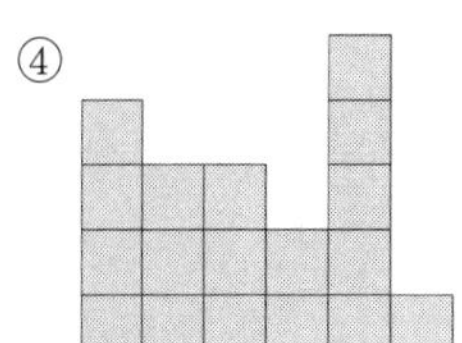

37

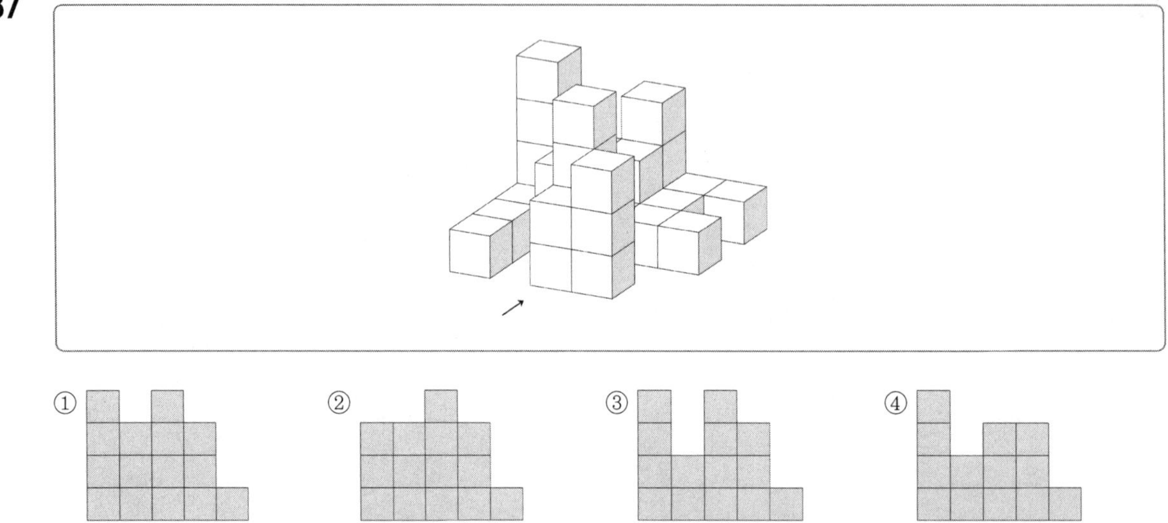

38

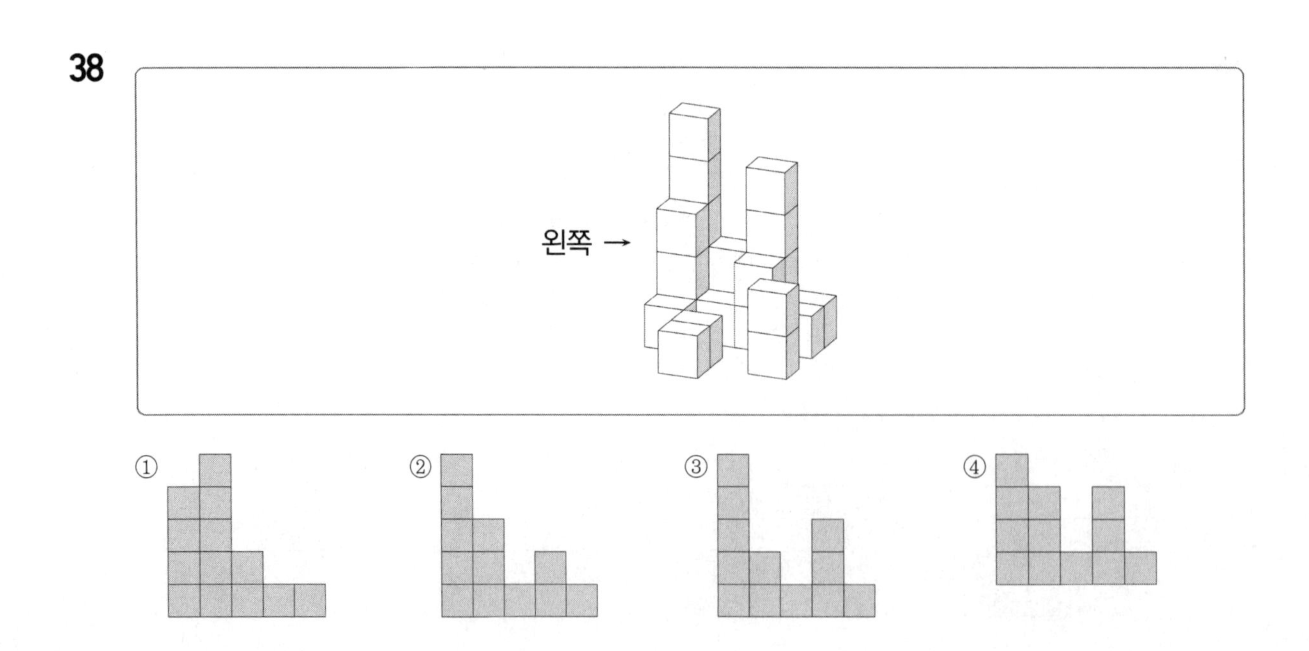

39

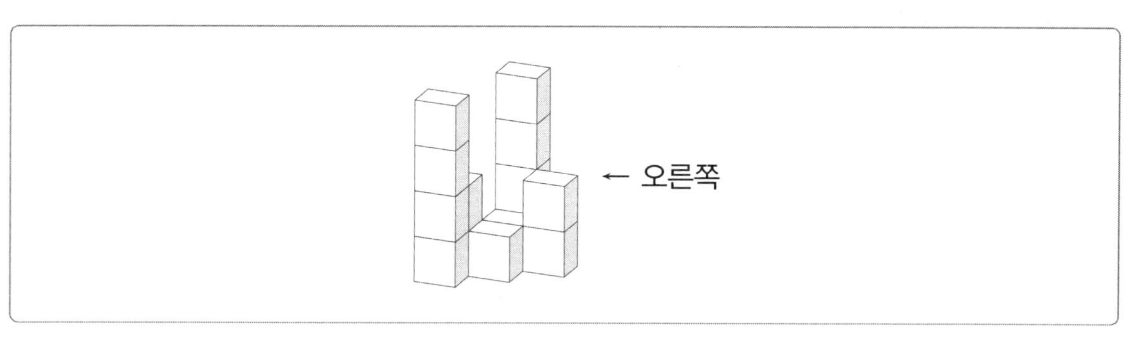

①

② 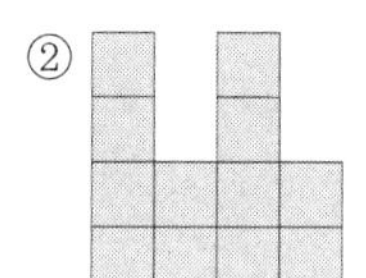

③ 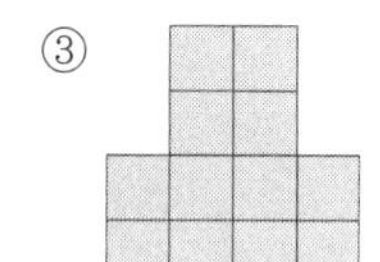

④ 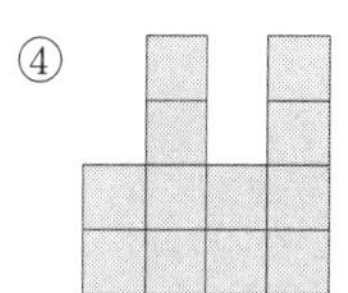

40

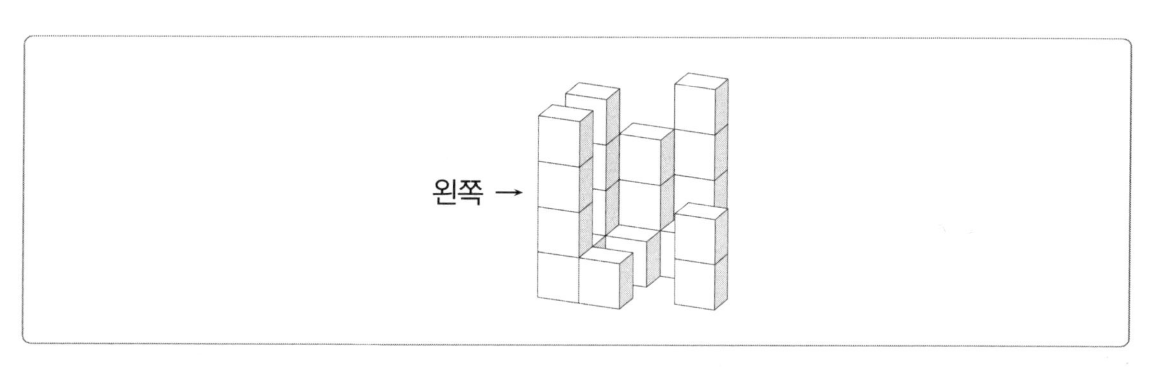

① 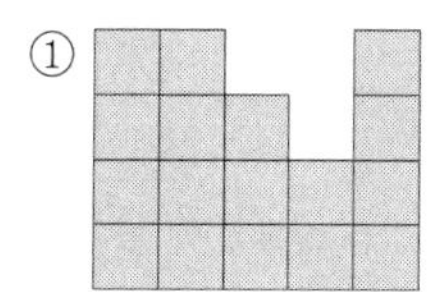

② 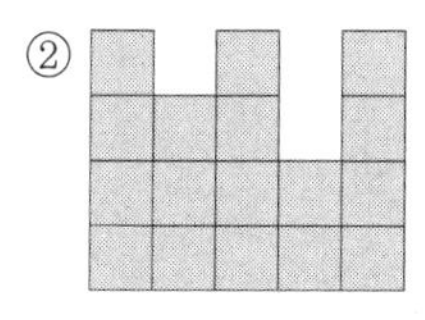

③ 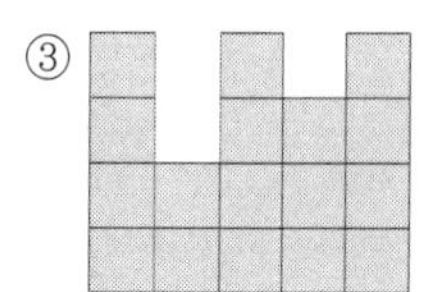

④ 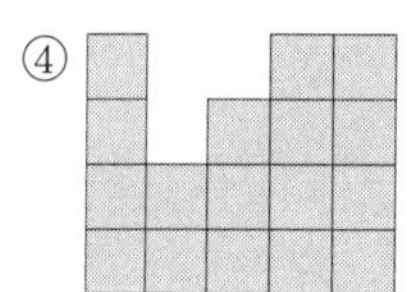

Q 다음 제시된 블록의 개수를 구하시오. 【41~48】

41

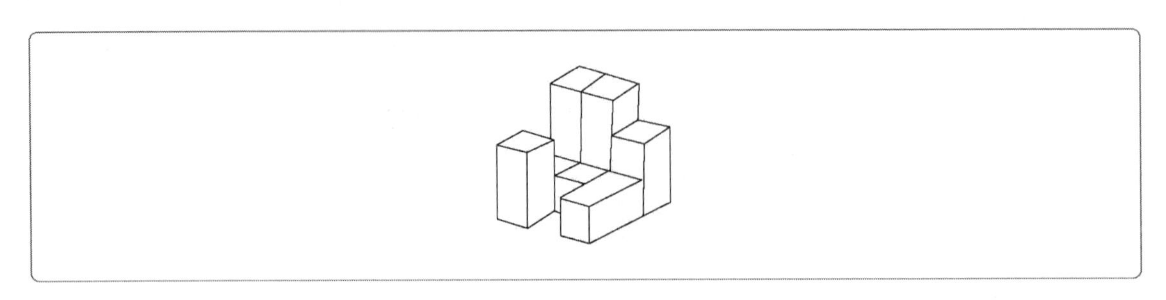

① 5개
② 6개
③ 7개
④ 8개

42

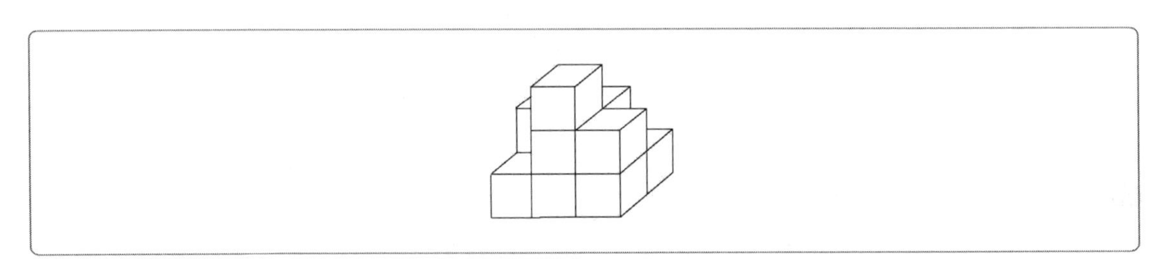

① 10개
② 11개
③ 12개
④ 13개

43

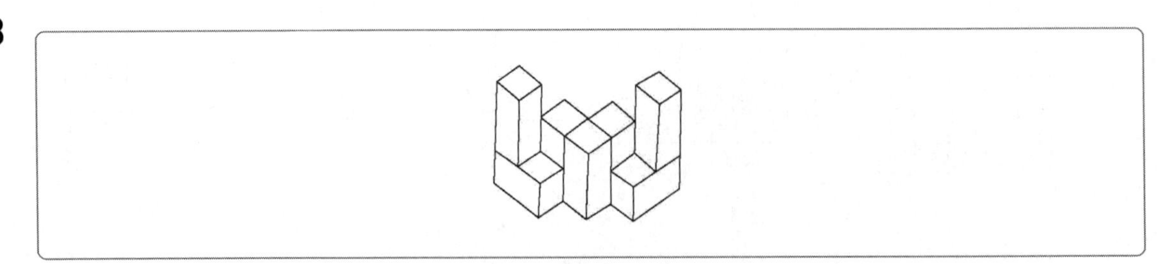

① 5개
② 6개
③ 7개
④ 8개

44

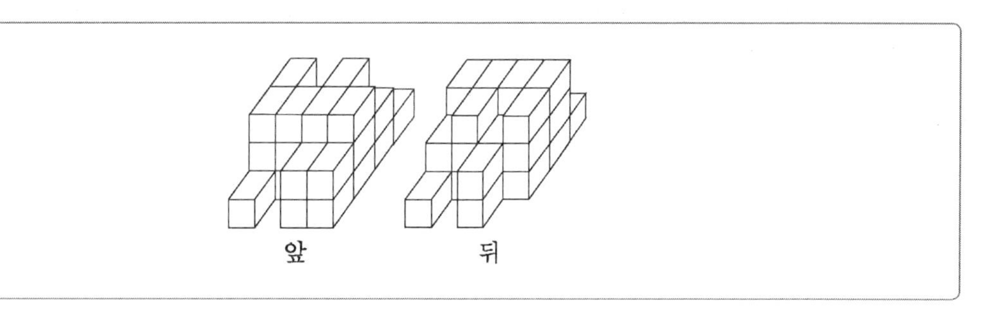

① 25개
② 30개
③ 35개
④ 40개

45

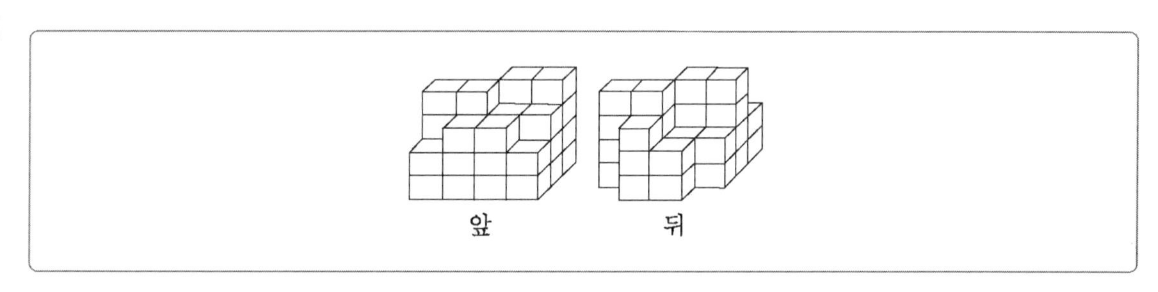

① 41개
② 42개
③ 43개
④ 44개

Q 다음에 제시된 두 도형을 결합하였을 때, 만들 수 있는 형태가 아닌 것을 고르시오. (단, 도형은 어느 방향으로든 회전이 가능하다) 【46~48】

46

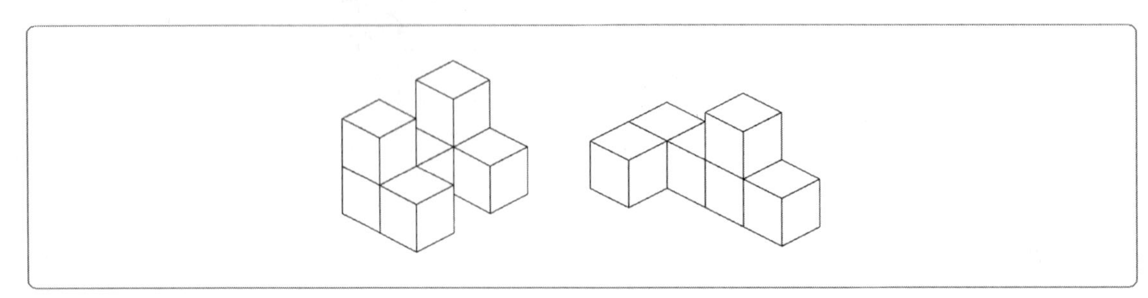

①

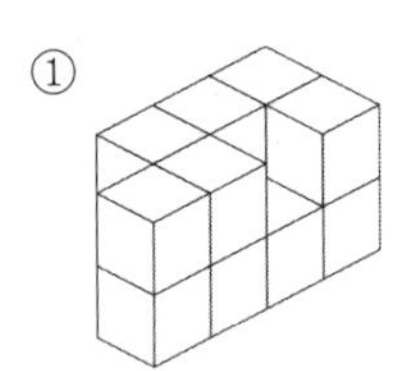

②

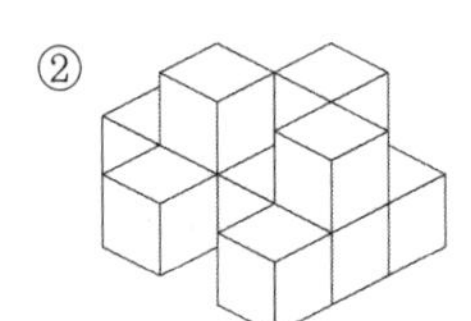

③

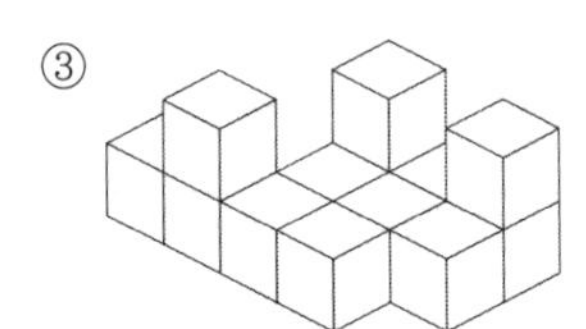

④

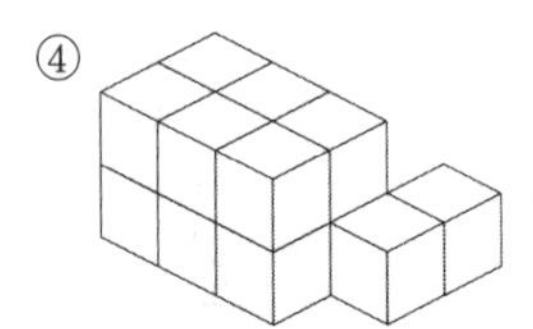

47

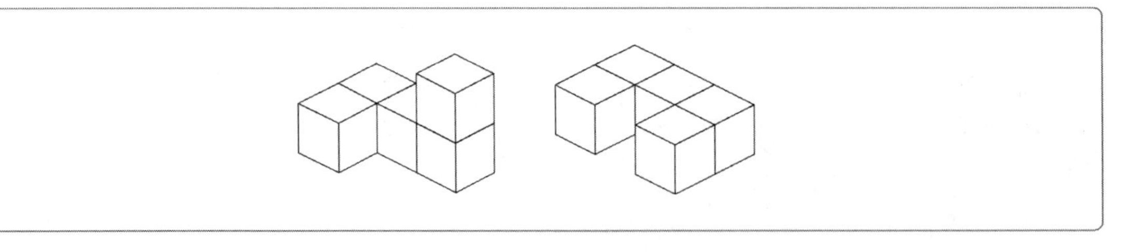

①

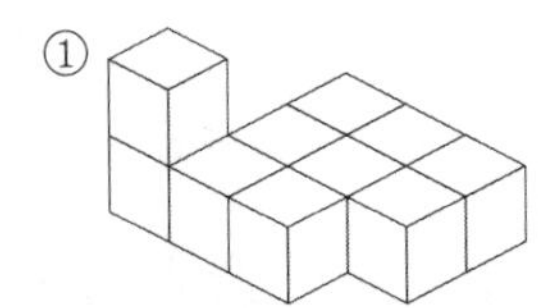

②

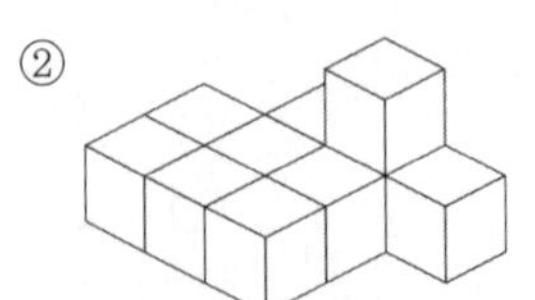

③

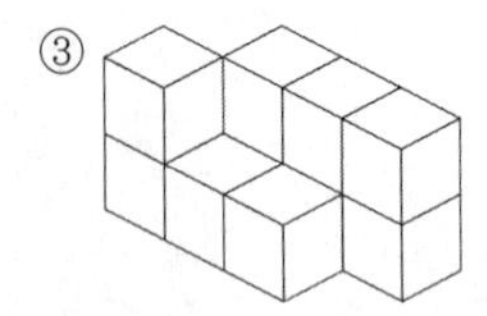

④

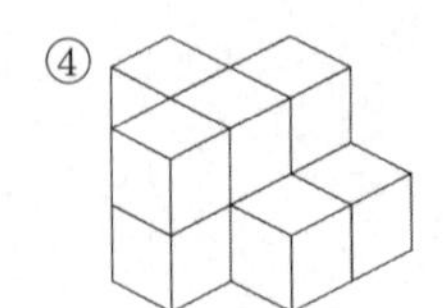

48

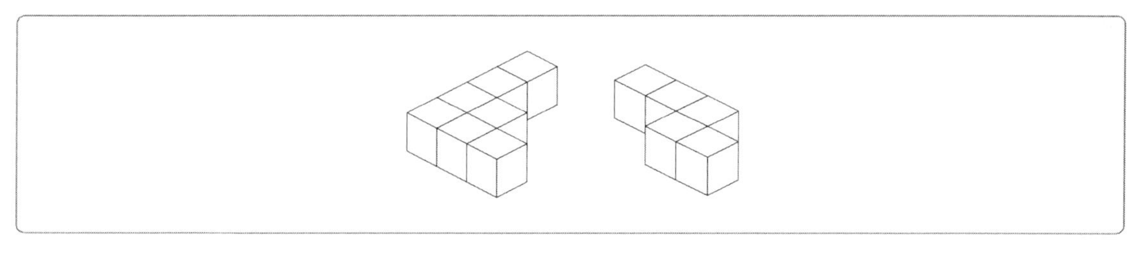

① ② 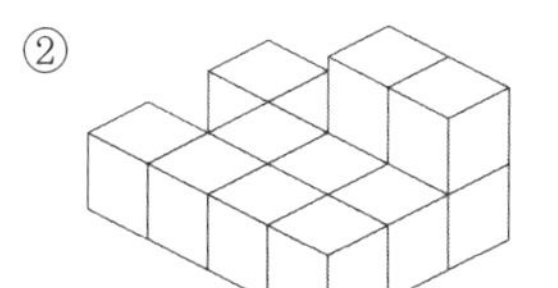 ③ 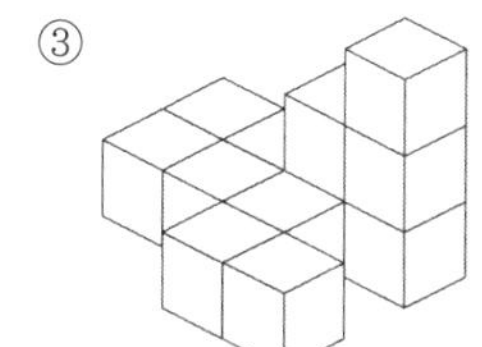 ④ 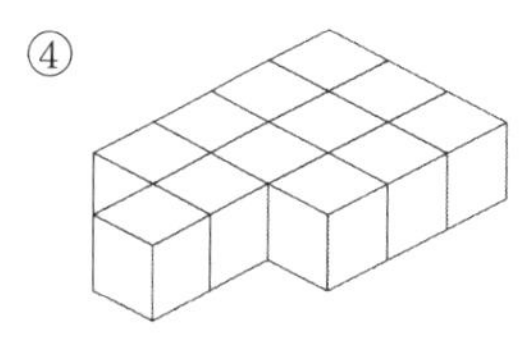

Q 다음 보기 중 주어진 입체도형과 일치하는 것을 고르시오. 【49~50】

49

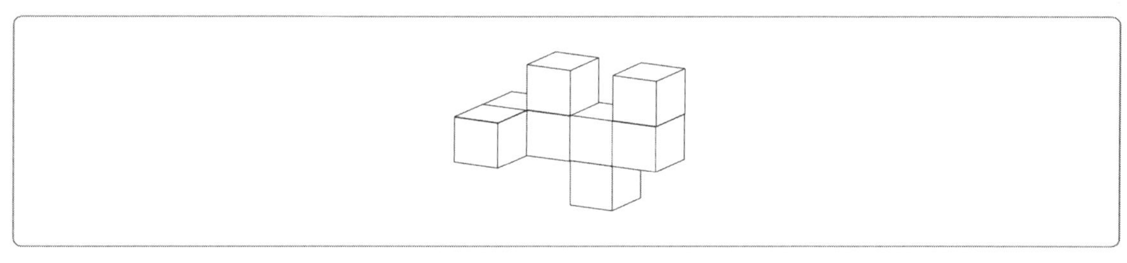

① 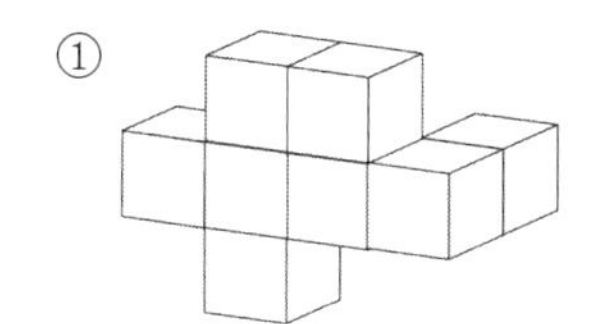 ② 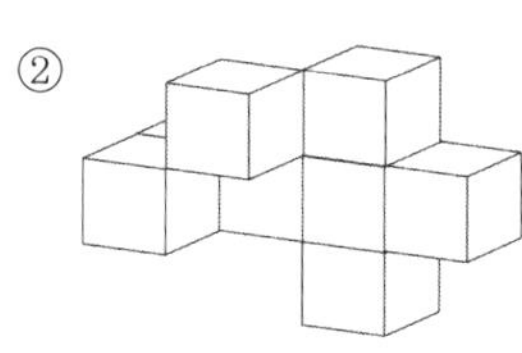 ③ 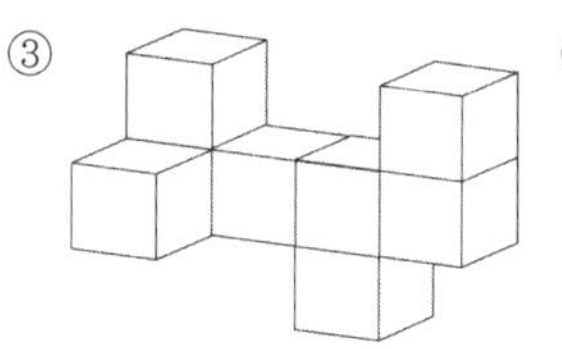 ④ 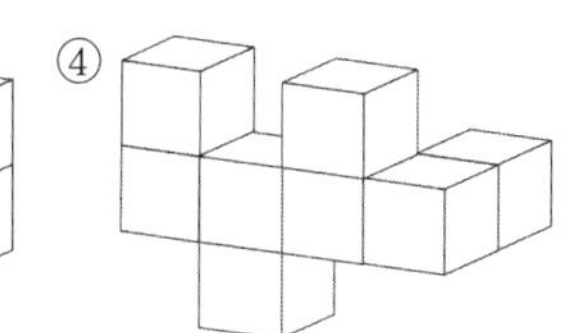

50

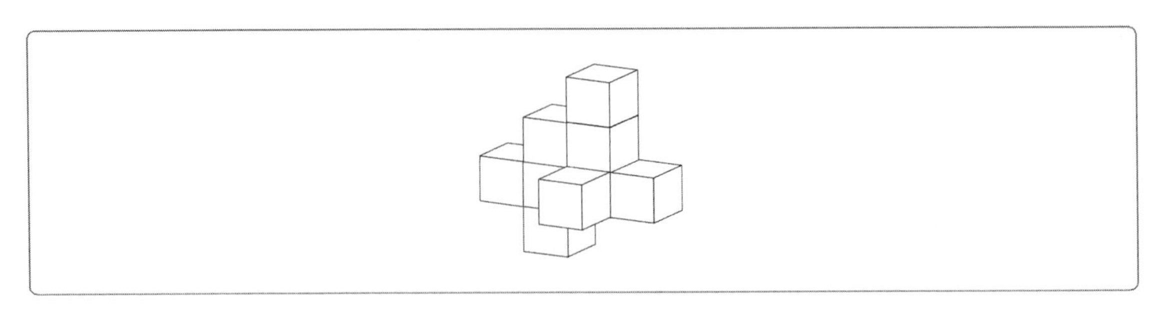

① 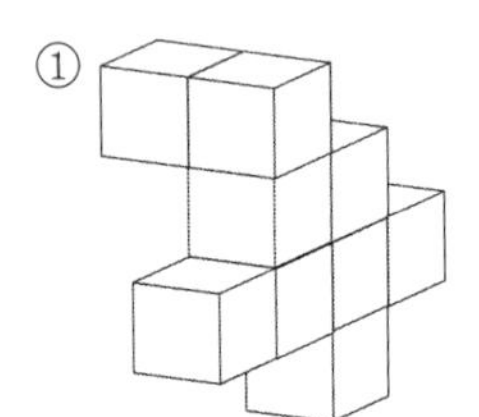

② 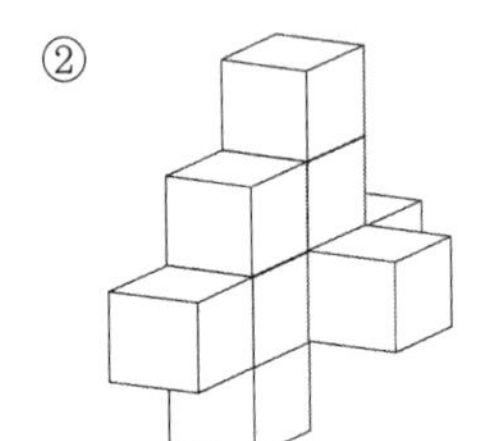

③ 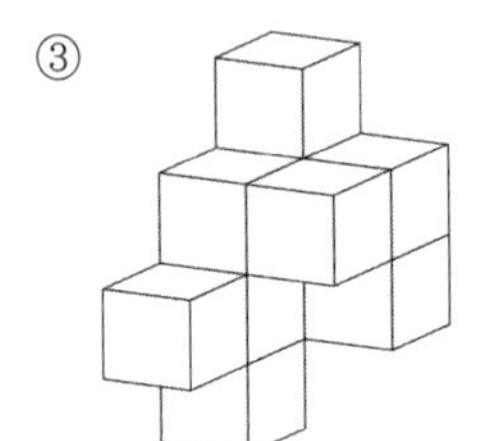

④ 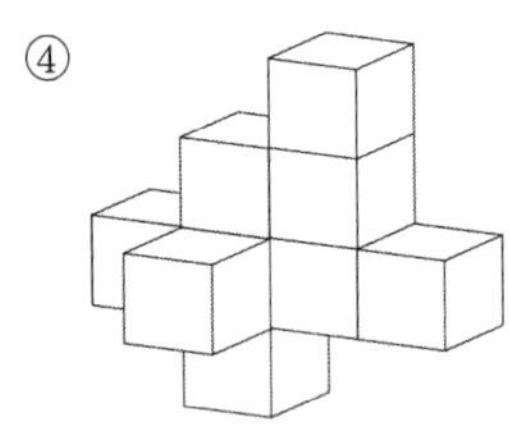

Ⓠ 다음 입체를 펼쳤을 때, 나올 수 있는 전개도로 알맞은 것을 고르시오. 【51~53】

51

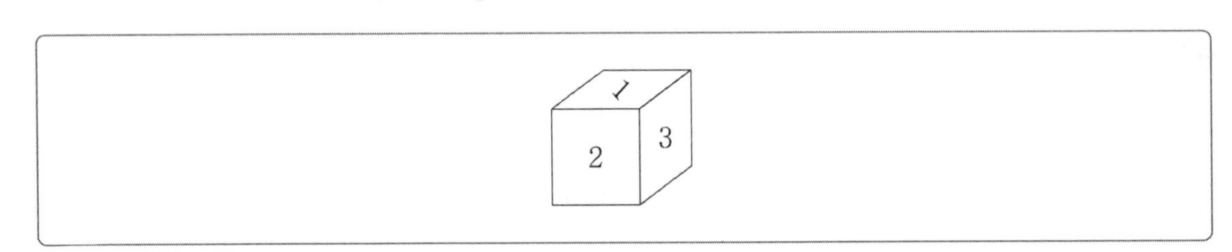

①

		1	
4	5	3	2
		6	

②

		5	7	2
1	3	6		

③

3	7		
	4	6	2
	1		

④

			3
1	5	6	2
4			

52

① 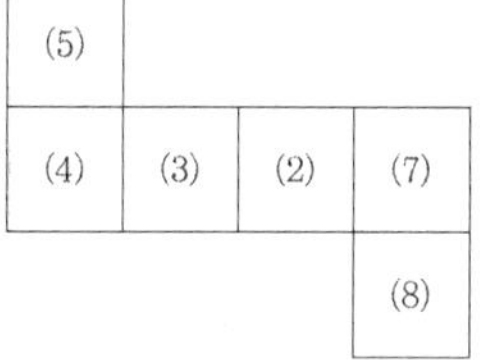

② 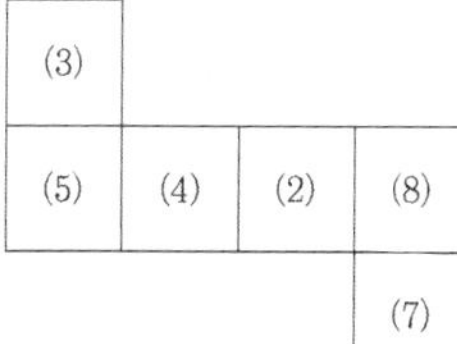

③ 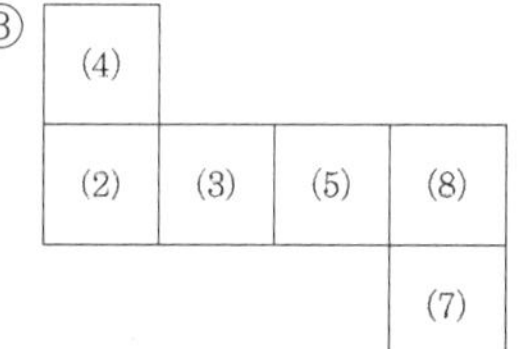

④ 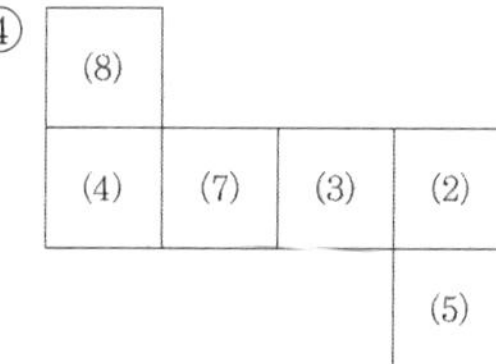

53

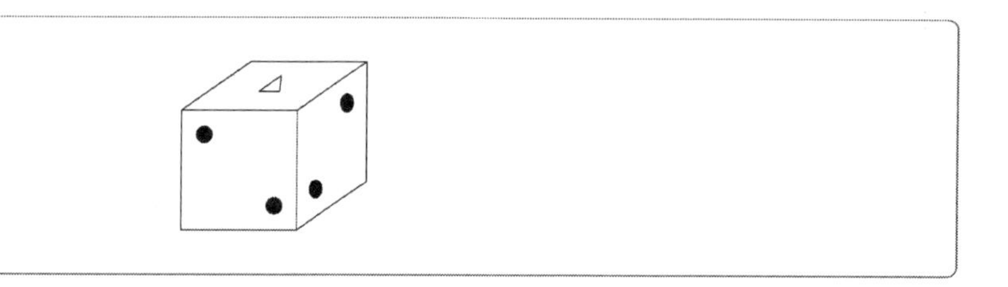

① 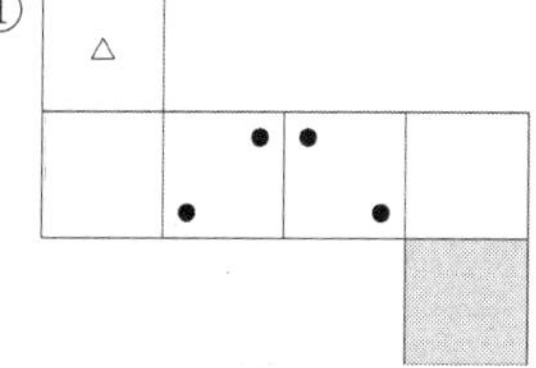

② 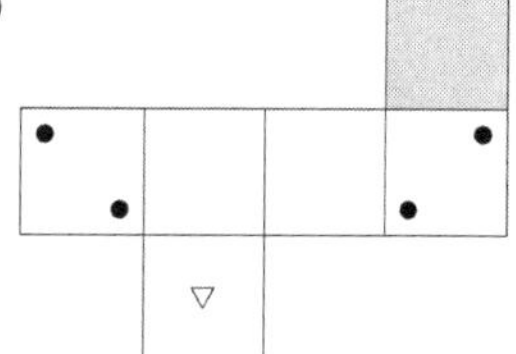

③ 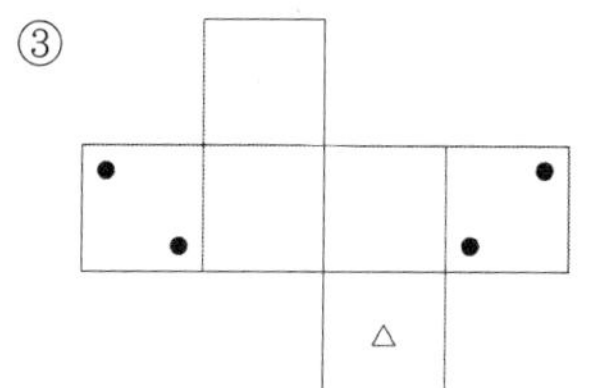

④

Q 다음 전개도를 접었을 때 나올 수 있는 도형의 형태로 알맞은 것을 고르시오. 【54~60】

54

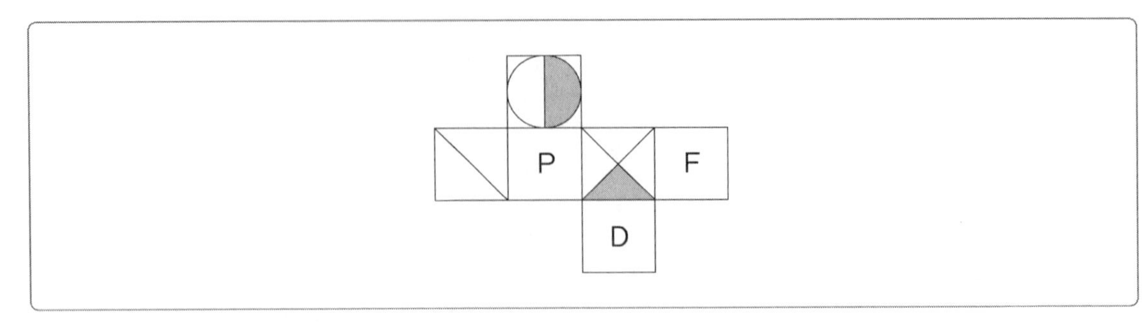

① 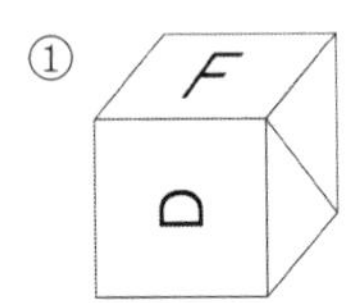

② 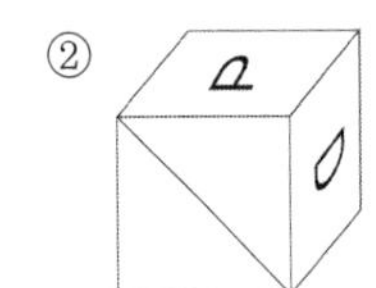

③ 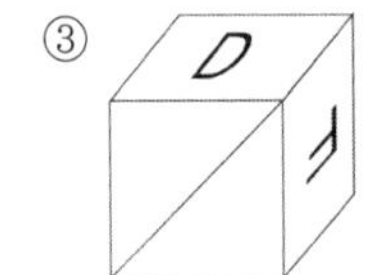

④ 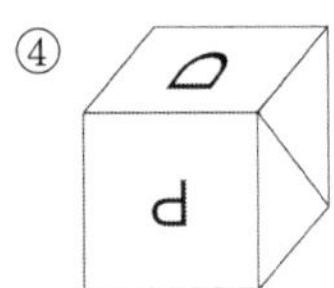

55

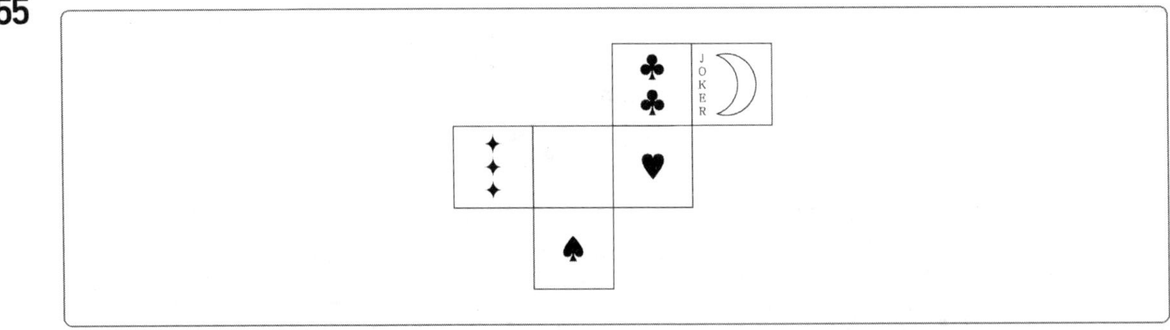

① 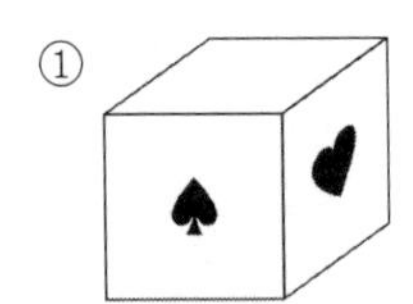

② 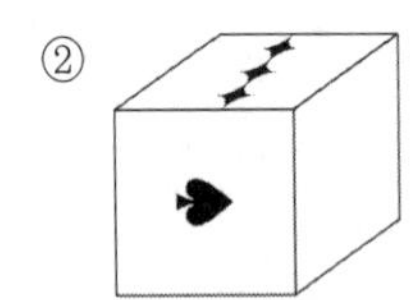

③ 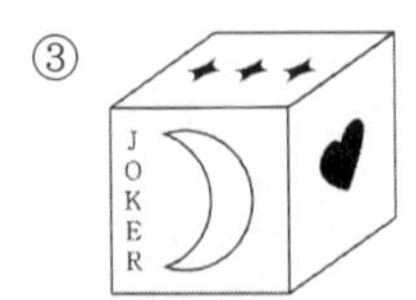

④ 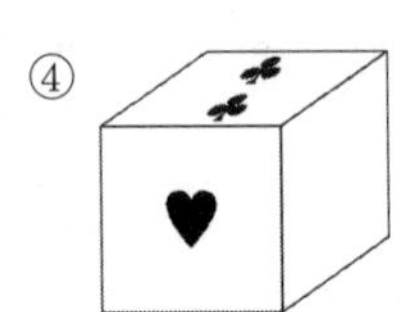

56

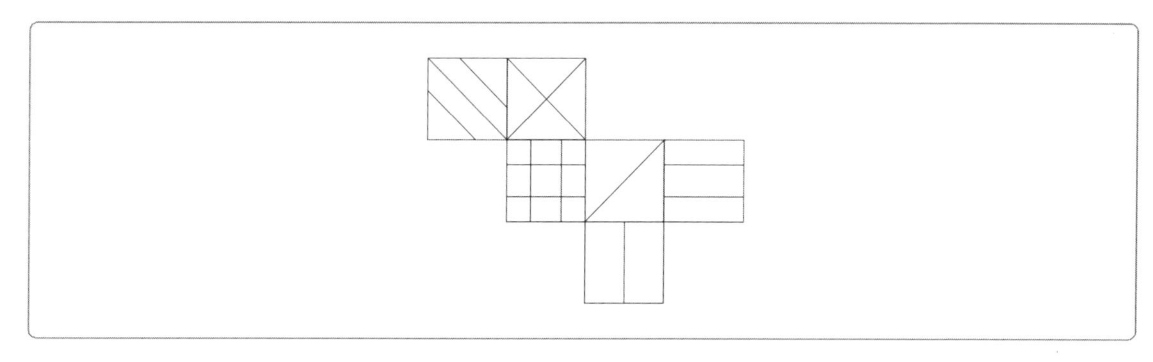

① ② ③ ④

57

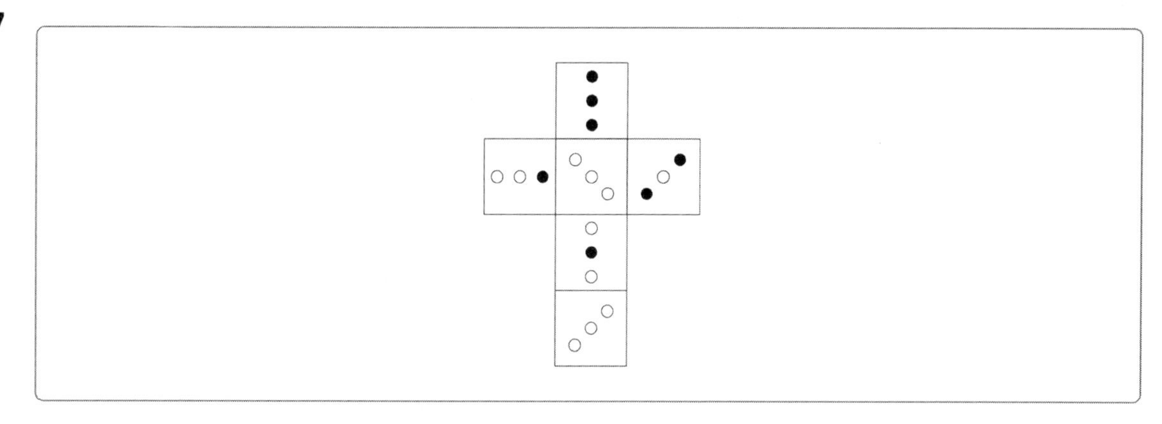

① 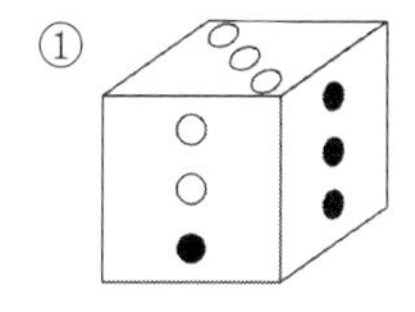

② 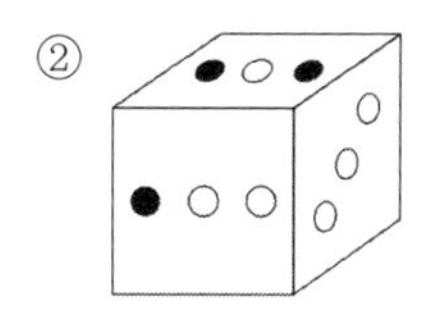

③ 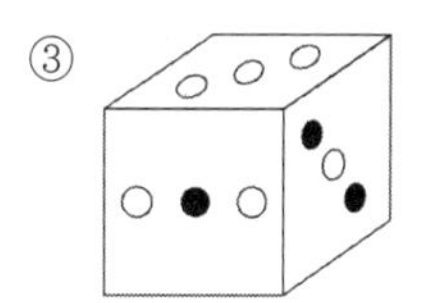

④ 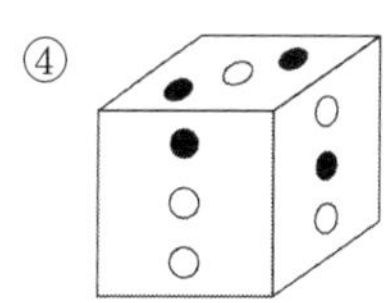

58

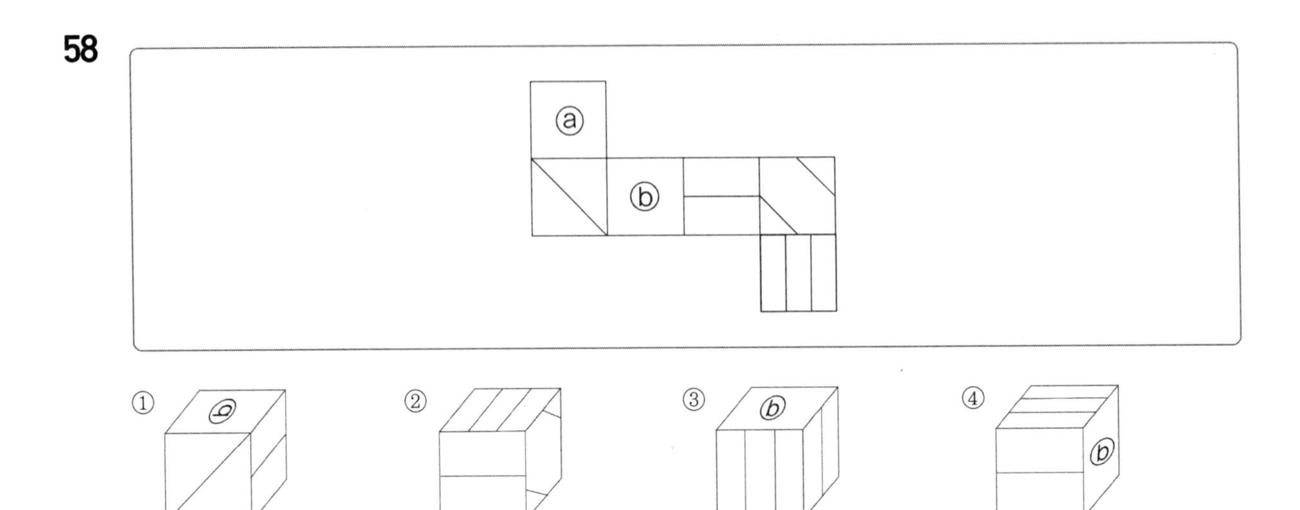

59

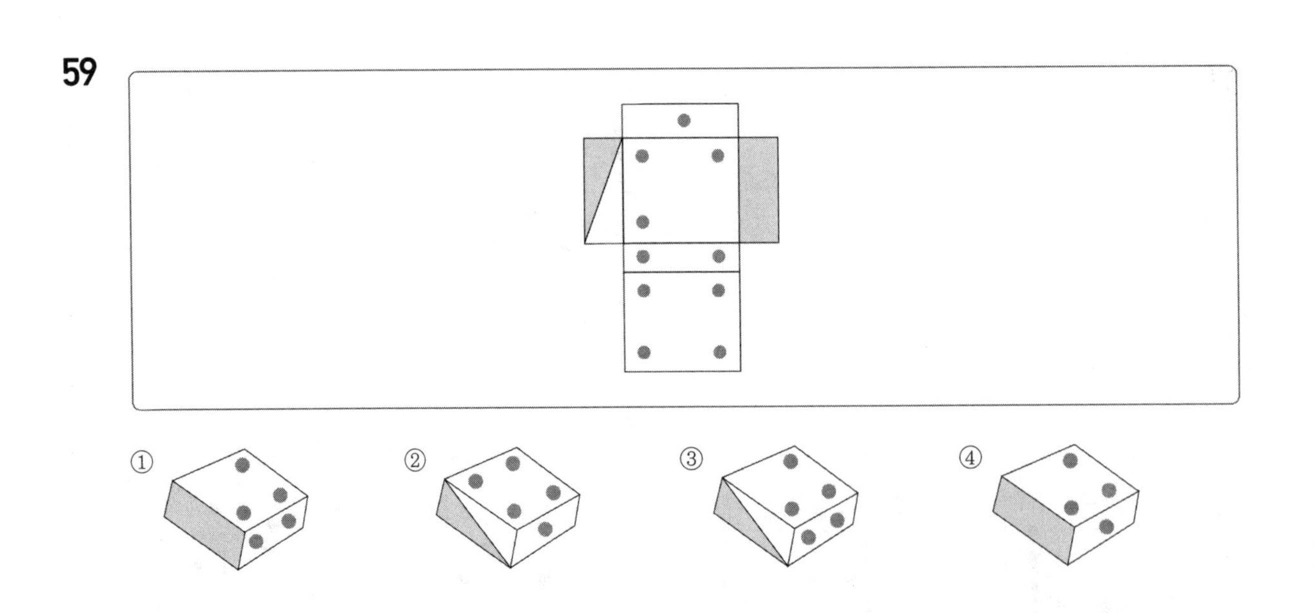

60

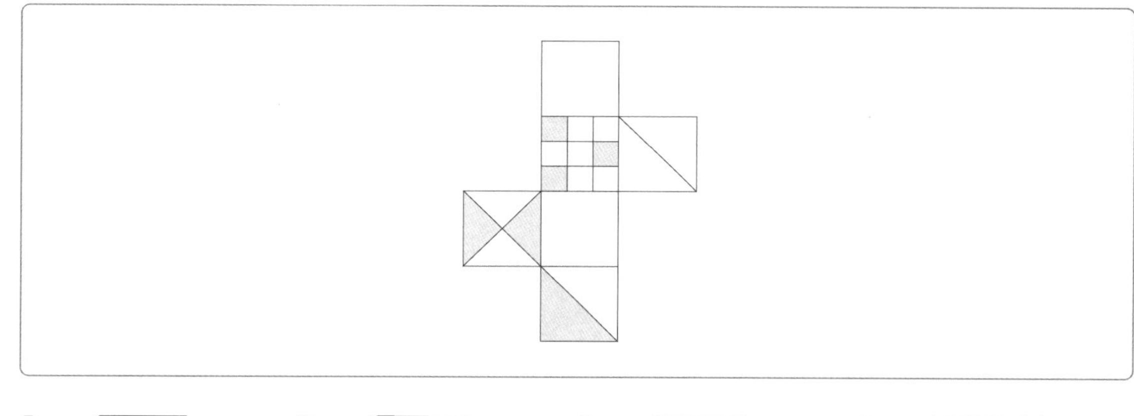

① 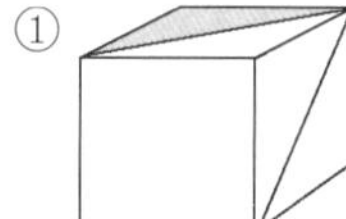
② 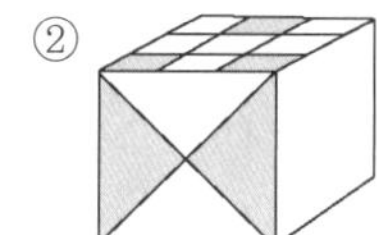
③ 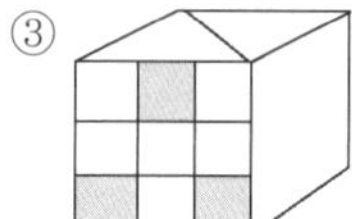
④ 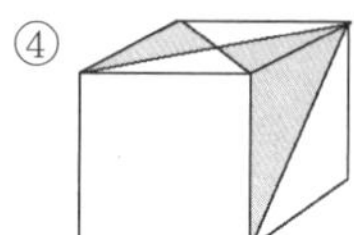

03

상황판단검사 및 직무성격검사

CHAPTER

01 상황판단검사

☞ 상황판단검사는 별도의 정답이 존재하지 않습니다.

Ⓠ **다음 상황을 읽고 제시된 질문에 답하시오. 【01~15】**

01

당신은 작전장교이다. 야간에 눈이 많이 내렸다. 순찰로 위주로 최소한의 제설작업 후 교육훈련에 매진하라는 대대장의 지시가 있었다. 사단 지통실로부터 사단장님이 제설작전 상황을 시찰하기 위해 출발하셨다는 연락을 받았다. 통상 연병장에 눈이 쌓였는지 여부에 따라 제설작전 유무를 판단하곤 한다. 사단에서는 교육훈련을 강조하고 있다.

이 상황에서 당신이 ⓐ 가장 할 것 같은 행동은 무엇입니까?
ⓑ 가장 하지 않을 것 같은 행동은 무엇입니까?

ⓐ 가장 할 것 같은 행동 ( )
ⓑ 가장 하지 않을 것 같은 행동 ( )

선 택 지	
①	대대장에게 사단장님 시찰 사실을 알리고 추가 지시를 기다린다.
②	시간이 촉박한 만큼 교육훈련을 중단하고 제설작전에 임할 것을 지시한다.
③	사단장님이 교육훈련을 강조한 만큼 교육훈련에 더욱 매진한다.
④	사단에 제설작전을 해야 하는지, 교육훈련을 해야 하는지 묻는다.
⑤	연병장에 쌓인 눈만 급히 제거하고, 교육훈련을 한다.
⑥	반은 제설작업에 투입시키고 반은 교육훈련을 실시한다.
⑦	사단장님이 도착하기 5분 전에 제설작업을 실시한다.

02

당신은 대대 교육장교이다. 4.2인치 박격포를 운용하는 화기중대 소대장으로 보직 이동이 예정되어 있다. 박격포 운용에 전무하여 걱정이 크다. 특히 중대평가와 대대평가가 연달아 계획되어 있는데 부대평가에 폐를 끼치는 것은 아닐까 걱정이다. 대대 교육장교를 하며 경험한 바 화기중대 교육훈련 수준도 저조한 편이라 자신이 없다.

이 상황에서 당신이 ⓐ 가장 할 것 같은 행동은 무엇입니까?
ⓑ 가장 하지 않을 것 같은 행동은 무엇입니까?

ⓐ 가장 할 것 같은 행동 ( )
ⓑ 가장 하지 않을 것 같은 행동 ( )

선 택 지	
①	대대장에게 화기중대 소대장으로 임무가 어려움을 밝힌다.
②	다른 간부들이 당신의 고민을 인지토록 여기저기 언급하고 다닌다.
③	일부러 부적절한 행위를 하여 소대장 보직이동을 재고토록 한다.
④	화기중대장에게 당신의 고민과 어려움을 알린다.
⑤	걱정은 되지만 긍정적인 마음으로 화기중대 소대장 임무를 준비한다.
⑥	대대장에게 보직변경을 요청한다.
⑦	화기중대장에게 다른 장교로 소대장을 추천토록 입장을 밝힌다.

03

당신은 관측장교이다. 포대에는 당신 말고도 관측장교가 한 명 더 있다. 포대장은 임무를 당신에게만 집중하여 하달한다. 통상 당신은 부대에서 밀린 업무가 많아 야근을 하지만 다른 관측장교는 6시면 퇴근을 한다. 동일한 월급과 계급에도 불구하고 불공평하단 생각이다. 포대 간부들은 포대장이 당신을 신뢰하는 것 같다고 하지만 당신은 그 차이를 크게 느끼지 못한다.

이 상황에서 당신이 ⓐ 가장 할 것 같은 행동은 무엇입니까?
ⓑ 가장 하지 않을 것 같은 행동은 무엇입니까?

ⓐ 가장 할 것 같은 행동 ( )
ⓑ 가장 하지 않을 것 같은 행동 ( )

선 택 지	
①	포대장에게 면담을 신청하고, 업무분장을 요구한다.
②	진급에 영향을 줄 수 있는 만큼 진급 시까지 참고 견딘다.
③	포대장과 친하게 지내는 간부에게 포대장이 당신을 어떻게 생각하는지 그 의중을 알아보도록 한다.
④	다른 관측장교에게 업무를 함께 하자고 제안한다.
⑤	대대장 마음의 편지를 통해 애로사항을 전달한다.
⑥	대대장에게 다른 보직으로의 변경을 요청한다.
⑦	포대장이 지시한 업무를 다른 관측장교에게 떠 넘긴다.

04

> 당신은 교육지원담당관이다. 훈련 간 지휘소를 설치해야 하나 경계지원, 참모부 근무 등으로 작업인원이 많이 부족한 상황이다. 지휘소 설치에는 통상 1시간 정도 소요되며, 현재 40분 정도 가용한 시간이 남았다. 본부중대장에게 작업인원 부족을 토로하였으나 본부중대장도 마땅한 해결책이 없다. 작전과장에게 보고하니 본부중대장을 호출할 뿐 작업인원 보강은 되지 않고 있다.
>
> 이 상황에서 당신이 ⓐ 가장 할 것 같은 행동은 무엇입니까?
> ⓑ 가장 하지 않을 것 같은 행동은 무엇입니까?

ⓐ 가장 할 것 같은 행동 (　　　)
ⓑ 가장 하지 않을 것 같은 행동 (　　　)

선 택 지	
①	지휘소 설치가 늦어질 수 있음을 밝히고, 대대장에게 보고 드릴 것을 권유한다.
②	주변 눈에 보이는 병사들은 모두 데려와 지휘소 설치를 시킨다.
③	현 인원으로 작업을 하고, 추후 보강되는 인원을 기다린다.
④	작전과장에게 어려움을 보고한 만큼 지침이 있을 때까지 기다려본다.
⑤	지휘소 설치 경험이 많은 선배 부사관들에게 도움을 요청한다.
⑥	대대장에게 지휘소 설치 인원의 보강 어려움을 알린다.
⑦	본부중대장에게 작업의 어려움을 계속적으로 어필한다.

05

> 당신은 사관후보생이다. 교육간 성적은 차후 군 장기복무 선발, 진급 등에 영향을 준다. 필기시험 간 부정행위를 하는 동기 교육생을 발견하였다. 훈육장교는 부정행위 등이 있는 경우 잘못된 동기애(愛)를 발휘하지 말고 즉각 보고할 것을 언급한 바 있다. 지난번 A교육생이 동기의 부정한 행위를 훈육장교에게 보고하였으나 적법한 처리가 이뤄지지 않았던 것으로 판단되며, 오히려 보고했던 A교육생만 입장이 난처해 진 것을 확인한 바 있다.
>
> 이 상황에서 당신이 ⓐ 가장 할 것 같은 행동은 무엇입니까?
> ⓑ 가장 하지 않을 것 같은 행동은 무엇입니까?

ⓐ 가장 할 것 같은 행동 ( )

ⓑ 가장 하지 않을 것 같은 행동 ( )

선 택 지	
①	교육간 성적은 향후 군 생활에 큰 영향을 미치는 만큼 부정한 행위를 즉각 훈육관에게 보고토록 한다.
②	지난 A교육생의 사례를 참고하여 동기의 부정행위를 보고하지 않는다.
③	성적도 중요하지만 동기애가 더 중요하다 판단하여 따로 조치를 취하지 않는다.
④	훈육장교에게 보고 시 조치가 없을 수 있는 만큼 훈육대장에게 직접 부정행위를 보고한다.
⑤	부정행위를 했던 동기 교육생에게 따끔하게 주의를 준다.
⑥	동기의 부정행위가 훈육장교의 귀에 들어가도록 여기 저기 소문을 내고 다닌다.
⑦	부정행위를 했던 동기 교육생이 자발적으로 보고하도록 설득한다.

06

당신은 초임하사이다. 부대에 인기 걸 그룹이 위문공연차 방문하였다. 당신이 평소 좋아하던 걸 그룹이다. 행사계획상 공연을 마치고 사인은 받을 수 있는 시간이 존재하였다. 당신은 행사 간 주차장을 관리하란 지시를 받아 주차장에 대기 중이다. 행사 시작 후 특별히 할 일이 없다. 선임 부사관들도 당신에게 시간될 때 걸 그룹 사인을 받아 달라며 부탁을 하였다.

이 상황에서 당신이 ⓐ 가장 할 것 같은 행동은 무엇입니까?
ⓑ 가장 하지 않을 것 같은 행동은 무엇입니까?

ⓐ 가장 할 것 같은 행동 ( )
ⓑ 가장 하지 않을 것 같은 행동 ( )

선 택 지	
①	가용한 시간에 걸 그룹 사인을 받아 온다.
②	사인을 받고 싶지만 당신의 임무가 있는 만큼 임무에 충실한다.
③	선임 부사관들의 부탁을 외면하기 힘든 만큼 주차장 관리 임무를 다른 부사관에게 부탁하고 다녀온다.
④	친한 병사에게 사인을 받아다 줄 것을 부탁한다.
⑤	주차장에 걸 그룹 관계자가 보이면 조심스럽게 사인을 얻을 수 있는지 문의한다.
⑥	다른 부사관에게 사인을 받아다 줄 것을 부탁한다.
⑦	걸 그룹이 주차장에 올 때까지 기다린다.

07

당신은 헌병수사관이다. 간부 체력검정 윗몸일으키기를 통제하고 있다. 체력검정은 진급 등 각종 평가 지표로 반영되어 많은 간부들이 중요하게 생각하고 있다. 사단장도 체력검정의 공정성과 투명성을 강조한 바 있다. 부사단장이 윗몸일으키기 평가를 받았으나 합격에 조금 미흡하게 측정되었다. 함께 측정중인 감찰요원은 합격시켜 드려도 될 것 같다고 한다.

이 상황에서 당신이 ⓐ 가장 할 것 같은 행동은 무엇입니까?
ⓑ 가장 하지 않을 것 같은 행동은 무엇입니까?

ⓐ 가장 할 것 같은 행동 (　　　　)
ⓑ 가장 하지 않을 것 같은 행동 (　　　　)

선 택 지	
①	규정과 원칙을 지키는 데에는 예외가 있을 수 없는 만큼 불합격 처리한다.
②	사단장의 지시사항을 부사단장에게 언급하고 어쩔 수 없이 불합격 처리함을 밝힌다.
③	조금 미흡한 만큼 연령과 상황을 고려하여 턱걸이로 합격시킨다.
④	감찰요원을 비롯한 주변에 간부 체력검정 측정 요원들의 의견을 구한다.
⑤	현장에선 불합격 처리한 후 상급자의 지침에 맞춰 후속 조치한다.
⑥	체력검정평가 점수를 조작하여 부사단장을 합격시킨다.
⑦	사단장에게 부사단장을 합격시켜도 되냐고 의견을 구한다.

08

당신은 부소대장이다. 소대원들과 연병장에서 체력단련 중이다. 부대 담 넘어 민가에 연기가 피어오른다. 119에 신고는 하였으나 거리가 있어 소방차 도착까진 30분 이상 소요될 것으로 판단된다. A병장은 현장에 가봐야 하지 않겠냐고 이야기 한다. B소대장은 화재로 인한 안전사고가 우려될 수 있으니 119에 맡기고 관찰만 하라고 한다.

이 상황에서 당신이 ⓐ 가장 할 것 같은 행동은 무엇입니까?
ⓑ 가장 하지 않을 것 같은 행동은 무엇입니까?

ⓐ 가장 할 것 같은 행동 ( )
ⓑ 가장 하지 않을 것 같은 행동 ( )

선 택 지	
①	미담 사례로 포상을 받을 수 있는 만큼 무리해서 화재를 진압한다.
②	현장에 접근하되 관찰만 한다.
③	119에 신고한 만큼 더 이상 관여하지 않는다.
④	현장에 접근하여 구출할 민간인이 없는지 살펴본다.
⑤	부대 비치중인 소화기를 챙겨 화재가 확산되지 않도록 한다.
⑥	현장에 접근하여 화재를 진압한다.
⑦	119에 빨리 오라고 전화를 여러 번 한다.

09

당신은 중대장이다. 훈련 간 군기 확인을 위해 순찰을 돌던 중 소대장 3명이 민가 노인정에서 중국음식을 시켜 먹는 모습을 발견하였다.

이 상황에서 당신이 ⓐ 가장 할 것 같은 행동은 무엇입니까?
ⓑ 가장 하지 않을 것 같은 행동은 무엇입니까?

ⓐ 가장 할 것 같은 행동 ( )
ⓑ 가장 하지 않을 것 같은 행동 ( )

	선택지
①	짜장면 하나 더 시키라고 하고 같이 먹는다.
②	자신들이 먹던 그릇에 머리박기를 시킨다.
③	군기가 빠진 것이므로 얼차려를 실시한다.
④	소대장들이 속한 소대에 모두 중국음식을 돌리라고 한다.
⑤	연병장에 집합시킨 후 소대원들이 보는 앞에서 얼차려를 실시한다.
⑥	그냥 모르는 척 넘어가 준다.
⑦	넘어가 줄 테니 바로 복귀하라고 한다.

10

> 당신은 소대장이다. 당신의 소대원 중 친하게 지내던 인원이 전역을 앞두고 마지막 휴가 복귀 후 휴대물품 검사에서는 적발되지 않았지만 몰래 휴대폰을 반입시켜 사진을 찍고 게임을 하던 중 적발되었다.
>
> 이 상황에서 당신이 ⓐ 가장 할 것 같은 행동은 무엇입니까?
> ⓑ 가장 하지 않을 것 같은 행동은 무엇입니까?

ⓐ 가장 할 것 같은 행동 ( )
ⓑ 가장 하지 않을 것 같은 행동 ( )

선 택 지	
①	모르는 척 한다.
②	휴대물품 검사를 어떻게 통과했냐고 물어본다.
③	소대원들과 함께 사진을 찍어 달라고 한다.
④	소대원들이 보는 앞에서 핸드폰을 압수한다.
⑤	소대원들이 보는 앞에서 핸드폰을 박살내 버린다.
⑥	다른 소대원들에게 들키지 말라고 당부한다.
⑦	모든 소대원들을 불러 얼차려를 실시한다.

11

> 당신은 포반장이다. 주말 간 영외 출타 후 복귀 중이다. 버스에서 할머니 한 분이 힘들어하는 것 같다. 당신은 곧 내려야 한다. 버스는 배차간격이 1시간이라 부대를 지나칠 경우 한참을 도로에서 대기해야 한다. 할머니 주변에 앉아 있는 사람들은 상황을 외면하고 있다. 당신은 의학적 지식이 부족하여 도움이 될 수 있을지도 의문이다.
>
> 이 상황에서 당신이 ⓐ 가장 할 것 같은 행동은 무엇입니까?
> ⓑ 가장 하지 않을 것 같은 행동은 무엇입니까?

ⓐ 가장 할 것 같은 행동 ( )

ⓑ 가장 하지 않을 것 같은 행동 ( )

선 택 지	
①	당신이 해결할 수 없을 것 같고, 불필요한 일로 구설수에 오를까 조심스러운 만큼 버스에서 하차한다.
②	할머니 건강에 문제가 있을 수 있는 만큼 할머니 상태를 확인한다.
③	할머니를 모시고 버스에서 내려 택시를 타고 병원으로 이동한다.
④	할머니 주변 사람들에게 할머니 상태를 확인해 보라고 이야기 한다.
⑤	버스 기사에게 할머니가 이상하다고 이야기하고 119에 신고한다.
⑥	할머니에게 보호자나 가족의 연락처를 확인한 후 전화로 연결시켜 준다.
⑦	버스 기사에게 할머니가 이상하니 병원으로 가 달라고 부탁한다.

12

당신은 위병조장이다. 일반인이 부대 출입을 희망하고 있다. 그는 육군 대령임을 밝히고 지인의 아들을 잠깐 만나고 가겠다고 한다. 지금은 평일 오후시간으로 모든 장병들이 일과 중에 있다. 일반인은 신분증도 없고 군인임을 증명할 수단도 전무한 상황이다. 부대 출입 절차와 면회 규정에도 어긋난다. 당신은 5분 후 근무교대 예정이다.

이 상황에서 당신이 ⓐ 가장 할 것 같은 행동은 무엇입니까?
ⓑ 가장 하지 않을 것 같은 행동은 무엇입니까?

ⓐ 가장 할 것 같은 행동 ( )
ⓑ 가장 하지 않을 것 같은 행동 ( )

선 택 지	
①	부대출입절차와 면회규정을 언급하고 일반인을 돌려보낸다.
②	실제 육군대령인 경우 불이익이 있을 수 있는 만큼 부대출입을 허가한다.
③	지휘통제실과 상급자의 지시가 떨어질 경우 부대출입을 허가한다.
④	일반인이 만나고자 하는 병사에게 진위를 확인한다.
⑤	후임 근무자에게 상황을 인계한다.
⑥	인근 경찰서에 연락하여 일반인의 신원조회를 부탁한다.
⑦	상급자에게 보고하여 지시를 기다린다.

13

> 당신은 의무부사관이다. 군단 차원에서 금연캠페인을 진행 중이다. 주단위 금연자 현황을 보고 받고 실적이 우수한 부대에는 인센티브가 주어지고 있다. 당신의 부대에 금주에는 금연자가 한 명도 없었다. 이 경우 저조한 부대라며 상급부대로부터 불이익을 받을 수 있다. 인접부대는 금연자가 한 주에만 10명이 넘어가는 등 그 차이도 많다.
>
> 이 상황에서 당신이 ⓐ 가장 할 것 같은 행동은 무엇입니까?
> ⓑ 가장 하지 않을 것 같은 행동은 무엇입니까?

ⓐ 가장 할 것 같은 행동 ( )
ⓑ 가장 하지 않을 것 같은 행동 ( )

	선택지
①	금연여부를 확인할 수 없는 만큼 적당이 5명 정도로 보고한다.
②	부대에 불이익이 오더라도 허위 보고 시 문책을 받을 수 있는 만큼 0명으로 보고한다.
③	인접부대에는 왜 금연 실적이 좋은지 확인해 보고 벤치마킹 한다.
④	인접부대가 허위 신고한 것이라고 작전과장에게 보고한다.
⑤	당신이 결정하기 어려운 만큼 작전과장에게 보고하여 지침을 받는다.
⑥	당신과 의무병 몇 명이 흡연을 했다가 금연한 것으로 상황을 조작한다.
⑦	인접부대에 질 수 없으므로 인접부대와 동일한 10명이라고 허위로 보고한다.

14

당신은 소대장이다. 최근 아침 점호 간 열외병력이 많다는 얘기를 듣고 아침 일찍 들어가 확인해 보니 전역을 앞둔 병장과 그와 친한 상병이 점호는 안 나오고 생활관에서 텔레비전을 시청하다 적발되었다.

이 상황에서 당신이 ⓐ 가장 할 것 같은 행동은 무엇입니까?
ⓑ 가장 하지 않을 것 같은 행동은 무엇입니까?

ⓐ 가장 할 것 같은 행동 ( )
ⓑ 가장 하지 않을 것 같은 행동 ( )

선택지	
①	전역이 얼마 남지 않았으므로 봐준다.
②	내일부터 열외는 없다고 명령한다.
③	당장 나가 연병장 50바퀴 돌고 있으라고 한다.
④	생활관에 빛이 나도록 청소를 해 놓으라고 한다.
⑤	1주일 간 생활관에서의 텔레비전 시청을 금지한다.
⑥	모든 소대원들을 불러 얼차려를 실시한다.
⑦	취침점호 때까지 완전군장을 시킨다.

15

> 당신은 연락장교이다. 지휘통제실에서 초소 및 예하부대의 상황을 보고 받고 있다. 대공초소 A병장으로부터 식별이 어려운 미확인 물체가 북쪽에서부터 넘어왔다고 보고해 왔다. A병장은 이런 경우가 종종 있었다며 통상 쓰레기나 새, 민간인 드론을 잘못 식별하는 경우가 있어왔다며, 자신도 정확히 육안으로 판단하긴 어렵다고 한다.
>
> 이 상황에서 당신이 ⓐ 가장 할 것 같은 행동은 무엇입니까?
> ⓑ 가장 하지 않을 것 같은 행동은 무엇입니까?

ⓐ 가장 할 것 같은 행동 (　　　　)

ⓑ 가장 하지 않을 것 같은 행동 (　　　　)

선 택 지	
①	규정과 방침대로 비상연락망을 가동하고 경계태세를 강화하며 상급부대에 보고한다.
②	별 것도 아닌 것으로 상황을 크게 키울 수 있는 만큼 부대 5분대기 소대장에게 확인을 지시한다.
③	절차와 방법, 대응방안에 대해 확신이 없는 만큼 작전과장에게 보고하고 지침을 기다린다.
④	A병장이 종종 이런 경우를 겪었으므로 대수롭지 않게 그냥 넘어간다.
⑤	A병장에게 미확인 물체에 다가가 정확히 무엇인지를 확인할 것을 지시한다.
⑥	대응 시간이 중요한 만큼 바로 고속지령으로 인접부대 및 상급부대에 상황을 공유한다.
⑦	인접부대에 연락하여 A병장과 함께 확인해 줄 것을 요청한다.

CHAPTER

02 직무성격검사

☞ 직무성격검사는 정답이 없습니다.

Q 다음 상황을 읽고 제시된 질문에 답하시오. 【001~180】

① 전혀 그렇지 않다	② 그렇지 않다	③ 보통이다	④ 그렇다	⑤ 매우 그렇다

번호	문항	응답
001	남 몰래 숨어서 무언가를 하는 것을 좋아한다.	① ② ③ ④ ⑤
002	주변 환경을 가볍게 받아들이고 쉽게 적응하는 편이다.	① ② ③ ④ ⑤
003	여러 사람들과 있는 것보다 혼자 있는 것이 좋다.	① ② ③ ④ ⑤
004	주변이 어지럽게 되어 있으면 반드시 치워야 한다.	① ② ③ ④ ⑤
005	나는 지루하거나 따분한 시간을 못 견딘다.	① ② ③ ④ ⑤
006	지금까지 남을 원망하거나 증오하거나 했던 적이 한 번도 없다.	① ② ③ ④ ⑤
007	남들보다 쉽게 상처받는 편이다.	① ② ③ ④ ⑤
008	한 번에 여러 가지 일을 할 수 있다.	① ② ③ ④ ⑤
009	주위에 신경 쓰지 않고 내 감정대로 행동하는 편이다.	① ② ③ ④ ⑤
010	돈이 없으면 아무 것도 할 수 없다.	① ② ③ ④ ⑤
011	부모님을 사랑한 적이 없다.	① ② ③ ④ ⑤
012	잡담하는 것을 좋아한다.	① ② ③ ④ ⑤
013	멀리 가더라도 맛있는 음식을 먹는 것이 좋다.	① ② ③ ④ ⑤
014	하루하루 불안한 마음을 늘 가지고 있다.	① ② ③ ④ ⑤
015	나는 주변에 도움이 안 되는 인간이라고 생각된다.	① ② ③ ④ ⑤
016	다른 사람들로부터 주목을 받는 것은 좋은 일이다.	① ② ③ ④ ⑤

017	이성을 사귀는 것은 즐겁다.	①	②	③	④	⑤
018	어떠한 일에도 나는 자신감이 넘친다.	①	②	③	④	⑤
019	성격이 밝고 명랑하다는 소릴 자주 듣는다.	①	②	③	④	⑤
020	남에게 심한 말을 해 본 적이 없다.	①	②	③	④	⑤
021	누군가가 나를 쳐다보면 나도 모르게 고개를 숙인다.	①	②	③	④	⑤
022	사소한 일에도 절망을 한 적이 많다.	①	②	③	④	⑤
023	나는 후회하는 일을 늘 하는 것 같다.	①	②	③	④	⑤
024	남에게 피해만 가지 않으면 내 맘대로 살아도 된다고 생각한다.	①	②	③	④	⑤
025	나는 다른 사람보다 기가 세다.	①	②	③	④	⑤
026	아무 이유 없이 기분이 들뜬 적이 많다.	①	②	③	④	⑤
027	다른 사람들에게 화를 낸 적이 한 번도 없다.	①	②	③	④	⑤
028	작은 일에도 신경 쓰는 성격이다.	①	②	③	④	⑤
029	배려심이 있다는 말을 주위에서 자주 듣는다.	①	②	③	④	⑤
030	나는 의지가 약하다.	①	②	③	④	⑤
031	학창시절 혼자 있던 적이 많았다.	①	②	③	④	⑤
032	여러 사람 앞에서도 편안하게 의견을 발표할 수 있다.	①	②	③	④	⑤
033	아무 것도 아닌 일에도 쉽게 흥분한다.	①	②	③	④	⑤
034	지금까지 거짓말한 적이 없다.	①	②	③	④	⑤
035	작은 소리에도 굉장히 민감하다.	①	②	③	④	⑤
036	친절하다는 말이 공부 잘 한다는 말보다 좋다.	①	②	③	④	⑤
037	남에게 들은 이야기로 인하여 결심이 자주 바뀐다.	①	②	③	④	⑤
038	개성 있는 옷을 즐겨 입는다.	①	②	③	④	⑤

039	모르는 사람들하고는 1분도 같이 있기 싫다.	① ② ③ ④ ⑤
040	붙임성이 좋다는 말을 자주 듣는다.	① ② ③ ④ ⑤
041	막내 같다는 소릴 자주 듣는다.	① ② ③ ④ ⑤
042	남들에 비해 걱정이 많은 편이다.	① ② ③ ④ ⑤
043	자신이 혼자 남겨졌다는 생각이 자주 드는 편이다.	① ② ③ ④ ⑤
044	기분이 아주 쉽게 변한다.	① ② ③ ④ ⑤
045	남의 일에 관련되는 것은 정말 싫다.	① ② ③ ④ ⑤
046	주위의 반대에도 불구하고 나의 의견을 밀어붙이는 편이다.	① ② ③ ④ ⑤
047	주위가 산만하다는 말을 자주 듣는다.	① ② ③ ④ ⑤
048	무언가가 없어지면 무조건 주변 사람부터 의심한다.	① ② ③ ④ ⑤
049	꼼꼼하고 빈틈이 없다는 말을 자주 듣는다.	① ② ③ ④ ⑤
050	문제가 발생했을 경우 무조건 남의 탓으로 돌린다.	① ② ③ ④ ⑤
051	돈을 아껴 쓸 줄 모른다.	① ② ③ ④ ⑤
052	아는 사람과 마주쳤을 때 반갑지 않은 느낌이 들 때가 많다.	① ② ③ ④ ⑤
053	어떤 일이라도 끝까지 잘 해낼 자신이 있다.	① ② ③ ④ ⑤
054	남들이 사는 것은 다 사고 싶다.	① ② ③ ④ ⑤
055	지금까지 감기에 걸린 적이 한 번도 없다.	① ② ③ ④ ⑤
056	일반적인 사람들보다 겁이 없는 편이다.	① ② ③ ④ ⑤
057	인생은 살 가치가 없다고 생각된 적이 있다.	① ② ③ ④ ⑤
058	이유 없이 물건을 부숴버린 적이 있다.	① ② ③ ④ ⑤
059	나의 고민, 진심 등을 털어놓을 수 있는 친구가 없다.	① ② ③ ④ ⑤
060	자존심이 강하다는 소릴 자주 듣는다.	① ② ③ ④ ⑤

061	아무것도 안 하고 멍하게 있는 것을 좋아한다.	① ② ③ ④ ⑤
062	지금까지 감정적으로 행동했던 적이 없다.	① ② ③ ④ ⑤
063	아침에 일어나면 오늘 일어날 일이 걱정된다.	① ② ③ ④ ⑤
064	세세하게 신경을 쓰지 못하는 편이다.	① ② ③ ④ ⑤
065	결정을 내릴 때 늘 혼자 결정해 놓고 다른 사람에게 물어본다.	① ② ③ ④ ⑤
066	이 세상은 혼자 살아야 한다고 생각한다.	① ② ③ ④ ⑤
067	남에게 재촉당하면 화가 나는 편이다.	① ② ③ ④ ⑤
068	분위기를 망친다는 소릴 자주 듣는다.	① ② ③ ④ ⑤
069	노래방에 가는 것이 좋다.	① ② ③ ④ ⑤
070	조금이라도 나쁜 소식은 절망의 시작이라고 생각한다.	① ② ③ ④ ⑤
071	싫어하는 일은 절대로 하고 싶지 않다.	① ② ③ ④ ⑤
072	다수결의 의견에 따르는 편이다.	① ② ③ ④ ⑤
073	혼자서 영화를 즐겨 본다.	① ② ③ ④ ⑤
074	남들에게 지는 것은 절대 못 참는다.	① ② ③ ④ ⑤
075	흥분하면 내 자신을 주체할 수가 없다.	① ② ③ ④ ⑤
076	혼자서 밥을 먹는 것은 어려운 일이 아니다.	① ② ③ ④ ⑤
077	내일해도 되는 일은 내일 해야 한다고 생각한다.	① ② ③ ④ ⑤
078	문제가 생기면 늘 내가 원인이라고 생각한다.	① ② ③ ④ ⑤
079	나는 변덕스러운 사람이다.	① ② ③ ④ ⑤
080	혼자서 여행을 떠나 본 적이 없다.	① ② ③ ④ ⑤
081	친구만 있으면 되고 가족은 필요 없다고 생각한다.	① ② ③ ④ ⑤
082	나만의 가치관이 뚜렷하다.	① ② ③ ④ ⑤

083	다른 사람을 나보다 멍청하다고 생각해 본 적이 많다.	① ② ③ ④ ⑤
084	다른 사람에게 들은 비밀이야기는 감춰둘 수 없다.	① ② ③ ④ ⑤
085	이 세상은 언제가 멸망할 것이라 생각한다.	① ② ③ ④ ⑤
086	문제점을 해결하기 위해 항상 많은 사람들과 이야기하는 편이다.	① ② ③ ④ ⑤
087	나만의 방식으로 일처리하는 것이 좋다.	① ② ③ ④ ⑤
088	영화를 보고 눈물을 흘린 적이 많다.	① ② ③ ④ ⑤
089	남에게 충고를 들으면 깊이 반성을 하는 편이다.	① ② ③ ④ ⑤
090	아무것도 하지 않고 누워만 있고 싶을 때가 많다.	① ② ③ ④ ⑤
091	아침에 일찍 일어나는 것은 정말 힘들다.	① ② ③ ④ ⑤
092	사람을 설득시키는 것이 어렵지 않다.	① ② ③ ④ ⑤
093	다른 사람이 나를 어떻게 볼까 늘 신경을 쓴다.	① ② ③ ④ ⑤
094	길을 걸을 때 남들의 시선을 받는 것을 즐긴다.	① ② ③ ④ ⑤
095	융통성이 없다는 소릴 들으면 화가 난다.	① ② ③ ④ ⑤
096	학창시절 문제를 일으켜 본 적이 거의 없다.	① ② ③ ④ ⑤
097	밤길에는 발소리가 들리기만 해도 겁이 난다.	① ② ③ ④ ⑤
098	누군가가 나를 죽일 거 같다는 생각을 자주 한다.	① ② ③ ④ ⑤
099	책을 읽는 것보다 뉴스를 보는 것이 낫다고 생각한다.	① ② ③ ④ ⑤
100	나는 활동적인 사람이라고 생각한다.	① ② ③ ④ ⑤
101	일주일에 5번 이상 술을 마셔본 적이 있다.	① ② ③ ④ ⑤
102	아파도 병원에는 절대 가지 않는다.	① ② ③ ④ ⑤
103	한 번 신경이 쓰이면 그 일이 해결될 때까지 매일 매일 고민한다.	① ② ③ ④ ⑤
104	길을 걷다 갑자기 다리에 힘이 풀려 주저앉은 적이 있다.	① ② ③ ④ ⑤

105	나이가 많은 어른들의 말에 고분고분한 편이다.	① ② ③ ④ ⑤
106	원하는 물건을 사기 위해 남의 돈을 훔쳐본 적이 있다.	① ② ③ ④ ⑤
107	너무 급하면 노상방뇨를 할 수 있다고 생각한다.	① ② ③ ④ ⑤
108	부모님과 대화를 자주 하는 편이다.	① ② ③ ④ ⑤
109	밤에 잠을 못 잘 때가 많다.	① ② ③ ④ ⑤
110	잠을 자기 위해 약을 복용해 본 적이 있다.	① ② ③ ④ ⑤
111	사랑을 하면 쉽게 뜨거워졌다가 금방 식어 버리는 타입이다.	① ② ③ ④ ⑤
112	이성을 볼 때 나만의 평가 기준이 있다.	① ② ③ ④ ⑤
113	다른 사람의 말을 듣는 것보다 말을 하는 것이 더 편하다.	① ② ③ ④ ⑤
114	가만히 한 자리에 한 시간 이상 있는 것은 도저히 불가능하다.	① ② ③ ④ ⑤
115	주위 사람의 의견을 생각하여 발언을 자제할 때가 있다.	① ② ③ ④ ⑤
116	생각 없이 함부로 말하는 경우가 많다.	① ② ③ ④ ⑤
117	항상 내 주변은 청결해야 한다.	① ② ③ ④ ⑤
118	슬픈 영화를 봐도 눈물이 나오지 않는다.	① ② ③ ④ ⑤
119	나는 다른 사람은 못 믿어도 내 자신은 믿는다.	① ② ③ ④ ⑤
120	다른 사람과 이야기를 하다보면 어느새 싸우고 있는 때가 있다.	① ② ③ ④ ⑤
121	나만이 할 수 있는 일을 하고 싶다.	① ② ③ ④ ⑤
122	나는 무엇이든지 다 잘 할 수 있다고 생각한다.	① ② ③ ④ ⑤
123	아침에는 꼭 샤워를 해야 한다.	① ② ③ ④ ⑤
124	건성으로 대답하는 경우가 많다.	① ② ③ ④ ⑤
125	지키지도 못할 약속을 하는 경우가 많다.	① ② ③ ④ ⑤
126	초조하면 손을 떨고, 심장박동이 빨라진다.	① ② ③ ④ ⑤

127	말싸움을 하여 진 적이 한 번도 없다.	① ② ③ ④ ⑤
128	주변 분위기에 쉽게 빠져든다.	① ② ③ ④ ⑤
129	아침에 넘어가기 쉬운 편이다.	① ② ③ ④ ⑤
130	이론만 내세워서 이야기하는 편이다.	① ② ③ ④ ⑤
131	상처를 주는 것도 받는 것도 싫다.	① ② ③ ④ ⑤
132	지금까지 매일 매일 일기를 쓴다.	① ② ③ ④ ⑤
133	다른 사람들에게 약하게 보이는 것이 싫다.	① ② ③ ④ ⑤
134	친구를 재미있게 해주는 것을 좋아한다.	① ② ③ ④ ⑤
135	도움을 받으면 반드시 그 보답을 해야 직성이 풀린다.	① ② ③ ④ ⑤
136	약속을 해 놓고 지키지 못한 적이 많다.	① ② ③ ④ ⑤
137	나는 잘생겼다고 생각한다.	① ② ③ ④ ⑤
138	자신이 없어도 대답은 늘 자신 있게 한다.	① ② ③ ④ ⑤
139	한 번도 부모님께 대든 적이 없다.	① ② ③ ④ ⑤
140	죽기 전에 꼭 세계 여행을 하고 싶다.	① ② ③ ④ ⑤
141	버스에서 노인을 보면 바로 자리를 양보한다.	① ② ③ ④ ⑤
142	미래보다 과거의 일에 더 매달리는 편이다.	① ② ③ ④ ⑤
143	계획을 세워 일을 진행하는 것이 최선이라고 생각한다.	① ② ③ ④ ⑤
144	인간관계를 중요하게 생각한다.	① ② ③ ④ ⑤
145	어려운 일은 여러 사람이 힘을 모으면 뭐든 해결할 수 있다고 생각한다.	① ② ③ ④ ⑤
146	정해진 규율대로 따르는 것이 무조건 옳다고 생각하진 않는다.	① ② ③ ④ ⑤
147	이 세상은 돈이면 못할 것이 없다고 생각한다.	① ② ③ ④ ⑤
148	다른 사람을 평가하는 것을 좋아한다.	① ② ③ ④ ⑤

149	아는 사람끼리만 만나는 것이 좋다.	① ② ③ ④ ⑤
150	처음 보는 사람을 만날 때면 늘 부담이 든다.	① ② ③ ④ ⑤
151	술을 마시면 없던 용기가 생긴다.	① ② ③ ④ ⑤
152	취미 등이 오랫동안 지속되지 않는 편이다.	① ② ③ ④ ⑤
153	다른 사람을 부럽다고 생각해 본 적이 없다.	① ② ③ ④ ⑤
154	싸움을 해 본 적이 한 번도 없다.	① ② ③ ④ ⑤
155	시간이 오래 걸려도 항상 침착하게 생각하는 경우가 많다.	① ② ③ ④ ⑤
156	실패를 하면 반드시 그 원인을 찾아야 한다.	① ② ③ ④ ⑤
157	한 번에 많은 일을 할 수 없다.	① ② ③ ④ ⑤
158	행동을 한 후 생각을 하는 편이다.	① ② ③ ④ ⑤
159	답답하단 소릴 들어본 적이 있다.	① ② ③ ④ ⑤
160	주변 사람들에 비해 일처리 속도가 늦는 편이다.	① ② ③ ④ ⑤
161	몸을 움직이는 것을 좋아한다.	① ② ③ ④ ⑤
162	운동을 하는 것보다 보는 것이 더 좋다.	① ② ③ ④ ⑤
163	일을 하다 어려움에 부딪히면 단념한다.	① ② ③ ④ ⑤
164	너무 신중하여 타이밍을 놓치는 때가 많다.	① ② ③ ④ ⑤
165	시험 전 날 밤을 새본 적이 있다.	① ② ③ ④ ⑤
166	계획표를 짜고 그대로 실천해 본 적이 없다.	① ② ③ ④ ⑤
167	한 분야에서 1인자가 되고 싶다고 생각한다.	① ② ③ ④ ⑤
168	본받고 싶은 사람을 말할 때 자신 있게 부모님을 말할 수 있다.	① ② ③ ④ ⑤
169	목표가 없는 사람은 영혼이 없는 것과 같다고 생각한다.	① ② ③ ④ ⑤
170	게임을 하면서 밤을 새본 적이 있다.	① ② ③ ④ ⑤

171	청소년 시절 성인물을 접해 본 적이 있었다.	①	②	③	④	⑤
172	여행을 가기 전에 항상 계획을 세운다.	①	②	③	④	⑤
173	구입한 후 끝까지 읽지 않은 책이 많다.	①	②	③	④	⑤
174	주말에는 반드시 집에서 쉬어야 한다.	①	②	③	④	⑤
175	부모님이 늙으면 반드시 모시고 살 것이다.	①	②	③	④	⑤
176	날이 조금이라도 흐리면 반드시 우산을 챙긴다.	①	②	③	④	⑤
177	영화배우 보다 영화감독에 따라 영화를 선택한다.	①	②	③	④	⑤
178	붐비는 명동거리보다 한적한 탑골공원이 좋다.	①	②	③	④	⑤
179	가족과 친구들의 전화번호를 모두 외울 수 있다.	①	②	③	④	⑤
180	환경이 변하면 적응하는 데 시간이 많이 걸린다.	①	②	③	④	⑤

PART

04

실력평가 모의고사

인지능력적성검사 모의고사

 인지능력적성검사 모의고사

정답 및 해설
P.289

언어논리 25문항/20분

Q 다음 문장의 문맥상 ( ) 안에 들어갈 단어로 가장 적절한 것을 고르시오. 【01~04】

01

독일의 학자 아스만(Asmann. A)의 구분에 의하면 기억의 장소는 동일한 내용을 불러일으키는 것을 목적으로 하는 장소로, 내용을 체계적으로 저장하고 ( )하기 위한 암기의 수단으로 쓰인다.

① 인출
② 예치
③ 예탁
④ 출금
⑤ 출자

02

영국의 잡지 「이코노미스트」에 동양적 효를 서구적으로 이해한 글이 ( )된 적이 있다. 그 글의 요지는 서구적 시각답게 동양의 효를 유산상속이나 노후를 위한 보험과 같은 경제적 합리성이나 타산적 합리성에 의해 설명할 수 있다는 주장이었다.

① 등록
② 가입
③ 진행
④ 게재
⑤ 필사

03

> 근로자가 사업장에 편입되어 사용자의 지휘 명령하에서 노동력을 처분 가능한 상태로 두게 되면, 근로자가 현실적으로 (　　)에 종사하지 않더라도 그것이 근로자의 귀책사유에 기인하지 않는 한 임금청구권을 상실하지 않는다.

① 학업
② 오락
③ 노무
④ 노름
⑤ 예술

04

> 인공지능(AI)의 관점에서 슈퍼 앱이 파괴적인 이유는, 실생활의 행동 흐름을 데이터로 연결해 수평적 흐름을 만들어 내는 '데이터 쓰레드(Data Thread)'를 통해 인공지능이 스스로 소비자의 욕구를 읽고 행동을 (　　)할 수 있기 때문이다.

① 용인
② 방어
③ 성찰
④ 공격
⑤ 예측

05 다음 제시된 단어와 같은 관계가 되도록 (　) 안에 적당한 단어를 고르시오.

> 책 : 위편삼절(韋編三絶) = 가을 : (　　)

① 당랑거철(螳螂車轍)
② 천고마비(天高馬肥)
③ 유비무환(有備無患)
④ 삼고초려(三顧草廬)
⑤ 청출어람(靑出於藍)

06 다음에서 연상할 수 있는 말로 알맞게 짝지어진 것은?

> ㉠ 가만히 있어도 잡을 수 없는 것
> ㉡ 같은 물건이지만 보는 사람마다 다르게 보는 것
> ㉢ 머리는 하나이고 다리에는 털이 난 것
> ㉣ 위로 담고 옆으로 뱉어내는 것

	㉠	㉡	㉢	㉣
①	그림자	창문	양파	주전자
②	그림자	거울	콩나물	맷돌
③	그림자	거울	무	화분
④	구름	창문	콩나물	주전자
⑤	구름	거울	양파	맷돌

07 다음 중 제시된 문장의 빈칸에 들어갈 단어로 알맞은 것을 고르시오.

> • 정부는 저소득층을 위한 새로운 경제 정책을 ( )했다.
> • 불우이웃돕기를 통해 총 1억 원의 수익금이 ( )되었다.
> • 청소년기의 중요한 과업은 자아정체성을 ( )하는 것이다.

① 수립(樹立) – 정립(正立) – 확립(確立)
② 수립(樹立) – 적립(積立) – 확립(確立)
③ 확립(確立) – 적립(積立) – 수립(樹立)
④ 기립(起立) – 적립(積立) – 수립(樹立)
⑤ 확립(確立) – 정립(正立) – 설립(設立)

08 다음 중 나머지 네 개의 단어의 의미로 사용될 수 있는 단어를 고르시오.

① 바르다
② 붙이다
③ 묻히다
④ 추리다
⑤ 정하다

09 다음 빈칸 안에 들어갈 알맞은 것은?

> 마리아 릴케는 많은 글에서 '위대한 내면의 고독'을 즐길 것을 권했다. '고독은 단 하나 뿐이며 그것은 위대하며 견뎌 내기가 쉽지 않지만, 우리가 맞이하는 밤 가운데 가장 조용한 시간에 자신의 내면으로 걸어 들어가 몇 시간이고 아무도 만나지 않는 것, 바로 이러한 상태에 이를 수 있도록 노력해야 한다'고 언술했다. 고독을 버리고 아무하고나 값싼 유대감을 맺지 말고, 우리의 심장의 가장 깊숙한 심실(心室) 속에 ________을 꽉 채우라고 권면했다.

① 이로움
② 고독
③ 흥미
④ 사랑
⑤ 행복

10 다음 글을 읽고 유추할 수 있는 것은?

> 김씨는 자신이 담배를 끊지 못하고 있는 것을 부끄럽게 생각하고 있지만, 박씨는 자신이 도박을 한 적이 있었다는 것을 창피하게 생각하지 않는다.

① 김씨는 현재 담배를 끊었다.
② 김씨는 아직도 담배를 피우고 있다.
③ 김씨는 담배를 끊으려는 시도를 해 본 적이 없다.
④ 박씨는 한때 도박에 빠져 있었고 지금도 그러한 상태이다.
⑤ 박씨가 한때 도박에 빠졌었던 것은 자신의 의지와는 무관했다.

11 가는 나의 딸이다. 나는 다의 아들이다. 다는 라의 아버지이다. 마는 다의 손녀이다. 다음 중 항상 옳은 것은?

① 마와 가는 자매간이다.
② 나와 라는 형제간이다.
③ 라는 가의 고모이다.
④ 다는 가의 친할아버지이다.
⑤ 나는 마의 아버지이다.

12 다음 주제문을 뒷받침하는 내용으로 적절한 것은?

> 인간은 일상생활에서 다양한 역할을 수행한다.

① 교통과 통신의 발달로 멀리 있는 사람들 사이에도 왕래가 많아지며, 인간관계가 깊어지고 있다.
② 인간은 생활 속에서 때로는 화를 내며 상대를 미워하기도 하고, 때로는 웃으며 상대를 이해하기도 한다.
③ 누구나 가정에서는 가족의 일원, 학교에서는 학생의 일원, 그리고 지역 사회에서는 그 사회의 일원으로 생활하게 되어 있다.
④ 인간은 혼자가 아니라 사회 속에서 여러 사람과 더불어 살아가고 있기 때문에 개인의 행동은 사회에 영향을 끼칠 수밖에 없다.
⑤ 오랜 역사를 거쳐 이룩해 온 인간의 문명과 사회는 시간이 흐를수록 더욱 복잡한 양상을 띠고 있다.

Ⓠ 주어진 문장의 (   ) 안에 들어갈 단어로 가장 적절한 것을 고르시오. 【13~15】

13

국민의 문화적 삶의 질을 향상하고 민족문화의 (   )에 이바지함을 목적으로 한다.

① 창달
② 징수
③ 해태
④ 개전
⑤ 변화

14

조국의 승전 쾌보를 받지 못했던들 금당 벽화는 (   ) 담징의 관념의 표백에 그쳤을지도 모른다.

① 탄식
② 한낱
③ 진상
④ 한낮
⑤ 가히

15

인생도 관리를 얼마나 잘하느냐에 따라서 (   )이냐 실패냐가 결정된다.

① 성공
② 성취
③ 탈각
④ 경질
⑤ 완성

16 다음 〈보기〉와 같은 문장의 빈 칸 ㉠~㉣에 들어갈 알맞은 어휘를 순서대로 나열한 것은 어느 것인가?

〈보기〉

- 많은 노력을 기울인 만큼 이번엔 네가 반드시 1등이 (㉠)한다고 말씀하셨다.
- 계약서에 명시된 바에 따라 한 치의 오차도 없이 일이 추진(㉡)를 기대한다.
- 당신의 배우자가 (㉢) 평생 외롭지 않게 해 줄 자신이 있습니다.
- 스승이란 모름지기 제자들의 마음을 어루만져 줄 수 있는 사람이 (㉣)한다.

① 돼어야, 되기, 되어, 되야
② 되어야, 돼기, 돼어, 되야
③ 되어야, 되기, 되어, 돼야
④ 돼어야, 돼기, 돼어, 되어야
⑤ 돼야, 돼기, 돼어, 되어야

17 책장에 4권의 책(국어, 수학, 영어, 사전)이 있다. 다음의 내용을 근거로 책의 순서를 바르게 나열한 것은?

- 영어책은 수학책과 사전 사이에 있다.
- 국어책은 사전과 함께 있고 영어책과는 같이 있지 않다.
- 수학책은 맨 앞에 있지 않다.

① 국어 – 사전 – 수학 – 영어
② 국어 – 사전 – 영어 – 수학
③ 영어 – 수학 – 국어 – 사전
④ 영어 – 사전 – 수학 – 국어
⑤ 국어 – 수학 – 영어 – 사전

18 다음 상황의 묘사로 적절하지 않은 것은?

> 박태환 선수는 지난해 로마 세계선수권대회에서 전 종목 결승 진출 실패라는 참혹한 성적표를 받고, 언론으로부터 많은 비난을 받았다. 그러나 그는 많은 시련을 겪으면서도 포기하지 않고 노력하여, 이번 광저우 아시안 게임에서 3개의 금메달을 획득하고 화려하게 귀국했다.

① 절치부심(切齒腐心)
② 와신상담(臥薪嘗膽)
③ 금의환향(錦衣還鄕)
④ 고진감래(苦盡甘來)
⑤ 수구초심(首丘初心)

19 아래의 일화에서 왕이 범한 오류와 같은 종류의 오류를 범하고 있는 것은?

> 크로이소스 왕은 페르시아와의 전쟁에 앞서 델포이 신전에 찾아가 신탁을 얻었는데, 내용인즉슨 "리디아의 크로이소스 왕이 전쟁을 일으킨다면 큰 나라를 멸망시킬 것이다"였다. 그러나 그는 전쟁에서 대패하였고 델포이 신전에 가서 강력히 항의하였다. 그러자 신탁은 "그 큰 나라가 리디아였다"고 말하였다.

① 민주주의는 좋은 제도이다. 사회주의는 민주주의를 포괄하는 개념이므로, 사회주의도 좋은 제도이다.
② 미국은 가장 부유한 나라이므로 빈곤문제에 시달린다는 것은 어불성설이다.
③ 철수가 친구에게 자기 애인은 나보다 영화를 더 좋아하는 것 같다고 하자, 친구는 철수의 애인은 철수보다는 영화와 연애하는 것이 낫겠다고 말했다.
④ 엄마는 내가 어제 연극 보러 가는 것도, 오늘 노래방 가는 것도 막으셨다. 엄마는 내가 노는 것을 못 참으신다.
⑤ 어제 만난 그 사람의 말을 믿어서는 안 된다. 그 사람은 전과자이기 때문이다.

20 다음 글에 포함되지 않은 내용은?

> 연금술이 가장 번성하던 때는 중세기였다. 연금술사들은 과학자라기보다는 차라리 마술사에 가까운 존재였다. 그들의 대부분은 컴컴한 지하실이나 다락방 속에 틀어박혀서 기묘한 실험에 열중하면서 연금술의 비법을 발견해내고자 하였다. 그것은 오늘날의 화학에서 말하자면 촉매에 해당하는 것이다. 그들은 어떤 분말을 소량 사용하여 모든 금속을 금으로 변화시킬 수 있다고 믿었다. 그리고 그들은 연금석이 그 불가사의한 작용으로 인하여 불로장생의 약이 될 것으로 생각하였다.

① 연금술사의 특징
② 연금술사의 꿈
③ 연금술의 가설
④ 연금술의 기원
⑤ 연금술이 번성하던 시기

21 다음 글에 나타난 '플로티노스'의 견해와 일치하지 않는 것은?

> 여기에 대리석 두 개가 있다고 가정해 보자. 하나는 거칠게 깎아낸 그대로이며, 다른 하나는 조각술에 의해 석상으로 만들어져 있다. 플로티노스에 따르면 석상이 아름다운 이유는, 그것이 돌이기 때문이 아니라 조각술을 통해 거기에 부여된 '형상' 때문이다. 형상은 그 자체만으로는 질서가 없는 질료에 질서를 부여하고, 그것을 하나로 통합하는 원리이다.
>
> 형상은 돌이라는 질료가 원래 소유하고 있던 것이 아니며, 돌이 찾아오기 전부터 돌을 깎는 장인의 안에 존재하던 것이다. 장인 속에 있는 이 형상을 플로티노스는 '내적 형상'이라 부른다. 내적 형상은 장인에 의해 돌에 옮겨지고, 이로써 돌은 아름다운 석상이 된다. 그러나 내적 형상이 곧 물체에 옮겨진 형상과 동일한 것은 아니다. 플로티노스는 내적 형상이 '돌이 조각술에 굴복하는 정도'에 응해서 석상 속에 내재하게 된다고 보았다.
>
> 그렇다면 우리가 어떤 석상을 '아름답다'고 느낄 때는 어떠한 일이 일어날까? 플로티노스는 우리가 물체 속의 형상을 인지하고, 이로부터 질료와 같은 부수적 성질을 버린 후 내적 형상으로 다시 환원할 때, 이 물체를 '아름답다'고 간주한다고 보았다. 즉, 내적 형상은 장인에 의해 '물체 속의 형상'으로 구현되고, 감상자는 물체 속의 형상으로부터 내적 형상을 복원함으로써 아름다움을 느끼는 것이다.

① 장인의 조각술은 질료에 내재되어 있던 '형상'이 밖으로 표출되도록 도와주는 역할을 한다.
② 물체에 옮겨진 '형상'은 '내적 형상'과 동일할 수 없으므로 질료 자체의 질서와 아름다움에 주목해야 한다.
③ 동일한 '내적 형상'도 '돌이 조각술에 굴복하는 정도'에 따라 서로 다른 '형상'의 조각상으로 나타날 수 있다.
④ 자연 그대로의 돌덩어리라 할지라도 감상자가 돌덩어리의 '내적 형상'을 복원해 낸다면 '아름답다'고 느낄 수 있다.
⑤ 감상자는 작품에 부수적 성질을 통합하고 질서를 부여함에 따라 '물체 속의 형상'을 환원시킨다.

22 다음은 굿에 대한 설명이다. 지은이가 가장 중시하는 굿의 의미는 무엇인가?

씻김굿은 죽은 사람의 한을 풀어주는 굿이다. 사람이 죽으면 다른 종교에서는 지옥이나 천국으로 간다고들 하지만, 씻김굿에서는 오직 저승으로 갈 뿐이다. 천국과 지옥이 따로 없이 저승에 가서 편안히 살게 된다는 것이다. 윤회(輪回)도 없다. 사실, 굿판을 벌이는 가장 중요한 이유는, 살아 있는 사람들이 복을 받고 싶기 때문이다. 살아 있는 사람이 복을 받느냐 아니면 재앙을 당하느냐 하는 건, 죽은 사람의 영혼이 원한을 풀고 편안히 저승에 갔는가, 아니면 아직 이승에서 떠도는가 하는 데 달렸다고 우리 조상들 생각이 그랬던 것이다.

① 내세지향적 의미
② 형식적 의미
③ 불교적 의미
④ 현실적 의미
⑤ 관습적 의미

23 빈칸에 가장 알맞은 단어들이 순서대로 나열된 것은?

(　　)는(은) 인간을 노동에서 해방시켜 준다. 즉 '편하게' 해준다. 컴퓨터와 전화를 이용하여 쇼핑과 예약을 할 수 있으며, 은행을 직접 찾아가는 수고에서 벗어 날 수 있다. 그러한 '해방'은 인간에게, 적어도 잠재적으로는, 좀 더 고차원적인 정신활동, 좀 더 심오한 지적 모험, 좀 더 수준 높은 예술적 탐구에 젖어 볼 수 있는 마음의 (　　)를(을) 준다.
정보기기는 우리를 편하게 해줄 뿐만 아니라, 우리의 경험세계를 시간의 제약, 공간의 제약, 사회의 제약에서도 벗어나게 해준다. 미국에 있는 아들에게 거는 장거리 전화는 태평양이라는 공간을 초월하게 해주고, 배 또는 비행기를 타고 건너가야 할 시간을 초월하게 해준다. 컴퓨터는 수년 걸릴 계산을 그야말로 전광석화(電光石火)의 속도로 해치운다. 또, 세계 유명 도서관의 모든 정보를 자기 방의 개인 컴퓨터로 얻을 수 있게 되었다. 뿐만 아니라, 텔레비전은 사람들을 여러 가지 제약에서 벗어나게 한다. 텔레비전은 모든 것을 다른 사람들에게 공공연하게 헤쳐 놓는다. 가난한 사람들도 텔레비전을 통하여 재벌들의 상황을 볼 수 있다. 또, 남자에겐 여자의 신비가 깨지고, 여자에겐 남자의 신비가 허물어진다. 이 모든 정보는 텔레비전 이전에는 여러 사회집단이 각기의 벽 속에 깊이 감추어 두고 있던 것들이다.

① 문화, 여유
② 정보기기, 여유
③ 문명, 기회
④ 문물, 기대
⑤ 진보, 기회

Q 다음 글을 읽고 순서에 맞게 논리적으로 배열한 것을 고르시오. 【24~25】

24

㉠ 또 '꽃향기'라는 실체가 있기 때문에 꽃의 향기를 후각으로 느낄 수 있다고 생각한다.
㉡ 왜냐하면 우리가 삼각형을 인식하는 것은, 실제로 '삼각형'이라는 것이 있다고 생각하기 때문이다.
㉢ 삼각형은 세모난 채로, 사각형은 각진 모습으로 존재한다고 생각한다.
㉣ 우리는 보고, 듣고, 느끼는 그대로 세상이 존재한다고 믿는다.
이처럼 보고, 듣고, 냄새 맡고, 손끝으로 느끼는 것, 우리는 이 모든 것을 통틀어 '감각'이라고 부른다.

① ㉢ - ㉡ - ㉣ - ㉠
② ㉢ - ㉣ - ㉠ - ㉡
③ ㉣ - ㉠ - ㉢ - ㉡
④ ㉣ - ㉡ - ㉠ - ㉢
⑤ ㉣ - ㉢ - ㉡ - ㉠

25

(가) 인물 그려내기라는 말은 인물의 생김새나 차림새 같은 겉모습을 그려내는 것만 가리키는 듯 보이기 쉽다.
(나) 여기서 눈에 보이는 것의 대부분을 뜻하는 공간에 대해 살필 필요가 있다. 공간은 이른바 공간적 배경을 포함한, 보다 넓은 개념이다.
(다) 하지만 인물이 이야기의 중심적 존재이고 그가 내면을 지닌 존재임을 고려하면, 인물의 특질을 제시하는 것의 범위는 매우 넓어진다. 영화, 연극 같은 공연 예술의 경우, 인물과 직접적 · 간접적으로 관련된 것들, 무대 위나 화면 속에 자리해 감상자의 눈에 보이는 것 거의 모두가 인물 그려내기에 이바지한다고까지 말할 수 있다.
(라) 그것은 인물과 사건이 존재하는 곳과 그곳을 구성하는 물체들을 모두 가리킨다. 공간이라는 말이 다소 추상적이므로, 경우에 따라 그곳을 구성하는 물체들, 곧 비나 눈 같은 기후 현상, 옷, 생김새, 장신구, 가구, 거리의 자동차 등을 '공간소'라고 부를 수 있다.

① (가) - (나) - (다) - (라)
② (가) - (다) - (나) - (라)
③ (가) - (라) - (나) - (다)
④ (라) - (나) - (가) - (다)
⑤ (라) - (다) - (가) - (나)

자료해석 20문항/25분

01 다음과 같은 규칙으로 자연수를 나열할 때 25는 몇 번째에 처음 나오는가?

13, 15, 15, 17, 17, 17, 19, 19, 19, 19, ⋯

① 22
② 23
③ 24
④ 25

02 다음에 나열된 숫자의 규칙을 찾아 빈칸에 들어가기 적절한 수를 고르시오.

$\frac{1}{2}$ $\frac{1}{3}$ $\frac{2}{6}$ $\frac{3}{18}$ ( ) $\frac{8}{1944}$ $\frac{13}{209952}$

① $\frac{8}{83}$
② $\frac{6}{91}$
③ $\frac{5}{108}$
④ $\frac{4}{117}$

03 다음은 쥐 A ~ E의 에탄올 주입량별 렘(REM) 수면시간을 측정한 결과이다. 이에 대한 설명으로 옳은 것만을 모두 고른 것은?

에탄올 주입량별 쥐의 렘 수면시간

(단위 : 분)

에탄올 주입량(g) \ 쥐	A	B	C	D	E
0.0	88	73	91	68	75
1.0	64	54	70	50	72
2.0	45	60	40	56	39
4.0	31	40	46	24	24

㉠ 에탄올 주입량이 0.0g일 때 쥐 A ~ E 렘 수면시간 평균은 에탄올 주입량이 40g일 때 쥐 A ~ E 렘 수면시간 평균의 2배 이상이다.
㉡ 에탄올 주입량이 2.0g일 때 쥐 B와 쥐 E의 렘 수면시간 차이는 20분 이하이다.
㉢ 에탄올 주입량이 0.0g일 때와 에탄올 주입량이 1.0g일 때의 렘 수면시간 차이가 가장 큰 쥐는 A이다.
㉣ 쥐 A ~ E는 각각 에탄올 주입량이 많을수록 렘 수면시간이 감소한다.

① ㉠㉡
② ㉠㉢
③ ㉡㉢
④ ㉢㉣

Q 다음 표는 우리나라의 초고속인터넷 가입자 수에 대한 통계를 나타낸 것이다. 물음에 답하시오. 【04~05】

(단위 : 천 명, %, 명)

구분	2013	2014	2015	2016	2017	2018	2019	2020	2021
가입자 수	12,190	14,043	14,710	15,475	16,349	17,224	17,860	18,253	
전년대비 증감율	2.3		4.7		5.6		3.7		
100명당 가입자 수	25.4	29.1	30.4	31.8	33.5	35.3	35.9	36.5	37.3

04 전년대비 가입자 수 증가율이 가장 높은 해는?

① 2014년
② 2016년
③ 2018년
④ 2020년

05 2021년의 전년대비 증가율이 2.657%일 때, 가입자 수는 약 몇 명인가? (단, 소수점 첫째 자리에서 반올림한다.)

① 약 18,529명
② 약 18,654명
③ 약 18,738명
④ 약 18,845명

06 다음은 서울특별시가 추진하는 사업의 비용-편익분석을 수행해본 잠정적 결과를 표로 나타낸 것이다. 이 사업의 기대이익은 얼마인가? (단, 단위는 억 원이다)

이익	확률	이익	확률
1,000	0.1	300	0.2
500	0.4	−1,000	0.3

① 1억 원
② 60억 원
③ 100억 원
④ 0원

07 다음은 A지역출신 200명의 학력을 조사한 표이다. A지역 남성 중 고졸 이상 학력의 비율은 얼마인가?

학력 성별	초졸	중졸	고졸	대졸	합계
남성	10	35	45	20	110
여성	10	25	35	20	90
합계	20	60	80	40	200

① $\frac{11}{24}$
② $\frac{13}{22}$
③ $\frac{8}{9}$
④ $\frac{5}{8}$

08 다음은 (주)서원기업의 재고 관리 사례이다. 금요일까지 부품 재고 수량이 남지 않게 완성품을 만들 수 있도록 월요일에 주문할 A ~ C 부품 개수로 옳은 것은? (단, 주어진 조건 이외에는 고려하지 않는다.)

[부품 재고 수량과 완성품 1개당 소요량]

부품명	부품 재고 수량	완성품 1개당 소요량
A	500	10
B	120	3
C	250	5

[완성품 납품 수량]

항목 \ 요일	월	화	수	목	금
완성품 납품 개수	없음	30	20	30	20

[조건]
1. 부품 주문은 월요일에 한 번 신청하며 화요일 작업 시작 전 입고된다.
2. 완성품은 부품 A, B, C를 모두 조립해야 한다.

	A	B	C
①	100	100	100
②	100	180	200
③	500	100	100
④	500	180	250

Q 다음은 서울시 산업체 기초통계조사이다. 물음에 답하시오. 【09~10】

구분	사업체(개)	종사자(명)	남자(명)	여자(명)
농업 및 임업	30	305	261	44
어업	9	991	785	206
광업	55	1,054	934	120
제조업	76,017	631,741	415,718	216,023
건설업	17,438	208,616	179,425	29,191
도매 및 소매업	231,047	825,979	490,841	335,138
숙박 및 음식점업	119,413	395,122	145,062	250,060
합계	444,009	2,063,808	1,233,026	830,782

09 다음 중 여성의 고용비율이 가장 높은 산업은?

① 어업
② 제조업
③ 숙박 및 음식점업
④ 도매 및 소매업

10 다음 중 광업에서 여성이 차지하는 비율은?

① 약 11.4%
② 약 12.5%
③ 약 12.8%
④ 약 11.2%

Q 다음을 보고 물음에 답하시오. 【11~12】

대학교 응시생 수와 합격생 수

분류	응시인원	1차 합격자	2차 합격자
어문학부	3,300명	1,695명	900명
법학부	2,500명	1,500명	800명
자연과학부	2,800명	980명	540명
생명공학부	3,900명	950명	430명
전기전자공학부	2,650명	1,150명	540명

11 자연과학부의 1차 시험 경쟁률은 얼마인가?

① 1 : 1.5
② 1 : 2.9
③ 1 : 3.4
④ 1 : 4

12 1차 시험 경쟁률이 가장 높은 학부는?

① 어문학부
② 법학부
③ 생명공학부
④ 전기전자공학부

Q 다음은 김치 관련 수입 현황이다. 물음에 답하시오. 【13~15】

〈표 1〉 김치 수출입 실적

(단위 : 톤)

구분	2017년	2018년	2019년	2020년	2021년
수출량	29,124	31,451	24,645	45,751	35,643
수입량	1,026	22,125	945	36,154	26,654

〈표 2〉 김장 재료 수입 현황

(단위 : 톤)

구분	식염	당근	고추	양파	마늘
전체	64,456	62,484	97,456	21,464	26,440
중국	62,454	60,564	83,213	15,446	25,950

13 김장 재료 수입 현황에서 중국산 김장 재료 구성비가 세 번째로 높은 것은? (단, 소수 셋째 자리에서 반올림한다)

① 식염　② 당근
③ 고추　④ 마늘

14 2017년의 김치 수출량에서 40%는 중국, 60%는 일본으로 수출한 것이다. 수출당시 중국의 환율이 117.45, 일본의 환율이 9.64이고 중국엔 톤당 2만 위안, 일본엔 톤당 3십만 엔으로 수출하였다면 2017년 김치 수출액은 얼마인가?

① 77,900,875,200원　② 87,900,875,200원
③ 87,545,875,200원　④ 97,540,875,200원

15 다음 중 표 1을 해석한 것으로 옳지 않은 것은?

① 2017년 수출량 대비 수입량은 약 3.52%이다.
② 수출량과 수입량이 가장 차이가 나는 해는 2017년이다.
③ 2020년의 김치 수출량은 전년에 비해 약 54% 상승하였다.
④ 2019년에 김치 수출량과 수입량이 가장 적다.

16 어떤 강을 따라 36km 떨어진 지점을 배로 왕복하려고 한다. 올라 갈 때에는 6시간이 걸리고 내려올 때는 4시간이 걸린다고 할 때 강물이 흘러가는 속력은 몇인가? (단, 배의 속력은 일정하다)

① 1.3km/h
② 1.5km/h
③ 1.7km/h
④ 1.9km/h

17 4%의 소금물과 6%의 소금물을 섞은 후 물을 더 부어 3%의 소금물 120g을 만들었다. 이때 4%의 소금물과 더 부은 물의 양의 비가 1:3이라고 할 때 더 부은 물의 양은 얼마인가?

① 36g
② 48g
③ 54g
④ 60g

18 합창 단원 선발에 지원한 남녀의 비가 3:5이다. 응시결과 합격자 가운데 남녀의 비가 2:3이고, 불합격자 남녀의 비는 4:7이다. 합격자가 160명이라고 할 때, 여학생 지원자의 수는 몇 명인가?

① 300명
② 305명
③ 310명
④ 320명

19 호날두와 메시의 지난 달 수입 비는 3 : 2, 지출 비는 10 : 9이었는데, 호날두는 400유로가 남았지만 메시는 200유로 적자였다. 호날두와 메시 각각의 지출액을 합한 금액은 얼마인가?

① 3,600유로
② 3,800유로
③ 4,000유로
④ 4,200유로

20 철수는 5월 한 달 동안 매일 빠짐없이 우유 1개씩을 배달시켜 먹은 후 20,700원을 지불하였다. 그런데 우유 1개의 가격이 5월 초 600원이었는데, 중간에 700원으로 올랐다고 한다. 우유값이 오른 날짜는 언제인가?

① 10일
② 11일
③ 12일
④ 21일

지각속도 30문항/3분

Q 다음 왼쪽과 오른쪽 기호, 문자, 숫자의 대응을 참고하여 각 문제의 대응이 같으면 '① 맞음'을, 틀리면 '② 틀림'을 선택하시오. 【01~03】

a = 기	b = 우	c = 코	d = 이	e = 유
f = 초	g = 딸	h = 파	i = 제	j = 농

01 초 코 우 유 유 기 농 − f c b e e a j ① 맞음 ② 틀림

02 기 초 이 유 우 파 농 기 − a f d e h b j a ① 맞음 ② 틀림

03 딸 기 파 이 농 우 초 제 − g a h d j b f l ① 맞음 ② 틀림

Q 다음 왼쪽과 오른쪽 기호, 문자, 숫자의 대응을 참고하여 각 문제의 대응이 같으면 '① 맞음'을, 틀리면 '② 틀림'을 선택하시오. 【04~06】

× = a	± = O	≤ = W	∪ = f	‰ = N
÷ = C	≒ = h	+ = b	Σ = E	∡ = j

04 j O C h b − ∡ ± + ≒ + ① 맞음 ② 틀림

05 N E W a j − ‰ Σ ≤ ＊ ∡ ① 맞음 ② 틀림

06 f b h f N − ∪ + ≒ ∪ ‰ ① 맞음 ② 틀림

Ⓠ 다음 각 문제의 왼쪽에 표시된 굵은 글씨체의 기호, 문자, 숫자의 개수를 오른쪽에서 찾으시오. 【07~11】

07 **ㄴ** 아름다운 이 강산을 지키는 우리 사나이 기백으로 오늘을 산다

① 5개 ② 6개
③ 7개 ④ 8개

08 **3** 142838492436799232053370884569832018O321

① 7개 ② 8개
③ 9개 ④ 10개

09 **i** intellectualabilityappraisalcapabilityassessment

① 5개 ② 6개
③ 7개 ④ 8개

10 **ㄹ** 입으로만 큰 소리쳐 사나이라느냐 너와 나 겨레 지키는 결심에 살았다

① 4개 ② 5개
③ 6개 ④ 7개

11 **d** Should U.S. Forces withdraw from Korea?

① 1개 ② 2개
③ 3개 ④ 4개

Q 다음 왼쪽과 오른쪽 기호, 문자, 숫자의 대응을 참고하여 각 문제의 대응이 같으면 '① 맞음'을, 틀리면 '② 틀림'을 선택하시오. 【12~14】

Q = 2	W = 3	E = 5	R = 4	T = 6	Y = 7
U = 1	G = 8	I = 10	O = 9	P = 11	J = 16

12 3 9 6 3 2 - W O T I Q ① 맞음 ② 틀림

13 11 6 5 4 1 - P T E R U ① 맞음 ② 틀림

14 8 7 2 10 7 - G Y I Q Y ① 맞음 ② 틀림

Q 다음 왼쪽과 오른쪽 기호, 문자, 숫자의 대응을 참고하여 각 문제의 대응이 같으면 '① 맞음'을, 틀리면 '② 틀림'을 선택하시오. 【15~17】

아 = 一	에 = 六	오 = 八	가 = 十	기 = 七
우 = 三	이 = 五	요 = 二	게 = 四	구 = 九

15 一 四 二 七 九 - 아 게 우 이 구 ① 맞음 ② 틀림

16 五 八 十 三 六 - 이 오 가 우 에 ① 맞음 ② 틀림

17 七 二 六 八 一 - 기 우 게 오 아 ① 맞음 ② 틀림

Q 다음 각 문제의 왼쪽에 표시된 굵은 글씨체의 기호, 문자, 숫자의 개수를 오른쪽에서 찾으시오. 【18~21】

18 5

7856432154875494213445678910156434321457533121

① 5개 ② 6개 ③ 7개 ④ 8개

19 r

If there is one custom that might be assumed to be beyond criticism.

① 2개 ② 3개 ③ 4개 ④ 5개

20 9

257895412365897784515698321595457898751354

① 3개 ② 4개 ③ 5개 ④ 6개

21 h

I cut it while handling the tools.

① 1개 ② 2개 ③ 3개 ④ 4개

Q 다음 왼쪽과 오른쪽 기호, 문자, 숫자의 대응을 참고하여 각 문제의 대응이 같으면 '① 맞음'을, 틀리면 '② 틀림'을 선택하시오. 【22~24】

♤ = A	▷ = a	√ = B	☞ = b	♥ = C	▣ = f
♧ = D	☆ = d	※ = E	× = e	♪ = F	◉ = c

22 A f a d e − ♤ ▣ ▷ ☆ ×

① 맞음 ② 틀림

23 C b a B f − ♥ ☆ ▷ √ ▣

① 맞음 ② 틀림

24 c D d a b − ◉ ♧ ☆ ▷ ♪

① 맞음 ② 틀림

Q 다음 왼쪽과 오른쪽 기호, 문자, 숫자의 대응을 참고하여 각 문제의 대응이 같으면 '① 맞음'을, 틀리면 '② 틀림'을 선택하시오. 【25~27】

ㄱ = 11	ㅂ = 7	ㅊ = 9	ㅋ = 6	ㅈ = 5
ㅁ = 2	ㄹ = 10	ㅅ = 8	ㅇ = 13	ㅎ = 3

25 7 9 10 8 2 – ㅂ ㅊ ㄹ ㅅ ㅁ

① 맞음 ② 틀림

26 11 10 13 10 6 – ㄱ ㄹ ㅇ ㄹ ㅊ

① 맞음 ② 틀림

27 7 2 13 9 11 – ㅂ ㅁ ㅊ ㅇ ㄱ

① 맞음 ② 틀림

Q 다음 각 문제의 왼쪽에 표시된 굵은 글씨체의 기호, 문자, 숫자의 개수를 오른쪽에서 찾으시오. 【28~30】

28 ↑

→↑←↓→↓←↑←↓ ↑→↓←↑ ↑ ↓→↓←↑→↓←↑

① 5개 ② 6개 ③ 7개 ④ 8개

29 ◇

▽△□◇◎○☆※§ ☆◎□△▽○◇§ ※◇☆※§ ▽□◇◎◇○◇▽

① 3개 ② 4개 ③ 5개 ④ 6개

30 3

321546578935471942345678231354793453

① 5개 ② 6개 ③ 7개 ④ 8개

공간지각	18문항/10분

Q 다음 입체도형의 전개도로 알맞은 것을 고르시오. 【01~03】

- 입체도형을 전개하여 전개도를 만들 때, 전개도에 표시된 그림(예 : , , 등)은 회전의 효과를 반영함. 즉, 본 문제의 풀이과정에서 보기의 전개도 상에 표시된 과 는 서로 다른 것으로 취급함.
- 단, 기호 및 문자(예 : ♤, ☎, ♨, K, H)의 회전에 의한 효과는 본 문제의 풀이과정에 반영하지 않음. 즉, 입체도형을 펼쳐 전개도를 만들었을 때 의 방향으로 나타나는 기호 및 문자도 보기에서는 ☎방향으로 표시하며 동일한 것으로 취급함.

01

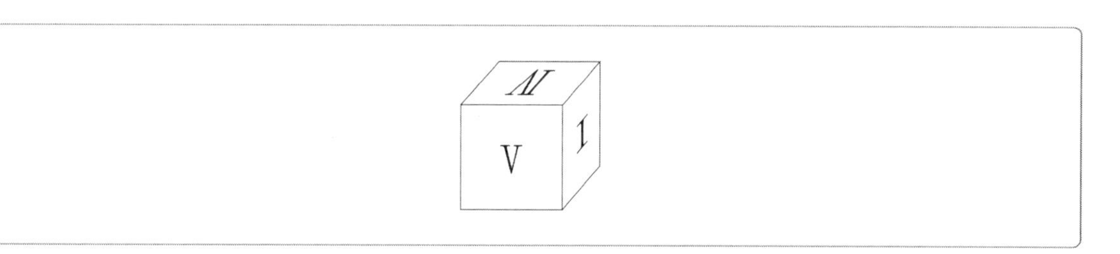

① Ⅱ / Ⅲ Ⅴ Ⅳ Ⅵ / Ⅰ

② Ⅳ / Ⅰ Ⅱ Ⅲ Ⅴ / Ⅵ

③
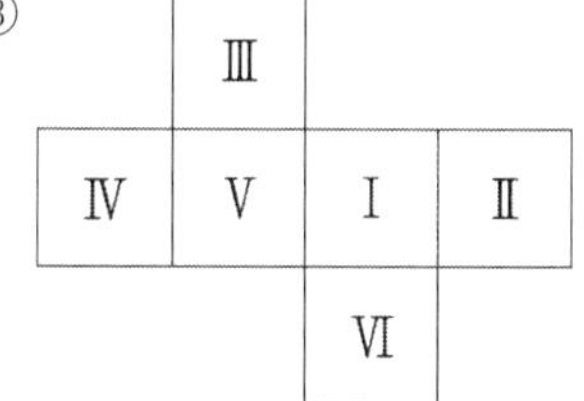

④ Ⅱ / Ⅴ Ⅰ Ⅳ Ⅵ / Ⅲ

02

03

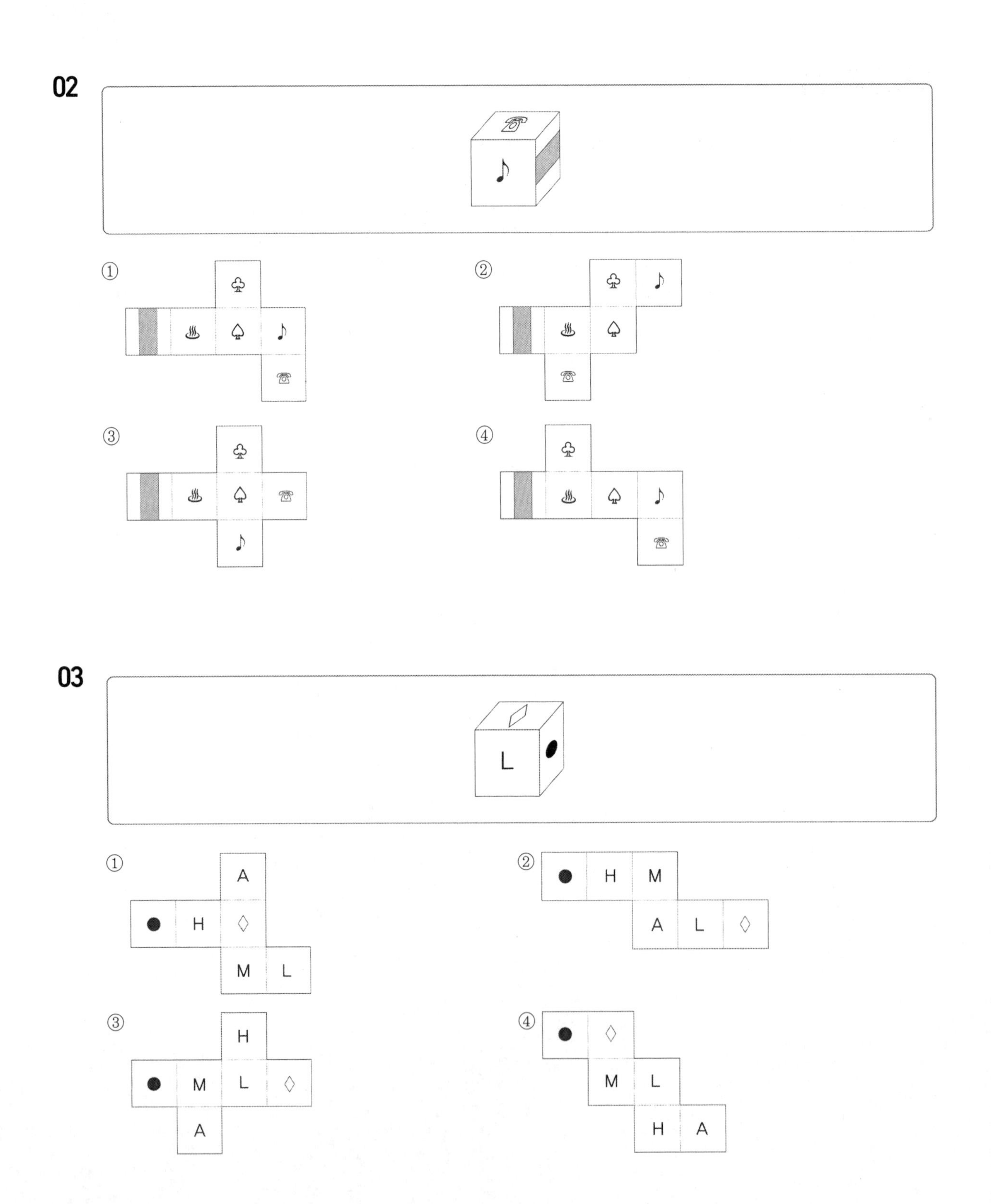

Q 다음 전개도로 만든 입체도형에 해당하는 것을 고르시오. 【04~07】

- 전개도를 접을 때 전개도 상의 그림, 기호, 문자가 입체도형의 겉면에 표시되는 방향으로 접음
- 전개도를 접어 입체도형을 만들 때, 전개도에 표시된 그림(예 : ▮, ◢, ▮ 등)은 회전의 효과를 반영함. 즉, 본 문제의 풀이과정에서 보기의 전개도 상에 표시된 ▮과 ▬는 서로 다른 것으로 취급함.
- 단, 기호 및 문자(예 : ♤, ☎, ♨, K, H)의 회전에 의한 효과는 본 문제의 풀이과정에 반영하지 않음. 즉, 전개도를 접어 입체도형을 만들었을 때 ☎의 방향으로 나타나는 기호 및 문자도 보기에서는 ☎방향으로 표시하며 동일한 것으로 취급함.

04

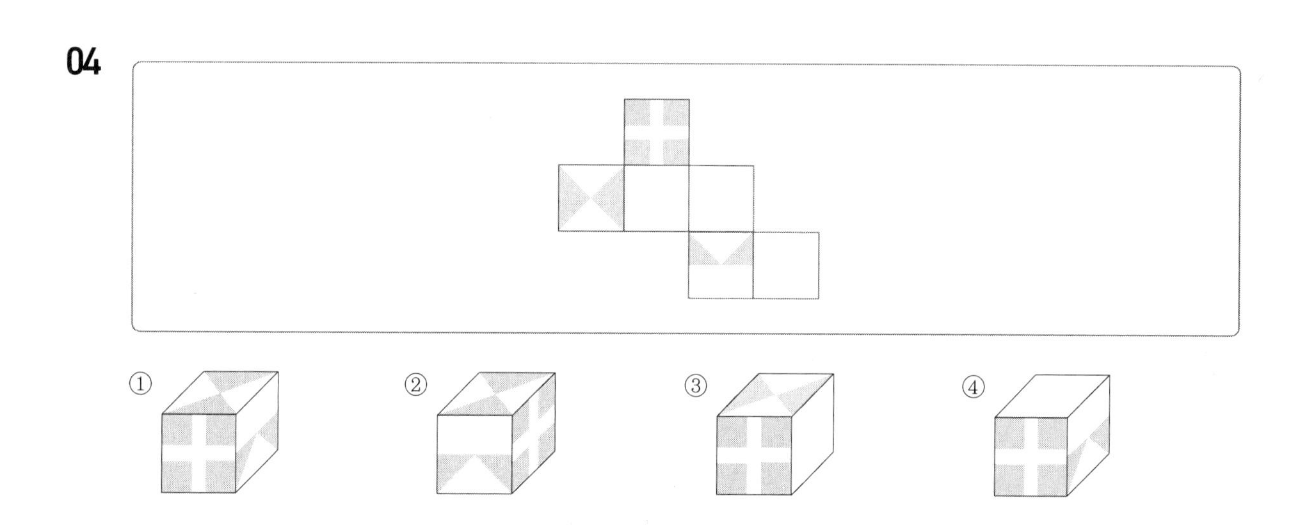

05

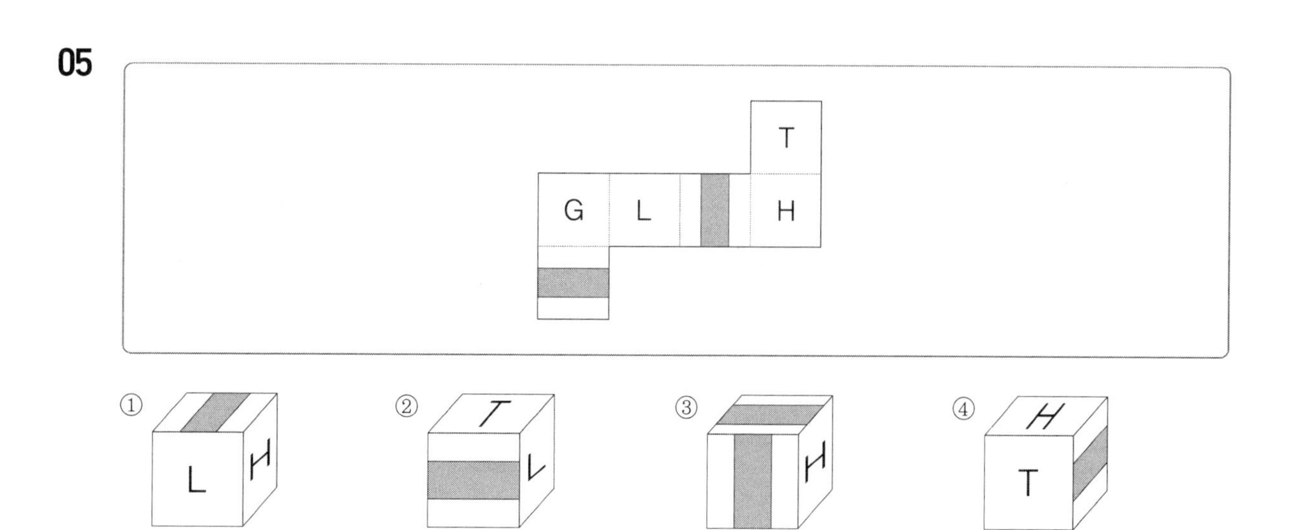

06

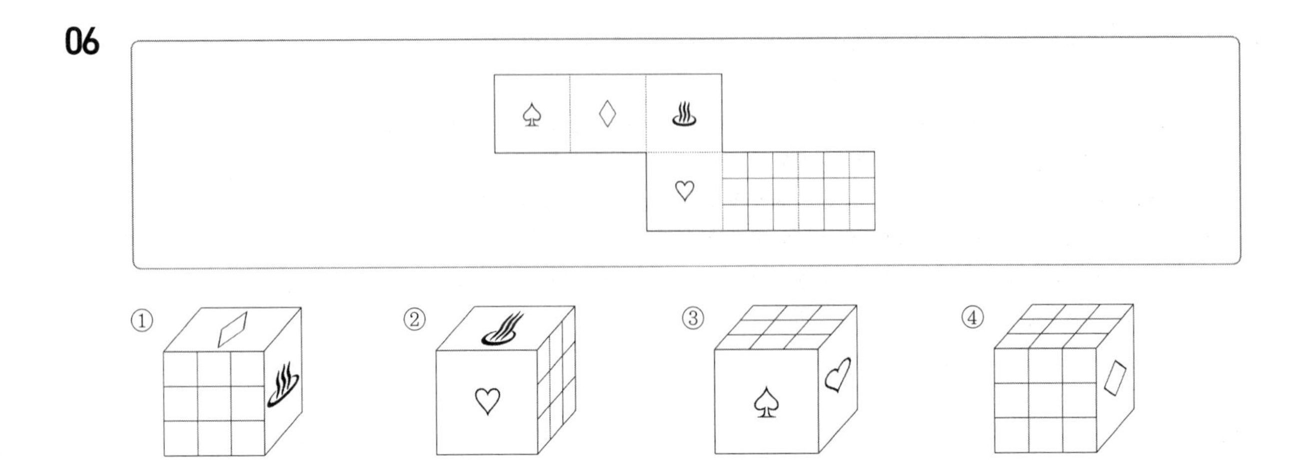

07

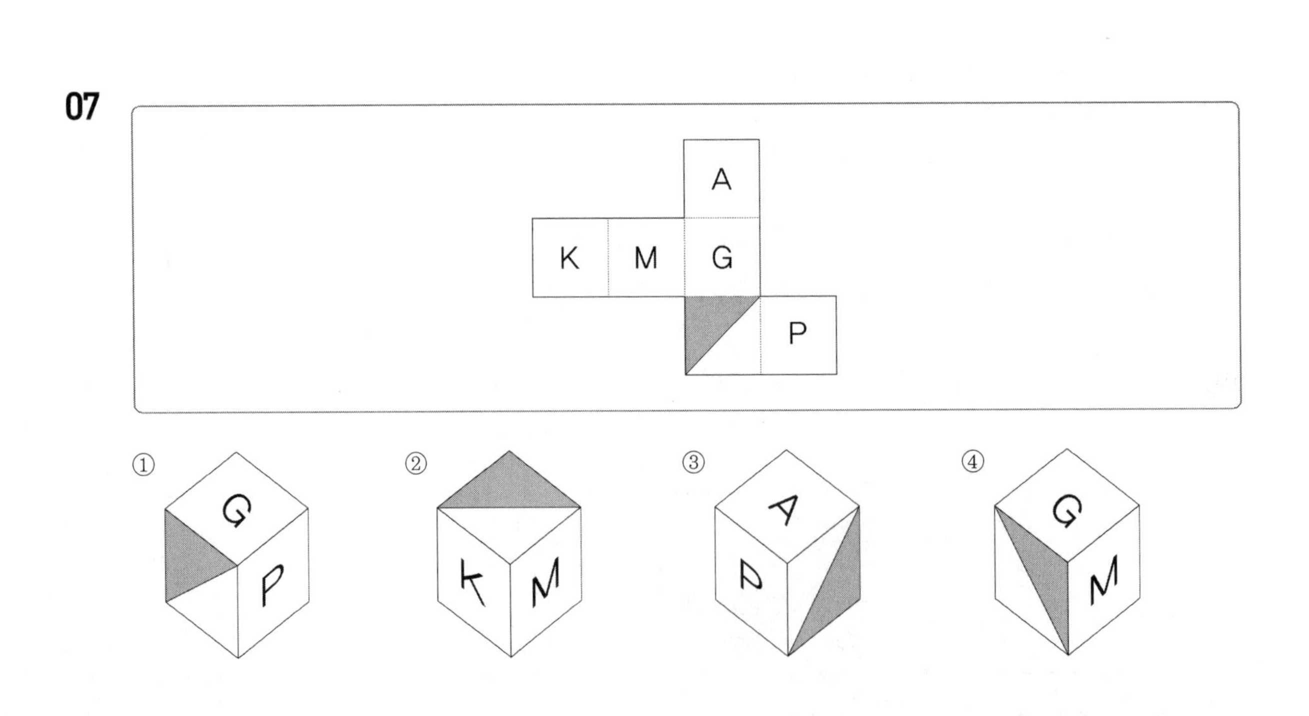

Q 다음 아래에 제시된 그림과 같이 쌓기 위해 필요한 블록의 수를 고르시오. 【08~11】
(단, 블록의 모양과 크기는 모두 동일한 정육면체이다)

08

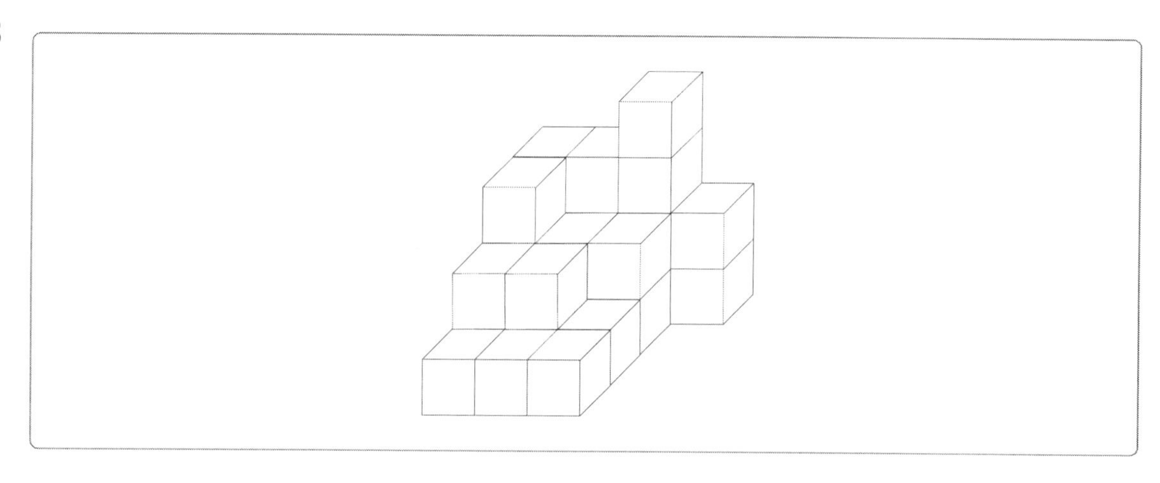

① 27개
② 28개
③ 29개
④ 30개

09

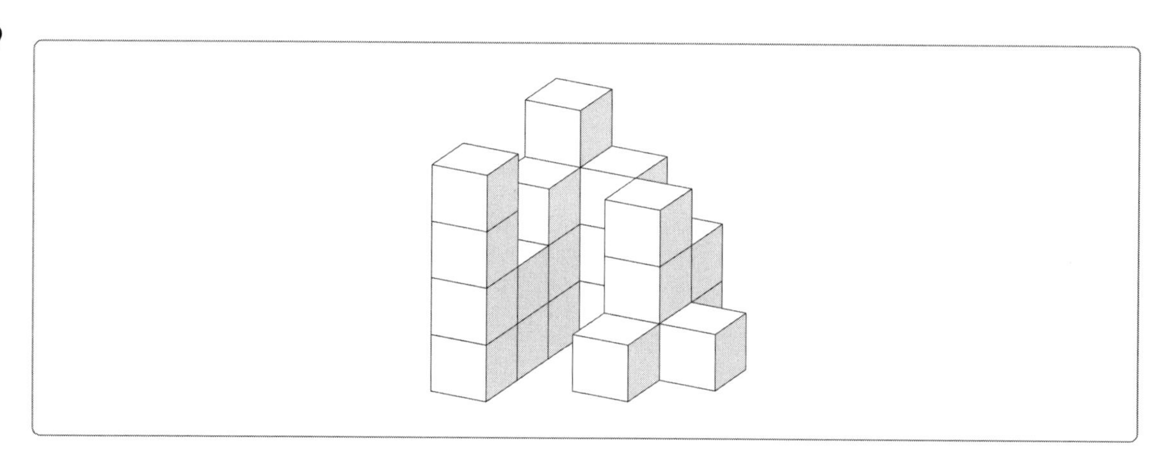

① 21
② 22
③ 23
④ 24

10

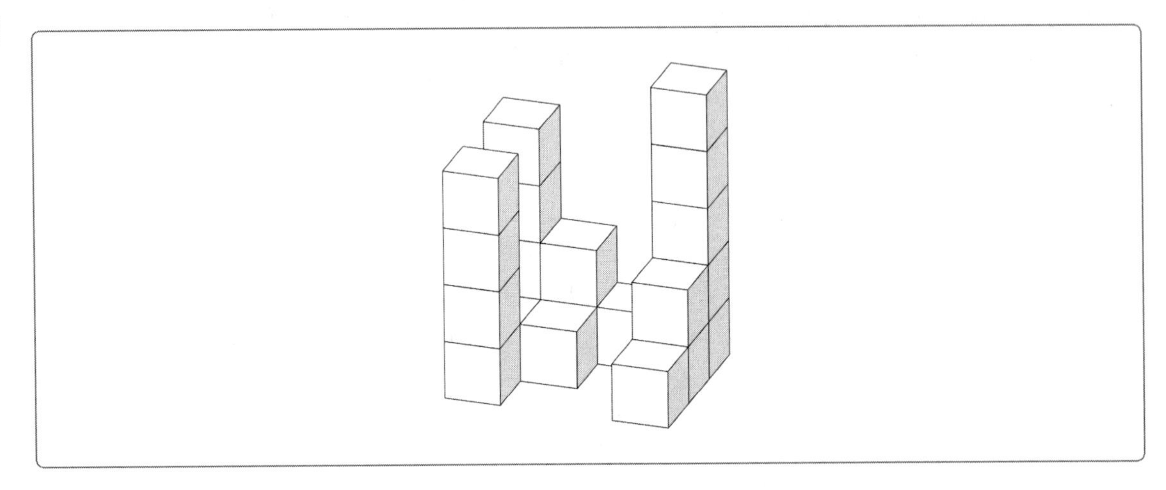

① 21　　② 22

③ 23　　④ 24

11

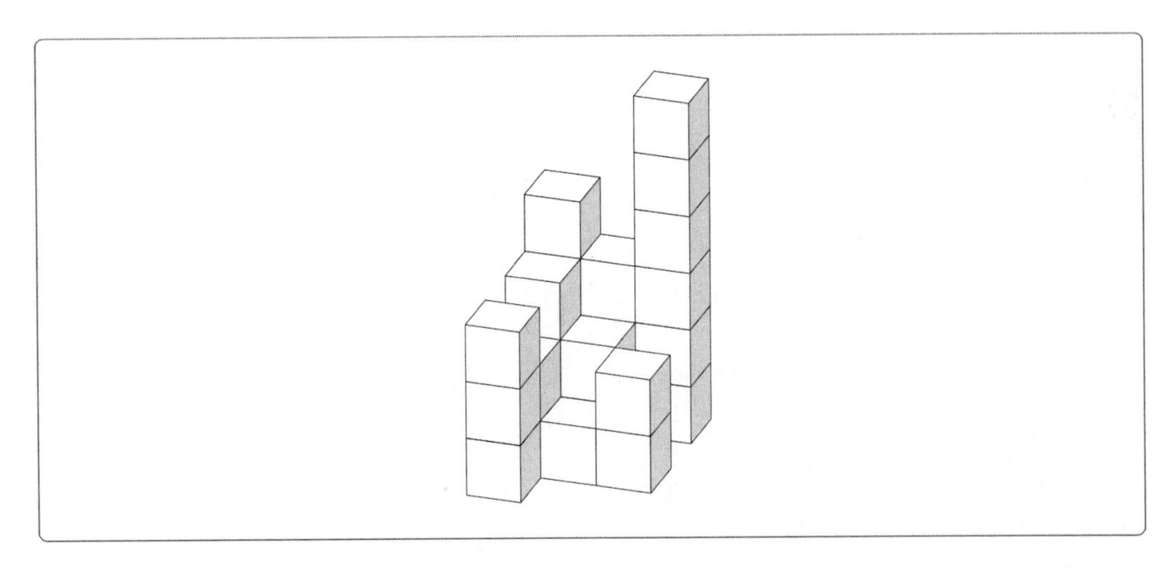

① 20　　② 22

③ 24　　④ 26

 다음 아래에 제시된 블록들을 화살표 표시한 방향에서 바라봤을 때의 모양으로 알맞은 것을 고르시오. 【12~14】

- 블록은 모양과 크기는 모두 동일한 정육면체이다.
- 바라보는 시선의 방향은 블록의 면과 수직을 이루며 원근에 의해 블록이 작게 보이는 효과는 고려하지 않는다.

12

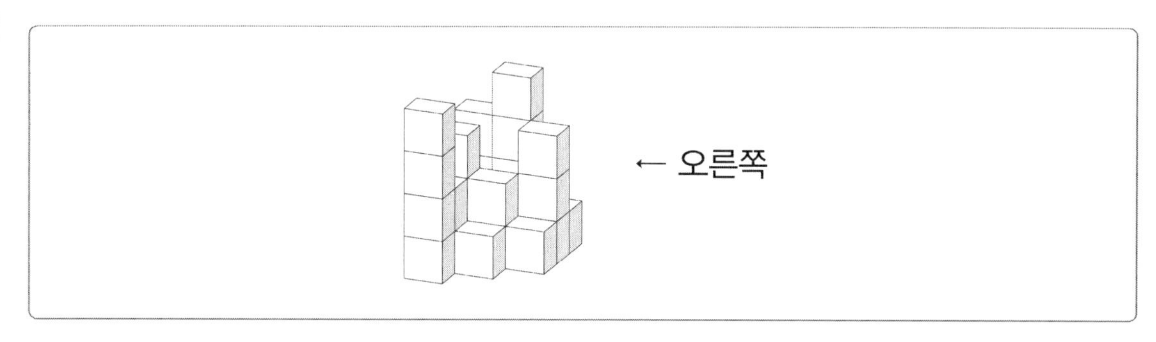

① 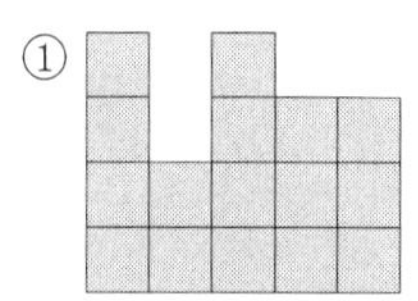
② 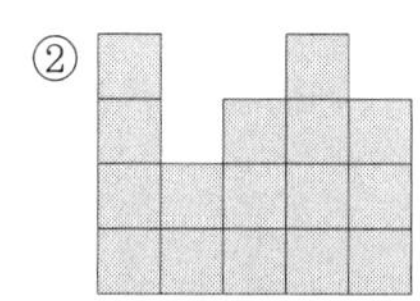
③ 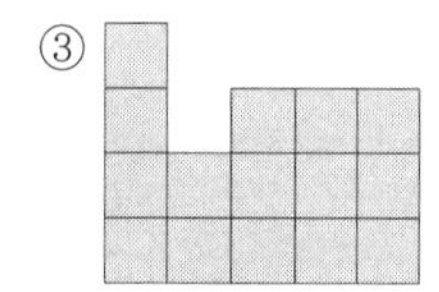
④ 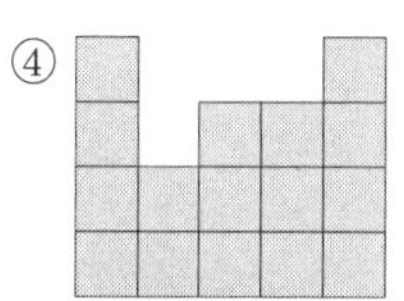

13

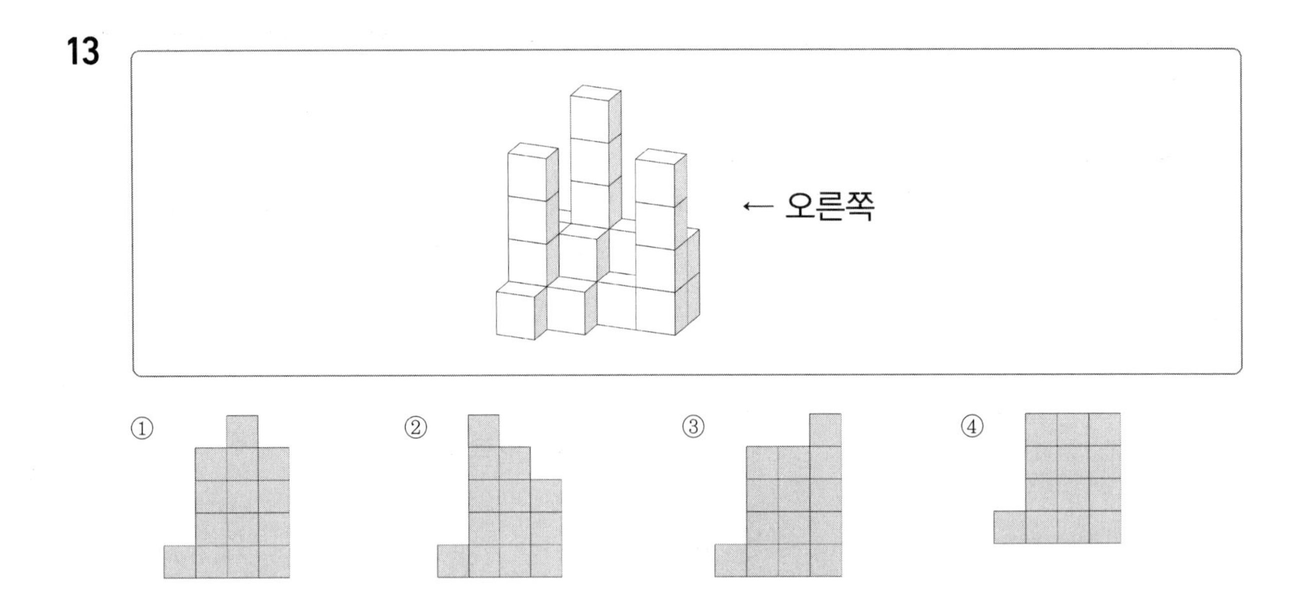

14

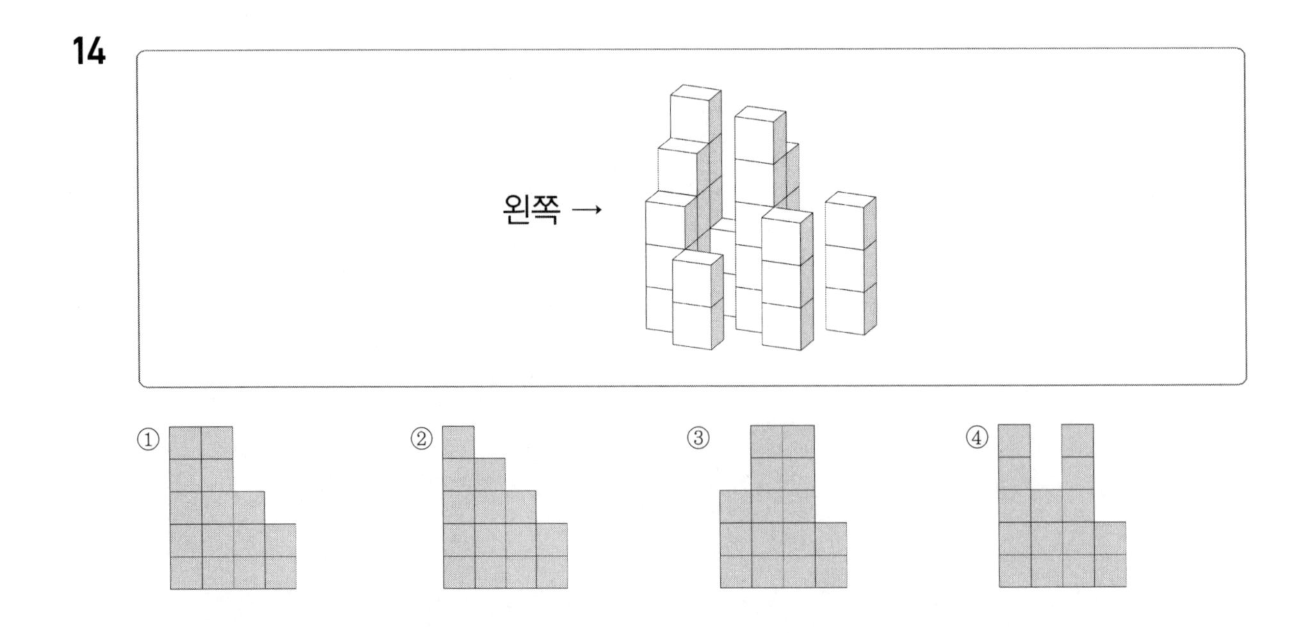

15 주어진 전개도를 접었을 때 만들어지는 도형이 아닌 것은?

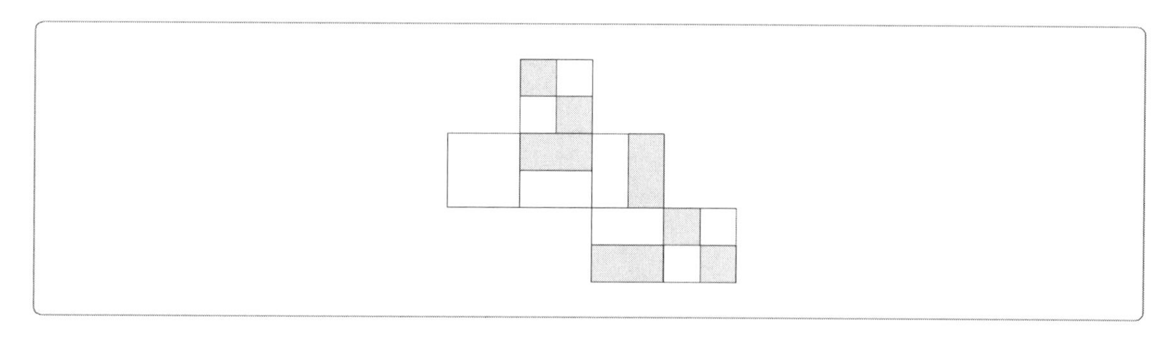

① 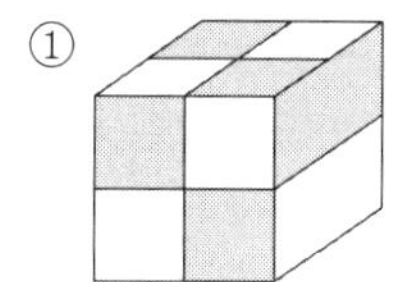 ② 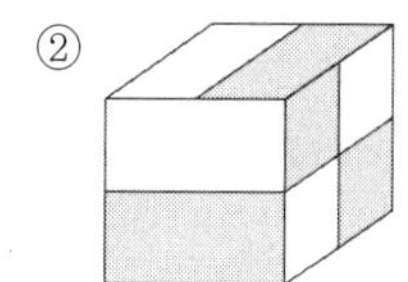 ③ 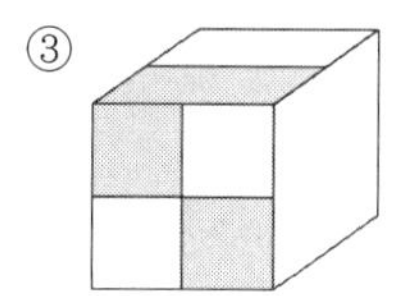 ④ 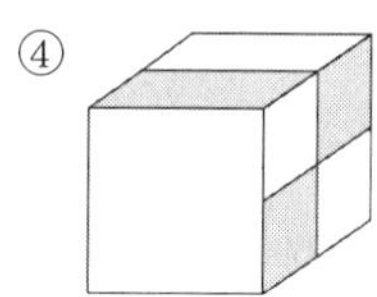

16

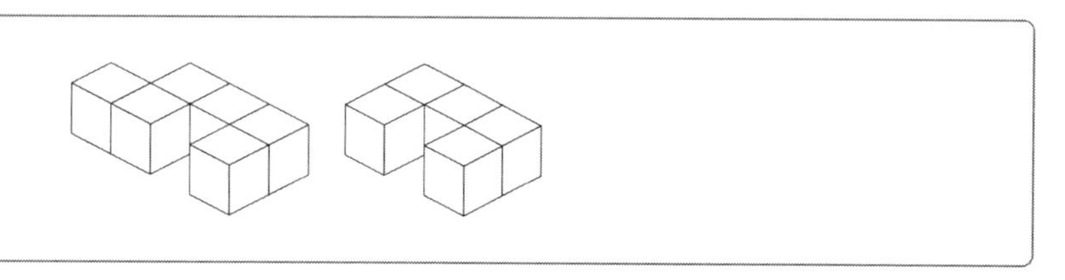

① 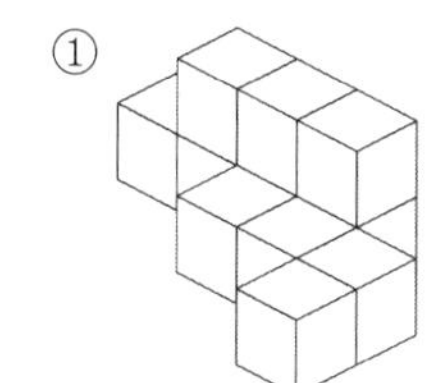 ② 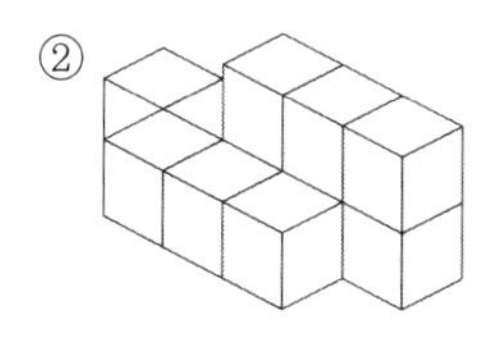 ③ 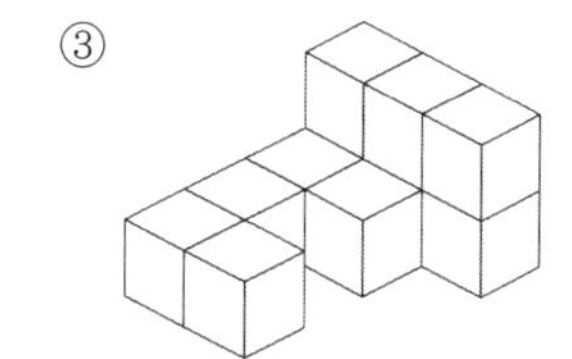 ④ 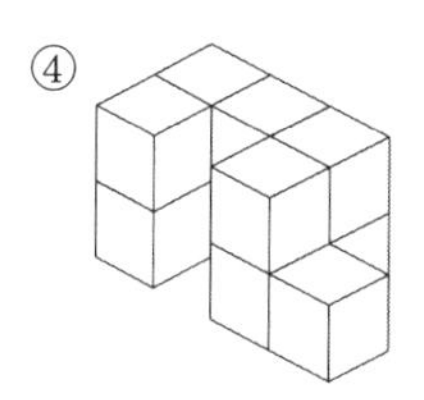

17 주어진 그림에서 블록은 모두 몇 개인가?

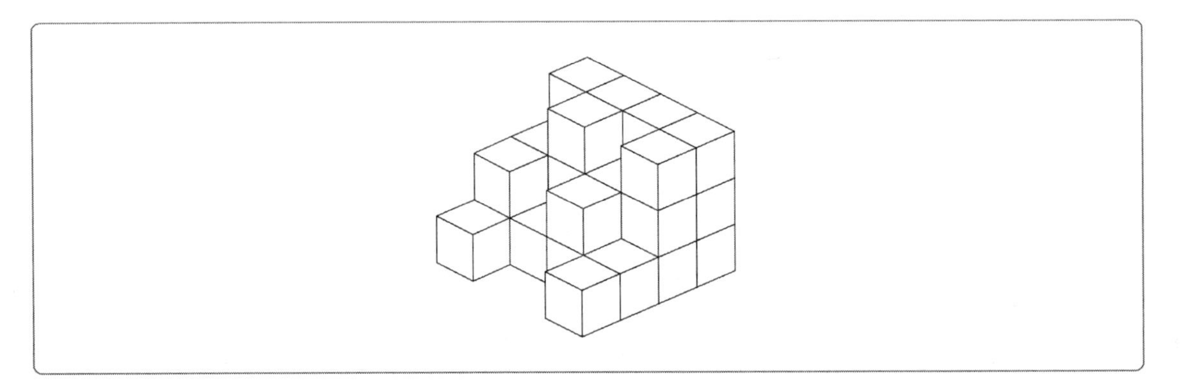

① 27개
② 28개
③ 29개
④ 30개

18 주어진 전개도를 접었을 때 만들어지는 도형이 아닌 것은?

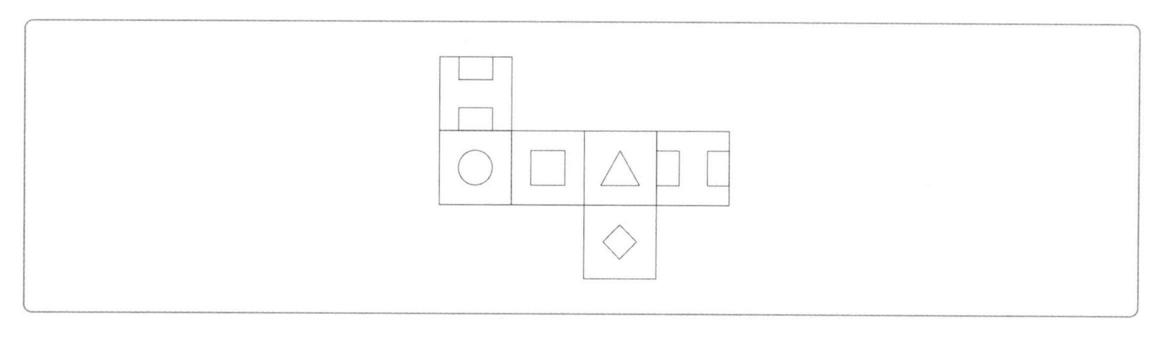

①
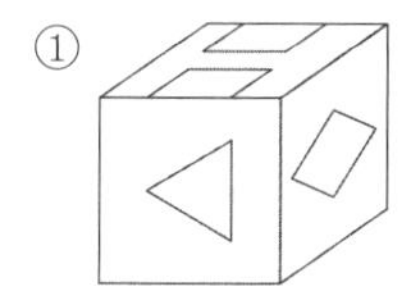
②
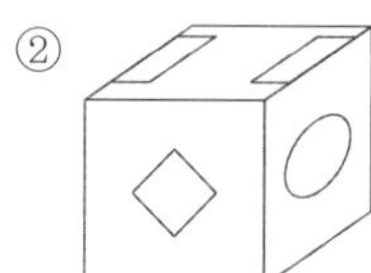
③
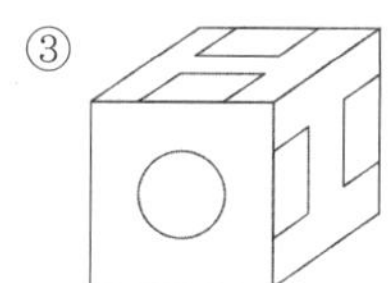
④
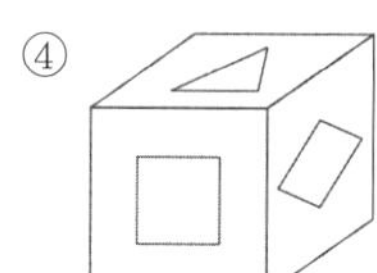

05

정답 및 해설

정답 및 해설

CHAPTER 01 인지능력적성검사

언어논리

01	02	03	04	05	06	07	08	09	10	11	12	13	14	15	16	17	18	19	20
②	①	④	②	③	①	⑤	②	⑤	③	①	④	②	⑤	②	⑤	④	④	②	⑤
21	22	23	24	25	26	27	28	29	30	31	32	33	34	35	36	37	38	39	40
③	②	③	②	③	⑤	④	④	②	③	①	②	⑤	①	①	①	③	⑤	④	⑤
41	42	43	44	45	46	47	48	49	50	51	52	53	54	55	56	57	58	59	60
②	⑤	①	②	③	②	②	④	⑤	①	②	②	④	③	⑤	①	⑤	③	④	③
61	62	63	64	65	66	67	68	69	70	71	72	73	74	75	76	77	78	79	80
②	④	④	②	④	①	⑤	②	①	①	②	②	③	③	⑤	①	②	③	①	④

01 ②

① 생물체나 세포의 구조와 기능 따위가 특수화되는 현상
② 늘어서 많아짐. 또는 늘려서 많게 함
③ 수량이나 무게가 늚
④ 몸에 살이 쪄서 크고 뚱뚱함
⑤ 둘 이상의 기구나 단체, 나라 따위가 하나로 합쳐짐

---

02 ①

① 잘못된 것이나 부족한 것, 나쁜 것 따위를 고쳐 더 좋게 만듦.
② 행실이나 태도의 잘못을 뉘우치고 마음을 바르게 고쳐먹음.
③ 문이나 어떠한 공간 따위를 열어 자유롭게 드나들고 이용하게 함.
④ 주로 문서의 내용 따위를 고쳐 바르게 함.
⑤ 결혼하였던 여자가 남편과 사별하거나 이혼하여 다른 남자와 결혼함.

03 ④

① 양이나 수치가 늚.
② 여러 부분이 결합되어 이루어진 것을 그 낱낱으로 나눔.
③ 부담이나 고통 따위를 더 크게 하거나 어려운 상태를 심해지게 함.
④ 어떤 일의 바탕이 되는 돈이나 물자, 소재, 인력 따위가 다하여 없어짐.
⑤ 인간이 생활하는 데 필요한 각종 물건을 만들어 냄.

04 ②

① 사물이 어떠한 기준에 의하여 분간되는 한계
② '반지름'의 전 용어
③ 산이나 들, 강, 바다 따위의 자연이나 지역의 모습
④ 땅을 갈아서 농사를 지음
⑤ 부담이나 고통 따위를 덜어서 가볍게 함

05 ③

① 주로 어린아이들이 재미로 하는 짓. 또는 심심풀이 삼아 하는 짓.
② 식물이 잘 자라도록 땅을 기름지게 하기 위하여 주는 물질.
③ 남을 복종시키거나 지배할 수 있는 공인된 권리와 힘.
④ 목숨을 아끼지 않고 쓰는 힘.
⑤ 의심스럽게 생각함. 또는 그런 문제나 사실.

06 ①

① 범위를 일정한 부분에 한정함.
② 모양이나 규모 따위를 더 크게 함.
③ 다그쳐 빨리 나아가게 함.
④ 바짝 조였던 정신이 풀려 늦추어짐.
⑤ 거듭 겹치거나 포개어짐.

07 ⑤

① 무슨 일을 더디게 끌어 시간을 늦춤. 또는 시간이 늦추어짐.
② 다른 상태로 옮아감.
③ 어떤 상태나 상황을 그대로 보존하거나 변함없이 계속하여 지탱함.
④ 어떤 상태가 오래 계속됨. 또는 어떤 상태를 오래 계속함.
⑤ 유대나 연관 관계를 끊음.

---

08 ②

① 좋은 일에 힘쓰도록 북돋아 줌.
② 조건을 붙여 내용을 제한함. 또는 그 조건.
③ 쇠퇴하였던 것이 다시 일어남. 또는 그렇게 되게 함.
④ 매우 성하게 유행함.
⑤ 앞으로 향하여 나아감.

---

09 ⑤

① 소송을 수리한 법원이, 소나 상소가 형식적인 요건은 갖추었으나, 그 내용이 실체적으로 이유가 없다고 판단하여 소송을 종료하는 일
② 일어나서 섬
③ 남을 속여 넘김
④ 성미가 억척스럽고 굳세어 좀처럼 굽히지 않음. 또는 그 성미
⑤ 도움이 되도록 이바지함

---

10 ③

① 지난 일을 돌이켜 생각하여 냄.
② 낮은 데서 위로 올라감.
③ 나서 자람. 또는 그런 과정.
④ 어떤 범위나 대열 따위에서 떨어져 나오거나 떨어져 나감.
⑤ 목표를 향하여 밀고 나아감.

11 ①

산업 형태의 변화, 그리고 농촌의 인구 감소와 고령화, 수입 농산물 개방으로 인한 국내 농산물 경쟁력 약화 등의 문제로 새롭게 등장하였다.

② 알 수 없는 내용이다.

③ 6차 산업은 1~3차를 융합한 산업이다.

④⑤ 6차 산업 사업자를 대상으로 하는 인증제도의 특징이다.

12 ④

제시문에서 공통적으로 언급하고 있는 것은 사물인터넷(IoT)임을 알 수 있다. ㈐에서 사물인터넷의 정의를 제시하며 ㈏에서는 사물인터넷의 궁극적인 목표와 요구되는 기술을 제시하고 있다. 사물인터넷과 혼용되는 사물통신(M2M)와의 차이를 언급하는 ㈎에 이어 ㈑에서는 사물인터넷에 대한 설명을 매듭짓고 있다. 따라서 순서대로 배열하면, ㈐ – ㈏ – ㈎ – ㈑가 된다.

13 ②

융합 … 다른 종류의 것이 녹아서 서로 구별이 없게 하나로 합하여지거나 그렇게 만듦을 이르는 말이다.

① 서로 협력하며 화합함을 이르는 말이다.

② 둘 이상의 것을 합쳐서 하나를 이룸을 이르는 말이다.

③ 맞지 아니하고 서로 어긋남을 이르는 말이다.

④ 서로 어울려 갈등이 없이 화목하게 됨을 이르는 말이다.

⑤ 지지 않으려고 몹시 다투거나 그런 일을 이르는 말이다.

14 ⑤

㈒에서 글쓴이는 앞서 가는 문화 민족이 되기 위해서는 보수성과 진취성의 양면을 다 함께 지녀야 한다고 말하고 있다. 즉, 보수적인 태도를 버리고 진취적 태도를 취하는 것만으로는 문화 민족이 될 수 없다는 것이다.

15 ②

제시문에서 쓰인 '낳다'는 '어떤 결과를 이루거나 가져오다.'의 뜻이다. 이와 비슷한 의미를 가진 보기는 ②이다.

①③ 배 속의 아이, 새끼, 알을 몸 밖으로 내놓다.

④⑤ 어떤 환경이나 상황의 영향으로 어떤 인물이 나타나도록 하다.

16 ⑤

⑤ 체취 → 채취

17 ④

④ 여럿의 가운데를 의미한다.

①②③⑤ 물체의 안쪽 부분을 의미한다.

18 ④

어떤 것을 미리 간접적으로 표현해 준다는 의미의 '시사'가 들어가야 한다.

① 재물이나 세력 따위가 쇠하여 보잘것없이 되다.

② 작품이나 기사에 필요한 재료나 제재를 조사하여 얻다.

③ 지식, 경험, 자금 따위를 모아서 쌓다.

⑤ 주저하지 않고 딱 잘라 말하다.

19 ②

성질이 달라지거나 물질의 질이 변함 또는 그런 성질이나 물질을 말하는 '변질'이 적합하다.

① 물에 잠긴다는 의미로 '잠김'으로 순화해서 사용해야 한다.

③ 다르게 바꾸어 새롭게 고친다는 의미로 개정, 개조 등의 유의어가 있다.

④ 때려 부수거나 깨뜨려 헐어 버림, 조직 · 질서 · 관계 따위를 와해하거나 무너뜨린다는 의미이다.

⑤ 떠내려가서 없어지거나 잃게 되는 것을 의미한다.

20 ⑤

① 원본을 베낌을 의미한다.
② 본디의 것과 똑같은 것을 만듦 또는 그렇게 만든 것을 의미한다.
③ 사물을 형체 그대로 그림 또는 그런 그림 자체를 말하며 원본을 베끼어 씀을 의미한다.
④ 악조건이나 고생 따위를 이겨 내는 것을 의미한다.
⑤ 다른 것에 영향을 받아 어떤 현상이 나타남 또는 어떤 현상 자체를 의미한다.

21 ③

① **대응하다** : '어떠한 일이나 상황에 맞추어 태도나 행동을 취하다' 또는 '어떠한 두 대상이 특정한 관계에 의하여 서로 짝이 되다'의 의미가 있다.
② **부응하다** : 어떠한 요구나 기대 등에 맞추어 행동하다.
③ **상응하다** : '서로 응하거나 어울리다'라는 의미로 '들어맞다' 또는 '적합하다'로 바꾸어 쓸 수 있다.
④ **조응하다** : '둘 이상의 사물이나 현상 또는 말과 글의 순서가 서로 잘 대응하다' 또는 '원인에 따라서 결과가 생기다'의 의미가 있다.
⑤ **호응하다** : '부름이나 호소 등에 답하거나 응하다' 또는 '부름에 응답을 하다'라는 의미가 있다.

22 ②

'위로 끌어 올리다'의 뜻으로 사용될 때는 '추켜올리다'와 '추어올리다'를 함께 사용할 수 있지만 '실제보다 높여 칭찬하다'의 뜻으로 사용될 때는 '추어올리다'만 사용해야 한다.
① 쓰여지는 지 → 쓰이는지
③ 나룻터 → 나루터
④ 서슴치 → 서슴지
⑤ 또아리 → 똬리

23 ③

제시된 글은 '살터를 잡는 요령'에 대한 네 가지의 요소를 들어 말하고 있다.
① 둘 이상의 대상의 공통점과 차이점을 드러내는 설명방법이다.
② 비슷한 특성에 근거하여 대상들을 나누거나 묶는 설명방법이다.
③ 어떤 복잡한 것을 단순한 요소나 부분들로 나누는 설명방법이다. 즉, 이 글은 '분석'의 방법을 사용하고 있다.
④ 구체적인 예를 들어 진술의 타당성을 뒷받침하는 설명방법이다.
⑤ 어떤 말이나 사물의 뜻을 명백히 밝혀 규정하는 설명방법이다.

24 ②

㉡의 주체는 '그 전에 살던 사람들'이 주체가 된다.

25 ③

① 틀리다 : 셈이나 사실 따위가 그르게 되거나 어긋나다.
다르다 : 비교가 되는 두 대상이 서로 같지 아니하다.
② 달이다 : 약제 따위에 물을 부어 우러나도록 끓이다, 액체 따위를 끓여 진하게 만들다.
다리다 : 옷이나 천 따위의 주름이나 구김을 펴고 줄을 세우기 위하여 다리미나 인두로 문지르다.
④ 조리다 : 고기나 생선, 야채 등을 양념하여 국물이 거의 없게 바짝 끓이다.
졸이다 : 속을 태우다시피 초조해하다.
⑤ 바래다 : 볕이나 습기를 받아 색이 변하다.
바라다 : 생각이나 바람대로 어떤 일이나 상태가 이루어지거나 그렇게 되었으면 하고 생각하다.

26 ⑤

'호젓하다'는 '후미져서 무서움을 느낄 만큼 고요하다'의 뜻으로 '번거롭다, 복잡하다, 시끄럽다'와 반대의 의미를 가진다.

27 ④

사람들은 일반적으로 감정을 느낌이라고 생각한다는 내용과 반대되는 말이 ( ) 뒤에 나타나므로, 역접의 관계를 나타내는 '그러나'가 들어가는 것이 적절하다.

28 ④

세 번째 문장의 앞 뒤 문장을 보면 한국 한자음이 어느 한시대 혹은 중국 한자음에 기반을 두고 있을 수도 있다고 언급하고, 사실은 한국 한자음은 그것과는 다르다고 말하고 있다. 앞 문장과 뒷 문장은 상반되는 내용이기 때문에 적절한 접속사는 '그러나'이다.
다섯 번째 문장의 앞 뒤 문장을 보면 한국 한자음이 중국 한자음과 대응 관계가 전혀 없는 것은 아니라고 언급하지만 이어서 한국어 음운체계의 영향으로 독특한 모습을 띠는 경우가 많다고 반박하였다. 따라서 앞 뒤 내용이 상반될 때 사용되는 '그러나'가 적절하다.

29 ②

인과관계 … 어떤 결과를 가져오게 한 힘 또는 이러한 힘에 의해 결과적으로 초래된 현상에 관계하는 전개방식이다('왜'에 초점).

30 ③

㉠ **기운세면 소가 왕 노릇할까** : 아무리 힘이 세다 해도 지략 없이 높은 위치에 설 수 없음을 일컫는 말이다.
㉡ **사자 어금니 같다** : 사자에게 어금니가 가장 중요하듯 반드시 있어야만 하는 것을 일컫는 말이다.
㉢ **범 없는 골에는 토끼가 스승이라** : 잘난 사람이 없는 곳에서 못난 사람이 잘난 체 함을 이르는 말이다.
㉣ **산에 들어가 호랑이를 피하랴** : 이미 앞에 닥친 위험은 도저히 피할 수 없음을 일컫는 말이다.
㉤ **도둑놈 개 꾸짖듯 한다** : 남에게 들리지 않게 입속으로 중얼거림을 뜻한다.

31 ①

㉡ 문제의 제기 → ㉠ 전 지구화의 경향이 환경문제를 더욱 악화시킴 → ㉢ 그 원인과 책임은 선진국에 있음 → ㉣ ㉢에 대한 부연설명 → ㉤ ㉢과 ㉣에 대한 예

32 ②

(나)는 (마)의 원인이므로 둘은 나란히 위치한다. 이어서 명과 조선의 무역 거부하자 일본은 전쟁을 택하게 되고 임진왜란이 발발하였으므로 (가) – (라) – (다) 순으로 이어지는 것이 적절하다.

33 ⑤

㉢에서 유식철학을 소개하고 있으므로 가장 처음에 위치하며 이 학파의 사상에 대한 설명이 ㉠㉤ 이어진다. ㉡은 ㉠과 ㉤에 대한 추가 설명이며 ㉣은 유식 학파가 유가행파라고 불리는 이유를 앞선 내용과 종합하여 설명하고 있다.

34 ①

(다) 무한한 지식의 종류와 양 → (가) 인간이 얻을 수 있는 지식의 한계 → (라) 체험으로써 배우기 어려운 지식 → (나) 체험으로 배우기 위험한 지식의 예 → (마) 체험으로써 모든 지식을 얻기란 불가능함

35 ①

㈎ 지구에 도달하는 태양풍 – ㈏ 붙잡힌 태양풍을 구성하는 전기를 띤 대전입자들의 이동 – ㈐ 대전입자들이 지구의 양쪽 자기극으로 하강 – ㈑ 하강한 대전입자가 대기와 충돌

36 ①

'정'은 혼자 있을 때나 고립되어 있을 때는 우러날 수 없고, 항상 어떤 '관계'가 있어야 생겨난다는 점에서 '상대적'이며, 많은 시간을 함께 보내고 지속적인 관계가 유지될수록 우러난다고 했으므로 정의 발생 빈도나 농도는 관계의 지속 시간과 '비례'한다.

37 ③

지문은 백면서생을 가리키고 있다.

① 뇌에 장애나 질환이 있어 지능이 아주 낮은 상태, 혹은 그런 사람을 낮잡아 이르는 말이다.
② 억지가 매우 심하여 자기 의견만 내세워 우기는 성미, 또는 그런 사람을 뜻한다.
④ 일상적으로 신을 신이 없어 맑은 날에도 나막신을 신는다는 뜻으로, 가난한 선비를 낮잡아 이르는 말이다.
⑤ 지날 칠 정도로 인색한 사람을 낮잡아 이르는 말이다.

38 ⑤

지문은 도시의 중심 지역, 중간 지역, 부도심을 설명하고 있다. 해당 지역들은 모두 도시 내의 공간적 위치에 따라 기능이 분화되어 구별되는 것이므로, 이를 축약하는 내용인 ⑤가 제목으로 가장 적절하다.

39 ④

㉠은 사실 진술, ㉡은 의견 진술, ㉢은 첨가 ㉣은 예시이다.

40 ⑤

㉠은 전제이며 ㉡은 이에 대한 예시이다. 또한 ㉢은 ㉡을 구체화하고 있다. ㉣은 앞 문단들에 대한 반론이며 ㉤은 결론이다.

41 ②

① 미리 헤아려 짐작함
② 실지로 측량함
③ 육안이나 기계로 자연 현상 특히 천체나 기상의 상태, 추이, 변화 따위를 관찰하여 측정하는 일
④ 아래쪽
⑤ 미루어 생각하여 헤아림

42 ⑤

① 외부 자극이 사라진 뒤에도 감각 경험이 지속되어 나타나는 상
② 두 가지의 차이를 밝히기 위하여 서로 맞대어 비교함. 또는 그런 비교
③ 일정한 조건이나 환경 따위에 맞추어 응하거나 알맞게 됨
④ 기교와 방법을 아울러 이르는 말
⑤ 다른 색상의 두 빛깔이 섞여 하양이나 검정이 될 때, 이 두 빛깔을 서로 이르는 말

43 ①

① 억지로 또는 강제로 요구함
② 어떤 행동이나 견해, 제안 따위에 따르지 아니하고 맞서 거스름
③ 어떤 사실을 인정하여 앎
④ 마주 대하여 이야기를 주고받음
⑤ 쫓아내거나 몰아냄

44 ②

① 양이나 수치가 줆. 또는 양이나 수치를 줄임
② 물질이 산소와 화합할 때에, 많은 빛과 열을 내는 현상
③ 매우 드물고 적음
④ 남김없이 다 타 버림
⑤ 동물이 집이나 둥지로 돌아감

45 ③

① 나타나거나 또는 나타나서 보임
② 관악기와 현악기를 아울러 이르는 말
③ 다시 나타남. 또는 다시 나타냄
④ 속에 있거나 숨은 것이 밖으로 나타나거나 그렇게 나타나게 함
⑤ 지체가 높고 귀한 사람을 찾아가 뵘

46 ②

① 마음과 몸의 활동력, 본디 타고난 기운
② 씩씩하고 굳센 기운. 또는 사물을 겁내지 아니하는 기개
③ 피의 기운이라는 뜻으로, 힘을 쓰고 활동하게 하는 원기를 이르는 말
④ 천지 만물을 생성하는 원천이 되는 기운
⑤ 미리 정한 기한이 다 참. 또는 그 기한

47 ②

① 마주치기를 꺼리어 피하거나 얼굴을 돌림
② 밖으로 드러나지 아니하는 사람의 속마음. 사람의 정신적·심리적 측면
③ 얼굴을 감추거나 달리 꾸미기 위하여 나무, 종이, 흙 따위로 만들어 얼굴에 쓰는 물건
④ 겉으로 나타나거나 눈에 보이지 않는 부분, 뒷면
⑤ 각각의 여러 사람. 또는 여러 얼굴

48 ④

- 돈의 사용에 대해서 견해를 달리한다.
- 학생들은 과학자보다 연예인이 되기를 더 선호한다.
- 흡연에 대한 대책이 필요하다는 의견이 제기되었다.
- 최근 북한의 인권 문제에 대하여 미국 의회가 문제를 제기하였다.
- 직장 내에서 갈등의 양상은 다양하게 표출된다.

① 여럿 가운데서 특별히 가려서 좋아함
② 의견이나 문제를 내어놓음
③ 어떤 사물이나 현상에 대한 자기의 의견이나 생각
④ 어떠한 사물이나 현상을 이루기 위하여 먼저 내세우는 것
⑤ 겉으로 나타냄

49 ⑤

- 선약이 있어서 모임에 참석이 어렵게 되었다.
- 홍보가 부족했는지 사람들의 참여가 너무 적었다.
- 그 대회에는 참가하는 데에 의의를 두자.
- 손을 뗀다고 했으면 참견을 마라.
- 대중의 참여가 배제된 대중문화는 의미가 없다.

① 어떤 일에 끼어들어 관계함
② 모임이나 회의 따위의 자리에 참여함
③ 모임이나 단체 또는 일에 관계하여 들어감
④ 자기와 별로 관계없는 일이나 말 따위에 끼어들어 쓸데없이 아는 체하거나 이래라저래라 함
⑤ 어떤 자리에 직접 나아가서 봄

보충학습

'참여'는 '어떤 일에 관계하다'의 의미로서 쓰여 그 일의 진행 과정에 개입해 있는 경우를 드러내는 데에 쓰이는 것인데 반해서, '참석'은 모임이나 회의에 출석하는 것의 의미를 지니는 경우에 사용되며, '참가'는 단순한 출석의 의미가 아니라 '참여'의 단계로 들어가는 과정을 나타내는 것으로 이해하여 볼 수 있다.

50 ①

- 우리나라의 사회보장 체계는 사회적 위험을 보험의 방식으로 대처함으로써 국민의 건강과 소득을 보장한다.
- 혼자서 일상생활을 수행하기 어려운 노인 등에게 신체활동 또는 가사노동에 도움을 준다.
- 제조 · 판매업자가 장애인으로부터 서류일체를 위임받아 청구를 대행하였을 경우 지급이 가능한가요?
- 급속한 고령화에 능동적으로 대처할 수 있는 능력을 배양해야 한다.
- 고령 사회에 대비해 제도가 맞닥뜨린 문제점을 정확히 인식하고 개선방안을 모색하는 것이 필요하다.

① 뜻한 바를 완전히 이루거나 다 해냄.
② 앞으로 일어날지도 모르는 어떠한 일에 대응하기 위하여 미리 준비함. 또는 그런 준비.
③ 남을 대신하여 행함.
④ 일정한 임무를 띠고 가는 사람을 따라감. 또는 그 사람.
⑤ 어떤 정세나 사건에 대하여 알맞은 조치를 취함.

51 ②

귀성행렬의 사진촬영, 육로로 접근이 불가능한 지역으로의 물자나 인원이 수송, 화재 현장에서의 소화와 구난작업, 농약살포 등에 헬리콥터가 등장하는 이유는 일반 비행기로는 할 수 없는 호버링(공중정지), 전후진 비행, 수직 착륙, 저속비행 등이 가능하기 때문이라고 하였다. 따라서 이 글을 바탕으로 ②와 같은 추론을 하는 것은 적절하지 않다.

52 ②

공동의 온도에 따른 복사에너지량에 대해서는 글에 제시되지 않았다.

53 ④

① 문화나 사상 따위가 서로 통함
② 어떤 상태가 굳어 조금도 변동이나 진전이 없이 머묾
③ 서로 접촉하여 따라 움직이는 느낌
④ 마음이나 상황 따위를 뒤흔들어서 어지럽고 혼란하게 함
⑤ 서로 바꾸거나 주고받고 함

54 ③

① 여러 사람이 모여 서로 의논하는 것을 의미한다.
② 상세하게 의논함을 이르는 말이다.
③ 어떤 일을 이루려고 대책과 방법을 세움을 의미한다.
④ 서로 의견이 일치함을 뜻한다.
⑤ 어떤 목적에 부합되는 결정을 하기 위하여 여럿이 서로 의논함을 의미한다.

55 ⑤

'가결'과 '부결'은 상대어이다. '유동'의 상대어는 '고정'이다.

56 ①

위에 제시된 관계는 조선시대 대문과 그 문의 이름 속에 들어있는 사덕(四德)의 관계이다. 남대문의 또 다른 이름은 '숭례문(崇禮門)'으로 '례(禮)'가 들어간다.
동대문 … 흥인지문(興仁之門)의 또 다른 이름으로 '인(仁)'이 들어간다.

57 ⑤

반의관계를 묻는 문제이다. 물건 사이가 뜸을 이르는 '성기다'와 반의관계에 있는 말은 '조밀하다'이다.

58 ③

① 액체 따위를 끓여서 진하게 만들다, 약제 등에 물을 부어 우러나도록 끓인다는 뜻이며 간장을 달이다, 보약을 달이다 등에 사용된다.
② '줄다'의 사동사로 힘, 길이, 수량, 비용 등을 적어지게 한다는 의미이다.
④ 어떤 사건에 휩쓸려 들어가다, 다른 사람이 하고자 하는 어떤 행동을 못하게 방해한다는 의미의 동사 또는 물기가 다 날아가서 없어진다는 의미인 마르다의 사동사이다.
⑤ '졸다'의 사동사 또는 속을 태우다시피 초조해하다의 의미를 갖는다.

'조리다'와 '졸이다'

'조리다'와 '졸이다'는 구별해서 써야 한다. 국물이 적게 바짝 끓일 때에는 '조리다'를 쓰고, 졸게 하거나 속을 태울 때는 '졸이다'를 쓴다.

59 ④

① 허위적허위적 → 허우적허우적
② 괴퍅하다 → 괴팍하다
③ 미류나무 → 미루나무
⑤ 닐리리 → 늴리리

60 ③

문장의 의미상 '반드시, 꼭, 틀림없이'의 의미를 갖는 '기어이'가 들어가야 한다.

61 ②

앞 문장에서는 표준어는 국가나 공공 기관에서 공식적으로 사용해야 하므로 표준어가 공용어이기도 하다는 것을 말하고 있고, 뒷 문장에서는 표준어가 어느 나라에서나 공용어로 사용되는 것은 아님을 말하고 있으므로 앞 뒤 문장의 내용이 상반된다. 따라서 상반되는 내용을 이어주는 접속어 '그러나'가 들어가야 한다.

62 ④

뒷 문장은 앞 문장의 내용에 대한 부정과 반박에 해당한다.

63 ④

제시된 지문은 김연아 · 장미란 · 이상화 단 세 명의 예를 통해 대한민국 여성들을 모두 일반화시키는 성급한 일반화의 오류를 범하고 있다.

① 군중에의 호소
② 합성의 오류
③ 의도확대의 오류
④ 성급한 일반화의 오류
⑤ 인신공격의 오류

64 ②

'효시'는 '어떤 사물이나 현상이 시작되어 나온 맨 처음을 비유적으로 이르는 말'이다. 따라서 '사물의 근원'의 의미를 가지는 '연원'이 그 의미가 유사하다고 볼 수 있다.

① 사람의 힘을 가하지 아니한 상태
③ 작게 보임. 또는 작게 봄
④ 보람 있게 쓰거나 쓰임. 또는 그런 보람이나 쓸모
⑤ 예시하여 모범으로 삼는 것

65 ④

괄호 앞에 문장에서는 텔레비전의 속성 중 신의 속성과 일치하는 부분을 언급하고 있으며, 괄호 뒤 문장에서는 다른 부분을 언급하고 있다. 따라서 예외적인 사항이나 조건을 덧붙일 때 쓰는 '다만'이 오는 것이 적절하다.

66 ①

지문에서 알 수 있는 것은 '(　), 병, (　), 정, 무'이며 괄호 속에는 을과 갑이 둘 다 들어갈 수 있다.

67 ⑤

'모든 무신론자가 운명론을 거부하는 것은 아니다'에서 보면 운명론을 거부하는 무신론자도 있고, 운명론을 믿는 무신론자도 있다는 것을 알 수 있다.

68 ②

조건에 따라 4명을 원탁에 앉히면 시계방향으로 경수, 인영, 민수, 영희의 순으로 되므로 경수의 오른쪽과 왼쪽에 앉은 사람은 영희 – 인영이 된다.

69 ①

민수 = A, 한국인 = B, 농구 = C, 활동적 = D라 하고 농구를 좋아하지 않음 = ~C, 한국인이 아님 = ~B라 하면, 주어진 조건에서 A → B, C → D, ~C → ~B인데 ~C → ~B는 B → C이므로(대우) 전체적인 논리를 연결시켜보면 A → B → C → D가 되어 A → D의 결론이 나올 수 있다.

70 ①

주어진 조건을 잘 풀어보면 민수는 A기업에 다닌다, 영어를 잘하면 업무능력이 뛰어나다, 업무능력이 뛰어나지 못하면 영어를 못한다, 영어를 못하는 사람은 A기업에 다니지 않는다, A기업 사람은 영어를 잘한다. 전체적으로 연결시켜 보면 '민수 → A기업에 다닌다. → 영어를 잘한다. → 업무능력이 뛰어나다.' 이므로 '민수는 업무능력이 뛰어나다.'는 결론을 도출할 수 있다.

71 ②

'워프(Whorf) 역시 사피어와 같은 관점에서 언어가 우리의 행동과 사고의 양식을 주조(鑄造)한다고 주장한다'라는 문장을 통해 빈칸에도 워프가 사피어와 같은 주장을 하는 내용이 나와야 자연스럽다.

72 ②

㉡의 '소설만 그런 것이 아니다.'라는 문장을 통해 앞 문장에 소설에 대한 내용이 와야 함을 유추할 수 있으므로 ㉣이 ㉡ 앞에 와야 한다. 또한 '이처럼'이라는 지시어를 통해 ㉣㉡의 부연으로 ㉢이 와야 함을 유추할 수 있으므로 제시된 글의 순서는 ㉣㉡㉢㉠가 적절하다.

73 ③

① 3문단 첫째 줄
② 2문단
④ 3문단
⑤ 1문단

74 ③

주어진 글에서는 하나의 지식이 탄생하여 다른 분야에 연쇄적인 영향을 미치게 되는 것을 뇌과학 분야의 사례를 통해 조명하고 있다. 이러한 모습은 학문이 그만큼 복잡하다거나, 서로 다른 학문들이 어떻게 상호 연관을 맺는지를 규명하는 것이 아니며, 지식이나 학문의 발전은 독립적인 것이 아닌 상호 의존성을 가지고 있다는 점을 강조하는 것이 글의 핵심 내용으로 가장 적절할 것이다.

75 ⑤

첫 번째 문단에서 '일정한 주제 의식이나 문제의식을 가지고 독서를 할 때 보다 창조적이고 주체적인 독서 행위가 성립될 것이다.'라고 언급하고 있다.

76 ①

두 번째 문단에서 '간단한 읽기, 쓰기와 셈하기 능력만 갖추고 있으면 얼마 전까지만 하더라도 문맹 상태를 벗어날 수 있었다.'고 언급하고 있다.

77 ②

제시된 글의 주제는 '사람들이 생활환경 개선을 위해 노력한다.'이다.
② 주제와 관계가 없는 내용이다.

78 ③

글쓴이는 이 영화를 통해 미국 사회의 문화적 상황에 대해 설명하면서, 미국 영화는 당대의 시대정신과 문화를 반영하고 있다는 말을 하고 있다.

79 ①

제시된 글은 자연미와 소박함에 바탕을 둔 한국 미술의 특징에 대해 쓴 글이다.

80 ④

① 셋째 문단, ②⑤ 둘째 문단, ③ 넷째 문단

자료해석

01	02	03	04	05	06	07	08	09	10	11	12	13	14	15	16	17	18	19	20
②	②	①	①	②	②	②	③	④	②	②	①	④	②	②	①	④	③	④	②
21	22	23	24	25	26	27	28	29	30	31	32	33	34	35	36	37	38	39	40
①	③	④	④	②	②	②	①	④	③	④	③	④	③	②	④	①	①	③	②
41	42	43	44	45	46	47	48	49	50	51	52	53	54	55	56	57	58	59	60
③	③	②	②	③	③	③	④	③	③	③	②	③	③	④	④	③	①	④	②
61	62	63	64	65	66	67	68	69	70	71	72	73	74	75	76	77	78	79	80
④	②	④	①	④	②	④	②	④	①	③	①	②	③	③	④	②	③	①	②
81	82	83	84	85	86	87	88	89	90	91	92	93	94	95	96	97	98	99	100
③	①	③	②	③	②	①	③	②	②	④	④	①	③	③	①	③	④	③	③

01 ②

주어진 수열은 소수가 작은 수부터 나열되며 각 수의 값만큼 숫자가 나열된다. 따라서 13은 2, 3, 5, 7, 11의 다음에 등장하게 되며, 마지막 11이 나오는 28번 째 다음 29번째에 처음 나온다.

02 ②

주어진 수열은 3부터 3의 배수가 나열되며, 3의 배수의 약수가 함께 나열되고 있다. 3의 약수는 2개, 6의 약수는 4개, 9의 약수는 3개, 12의 약수는 6개 이므로, 18은 20번 째에 등장한다.

03 ①

주어진 수열은 3의 n배수가 n개씩 나열되는 규칙을 가지고 있다. 21은 3의 7배수이므로 18이 마지막으로 나오는 21번째 다음인 22번째에 등장한다.

04 ①

주어진 수열은 11+2n(n=1, 2, 3, …)의 값이 n개씩 나열되는 규칙을 가지고 있다. 25는 n이 7일 때의 값이므로 22번째 처음 나온다.

05 ②

주어진 수열은 2의 배수가 나열되며, 자신의 값만큼 수가 나열되는 규칙을 가지고 있다. 20은 마지막 18이 등장하는 90번째 다음 91번째에 처음 등장한다.

06 ②

일의 자리에 온 숫자를 그 항에 더한 값이 그 다음 항의 값이 된다.
78 + 8 = 86, 86 + 6 = 92, 92 + 2 = 94, 94 + 4 = 98, 98 + 8 = 106, 106 + 6 = 112

07 ②

주어진 수열은 5n(n=1, 2, 3, 4...)에 소수가 순서대로 더해지는 규칙을 가지고 있다. 따라서 빈칸에 들어갈 수는 5×7+17=52이다.

08 ③

주어진 수열은 앞의 항×2−5의 규칙을 가지고 있다. 따라서 빈칸은 197×2−5=389이다.

09 ④

주어진 수열은 홀수 번째 수열에는 ×2, 짝수 번째 수열에는 +14가 적용되고 있다. 따라서 빈칸은 72×2=144이다.

10 ②

홀수 항만 보면 +7씩, 짝수 항만 보면 −7씩 변화하는 규칙을 가진다.

11 ②

$\frac{3}{4^1-1}$ $\frac{14}{4^2-2}$ $\frac{61}{4^3-3}$ $\frac{252}{4^4-4}$ $\frac{1019}{4^5-5}$ $\frac{4090}{4^6-6}$

12 ①

• 앞의 항의 분모에 2^1, 2^2, 2^3, ……을 더한 것이 다음 항의 분모가 된다.

• 앞의 항의 분자에 3^1, 3^2, 3^3, ……을 더한 것이 다음 항의 분자가 된다.

따라서 $\frac{121+3^5}{33+2^5}=\frac{121+243}{33+32}=\frac{364}{65}$

---

13 ④

$\frac{10}{1\times10}$ $\frac{18}{2\times9}$ $\frac{24}{3\times8}$ $\frac{28}{4\times7}$ $\frac{30}{5\times6}$

$1+10=11$ $2+9=11$ $3+8=11$ $4+7=11$ $5+6=11$

---

14 ②

첫 번째 수를 두 번째 수로 나눈 후 그 몫에 1을 더하고 있다.

$20\div10+1=3$, $30\div5+1=7$, $40\div5+1=9$

---

15 ②

규칙성을 찾으면 6 2 8 10에서 첫 번째 수와 두 번째 수를 더하면 세 번째 수가 되고 두 번째 수와 세 번째 수를 더하면 네 번째 수가 된다.

∴ ( ) 안에 들어갈 수는 21이다.

---

16 ①

각 밑줄의 두 번째 수가 첫 번째 수의 제곱수로 가고, 그 값에 세 번째 수를 더한 값이 네 번째 수가 된다. $3^2+4=13$, $6^3(=216)+\underline{4}=220$, $2^4+7=23$, $2^5+3=35$

---

17 ④

첫 번째 수와 두 번째 수를 곱한 뒤 첫 번째 수를 더한 값이 세 번째 수가 된다.

$1\times4+1=5$, $2\times6+2=14$, $3\times8+3=27$, $4\times10+4=44$

18 ③

앞의 두 수를 곱한 값이 그 다음 수가 된다.

19 ④

홀수항과 짝수항을 따로 분리해서 생각하도록 한다.

홀수항은 분모 2의 분수형태로 변형시켜 보면 분자에서 −3씩 더해가고 있다.

$10=\frac{20}{2}\rightarrow\frac{17}{2}\rightarrow 7=\frac{14}{2}\rightarrow\frac{11}{2}$

짝수항 또한 분모 2의 분수형태로 변형시켜 보면 분자에서 +5씩 더해가고 있음을 알 수 있다.

$2=\frac{4}{2}\rightarrow\frac{9}{2}\rightarrow 7=\frac{14}{2}\rightarrow\frac{19}{2}$

20 ②

처음의 숫자에 3^0, -3^1, 3^2, -3^3, 3^4이 더해지고 있다.

21 ①

일	월	화	수	목	금	토
						1
2	3	4	5	6	7	8
9	10	11	12	13	14	15
16	17	18	19	20	21	22
23	24	25	26	27	28	29
30	31					

12월은 31일까지 있고, 7로 나누면 3이 남으므로 3개의 요일이 5번씩 있다. 문제에서 화요일과 금요일이 4번 있다고 했으므로 12월 31일은 월요일이다.

22 ③

※ $1\text{인당 연간 독서권수} = \dfrac{\text{독서권수}}{\text{비독서 인구} + \text{독서 인구}}$

※ $\text{독서인구 1인당 연간 독서 권수} = \dfrac{\text{독서 권수}}{\text{독서 인구}}$

※ $\text{독서 인구 비율} = \dfrac{\text{독서 인구}}{\text{비독서 인구} + \text{독서 인구}}$

$\dfrac{\text{독서 권수}}{\text{독서 인구}} \times \dfrac{\text{독서인구}}{\text{비독서 인구} + \text{독서 인구}} = \dfrac{\text{독서 권수}}{\text{비독서 인구} + \text{독서 인구}}$ 이므로

1인당 연간 독서 권수＝독서 인구 1인당 연간 독서 권수×독서 인구 비율임을 알 수 있다. 빈칸은 독서인구 1인당 연간 독서 권수이므로 '1인당 연간 독서 권수÷독서 인구 비율'의 식으로 구할 수 있다.

ⓐ는 $14.0 \div 74.1\% = 14.0 \times \dfrac{100}{74.1} = 18.9$

ⓑ는 $13.1 \div 68.6\% = 13.1 \times \dfrac{100}{68.6} = 19.1$

ⓐ+ⓑ=18.9+19.1=38

23 ④

모든 가구가 애완동물을 키운다고 했으므로 W마을은 총 120가구이다. 이 중 염소를 키우는 가구는 26÷120×100=21.7%이다.

24 ④

④ 2018~2021년 동안 게임 매출액이 음원 매출액의 2배 이상인 경우는 2018년 한 번 뿐이며, 그 외의 기간 동안에는 모두 2배에 미치지 못하고 있다.

① 게임은 2019년에, 음원은 2017년에, SNS는 2018년과 2020년에 각각 전년대비 매출액이 감소한 반면, 영화는 유일하게 매년 매출액이 증가하고 있다.

② 2021년 SNS 매출액은 341백만 원으로 전년도의 104백만 원의 3배 이상이나 되는 반면, 다른 콘텐츠의 매출액은 전년도의 2배에도 미치지 못하고 있으므로 SNS의 전년대비 매출액 증가율이 가장 크다.

③ 영화 매출액의 비중을 일일이 계산하지 않더라도 매년 영화 매출액은 전체 매출액의 절반에 육박하고 있다는 점을 확인한다면 전체의 40% 이상을 차지한다는 것도 쉽게 알 수 있다.

25 ②

합격률 공식에 따르면 기능장 필기시험의 합격률은 $\frac{9,903}{21,651} \times 100 = 45.7\%$ 이다.

26 ②

합격률 공식에 따라 기능장의 합격률을 구하면 $\frac{4,862}{16,390} \times 100 = 29.7\%$ 으로 다른 실기시험 중 합격률이 가장 낮다.

27 ②

② 영업수익이 가장 낮은 해는 2017년이고 영업비용이 가장 높은 해는 2021년이다.
① 총수익이 가장 높은 해와 당기순수익이 가장 높은 해는 모두 2019년이다.
③ 총수익 대비 영업수익이 가장 높은 해는 96.5%로 2020년이다. 2020년 기타 수익은 1,936억 원으로 2,000억 원을 넘지 않는다.
④ 기타수익이 가장 낮은 해는 2020년이고 총수익이 가장 낮은 해는 2017년이다.
⑤ 총비용 대비 영업비용의 비중은 2019년-91.7%, 2020년-90.4%, 2021년-90.9%로 모두 90%를 넘는다.

28 ①

a=123,906−126,826=−2,920
b=82,730−83,307=−577
c=123,906−107,230=16,676
d=82,730−68,129=14,601
a+b+c+d=−2,920+(−577)+16,676+14,601=27,780

29 ④

① 커피 전체에 대한 수입금액은 2016년 331.3, 2017년 310.8, 2018년 416, 2019년 717.4, 2020년 597.6으로 2017년과 2020년에는 전년보다 감소했다.
② 생두의 2019년 수입단가는 $\left(\frac{528.1}{116.4} = 4.54\right)$ 2018년 수입단가$\left(\frac{316.1}{107.2} = 2.95\right)$의 약 1.5배 정도이다.
③ 원두의 수입단가는 2016년 11.97, 2017년 12.06, 2018년 12.33, 2019년 16.76, 2020년 20.33로 매해마다 증가하고 있다.

30 ③

① 2018년 원두의 수입단가 $= \frac{55.5}{4.5} \fallingdotseq 12.33$

② 2019년 생두의 수입단가 $= \frac{528.1}{116.4} \fallingdotseq 4.54$

③ 2020년 원두의 수입단가 $= \frac{109.8}{5.4} \fallingdotseq 20.33$

④ 2019년 커피조제품의 수입단가 $= \frac{98.8}{8.5} \fallingdotseq 11.62$

31 ④

2021년 영향률 : $\frac{2,565}{17,734} \times 100 \fallingdotseq 14.5(\%)$

32 ③

2020년 수혜 근로자 수 : $17,510 \times \frac{14.7}{100} \fallingdotseq 2,574$(=약 257만4천 명)

33 ④

④ 2021년 시간급 최저임금은 5,210원이고 전년대비 인상률은 7.20%이므로 2022년의 전년대비 인상률이 2021년과 같을 경우 시간급 최저임금은 $5,210 \times \frac{107.2}{100} = 5,585.12$(=약 5,585원)이 되어야 한다.

34 ③

야간만 사용할 경우이므로 동일한 가격에 월 기본료가 저렴한 L사가 적당하다.

35 ②

㉠ S사 : 기본료 12,000원, 8,000원으로 약 133분 통화가 가능하다.
㉡ K사 : 기본료 11,000원, 9,000원으로 약 225분 통화가 가능하다.
㉢ L사 : 기본료 10,000원, 10,000원으로 약 200분 통화가 가능하다.

36 ④

① F의 재정력지수 = $\frac{234}{445} ≒ 0.53$

I의 재정력지수 = $\frac{400}{580} ≒ 0.69$

④ A의 재정력지수 = $\frac{4,520}{3,875} ≒ 1.17$

B의 재정력지수 = $\frac{1,342}{1,323} ≒ 1.01$

D의 재정력지수 = $\frac{500}{520} ≒ 0.96$

E의 재정력지수 = $\frac{2,815}{1,620} ≒ 1.74$

37 ①

A = 92%, B = 79%, C = 65%, D = 72%, E = 69%

38 ①

$x = 667.6 - (568.9 + 62.6 + 22.1) = 14.0$

39 ③

① 2019년 : $\frac{605.4}{591.4} \times 100 \fallingdotseq 2.4(\%)$

② 2020년 : $\frac{609.2}{605.4} \times 100 \fallingdotseq 0.6(\%)$

③ 2021년 : $\frac{667.8}{609.2} \times 100 \fallingdotseq 9.6(\%)$

④ 2022년 : $\frac{697.7}{667.8} \times 100 \fallingdotseq 4.5(\%)$

40 ②

㉠ 실제로 이농이 얼마나 일어났는지는 표에서 확인할 수 없다.

㉡ 남녀의 응답 비율 변화를 볼 때, 시간이 흐르면서 이농하려는 생각이 확산되지는 않는다는 점을 확인할 수 있다.

㉢ 연령이 높아질수록 이농에 대한 긍정적 응답률이 낮아지고 있다는 점을 확인할 수 있다.

41 ③

일반회원의 포인트인 P를 먼저 계산하면

200P : 1,000 = 360P : x이므로

$x = 1,800$

360P의 적립금은 1,800원이 나온다.

우수회원의 포인트 S를 계산하면

40S : 1,500 = yS : 1,800이므로

$y = 48$

360P는 48S이다.

42 ③

10번의 경기에서 평균 0.6개의 홈런→6개 홈런

15번의 경기에서 평균 0.8개의 홈런→12개 홈런

따라서 남은 5경기에서 최소 6개 이상의 홈런을 기록해야 한다.

43 ②

총 금액이 12,000원이므로 50원 짜리는 짝수이어야 한다.

그렇다면 쉽게 50원 동전이 2개라고 가정하여 대입하여 주면 50원 동전 2개이면 100원, 100원 동전 9개이면 900원. 그럼 동전의 합은 1,000원이면서 개수는 11개 나머지 3개로 1,000원과 5,000원을 가지고 11,000원을 만들어야 하므로 5,000원 지폐 2장과 1,000원 지폐 1장이 11,000원이 된다.

만약 50원 동전이 4개라면 50원 동전 4개이면 200원, 100원 동전 8개이면 800원으로 총 합이 1,000원이 되지만 개수가 벌써 12개, 1,000원, 5,000원 지폐 2장으로 11,000원이 만들어 질 수 없으므로 성립되지 않는다.

44 ②

물통 전체의 부피를 1로 놓고, 수도꼭지 A, B, C에서 매시간 나오는 물의 양을 각각 a, b, c라고 하면

$a+b+c=1$

$1.5(a+c)=1$

$2(b+c)=1$

위의 세 식을 연립하여 계산하면 된다.

먼저, 첫 번째 식과 두 번째 식을 이용하면

$a+b+c=1$

$1.5a+1.5c=1$

두 식을 계산하기 위해 계수를 3으로 맞춰주면

$3a+3b+3c=3$

$3a+3c=2$

이를 계산하면 $3b=1 \rightarrow b=\frac{1}{3}$

세 번째 식에 대입하여 주면 $2b+2c=1 \rightarrow 2\times\frac{1}{3}+2c=1 \rightarrow c=\frac{1}{6}$

$a+\frac{1}{3}+\frac{1}{6}=1 \rightarrow a=\frac{1}{2}$

구하고자 하는 것은 A와 B를 틀어 채울 때의 시간이므로

$\frac{1}{\frac{1}{2}+\frac{1}{3}}=\frac{1}{\frac{5}{6}}=\frac{6}{5}=1.2$시간

45 ③

갑이 당첨제비를 뽑고, 을도 당첨제비를 뽑을 확률 $\frac{4}{10}\times\frac{3}{9}=\frac{12}{90}$

갑은 당첨제비를 뽑지 못하고, 을만 당첨제비를 뽑을 확률 $\frac{6}{10}\times\frac{4}{9}=\frac{24}{90}$

따라서 을이 당첨제비를 뽑을 확률은 $\frac{12}{90}+\frac{24}{90}=\frac{36}{90}=\frac{4}{10}=0.4$

46 ③

공원까지의 거리는 $150\times(30+20)=7{,}500$
갑과 을이 헤어진 곳까지의 거리는 $150\times30=4{,}500$
갑이 총 이동한 거리는 $4{,}500+4{,}500+3{,}000=12{,}000$
헤어진 곳까지는 을과 동일하나 지갑을 가지러 2배의 속도로 집으로 돌아가는데 15분, 다시 공원까지 오는데 25분이 걸리므로
을은 총 50분이 걸려서 공원에 도착하였고, 갑은 총 70분이 걸려서
을보다 20분 후에 공원에 도착한다.

47 ③

시간은 $\frac{\text{거리}}{\text{속도}}$로 구할 수 있다.

직장에서 병원까지 가는데 걸리는 시간은 $\frac{10}{60}=\frac{1}{6}$이므로 $\frac{1}{6}\times60=10(\text{분})$이다.

병원에서 집까지 가는데 걸리는 시간은 $\frac{15}{30}=\frac{1}{2}$이므로 $\frac{1}{2}\times60=30(\text{분})$이다.

직장에서 집까지 가는데 걸리는 시간은 $10+30=40(\text{분})$이 된다.

48 ④

가격인상 후의 입장료는 $600\left(1+\frac{x}{100}\right)$

가격인상 후의 입장자 수는 $12{,}000\left(1-\frac{x}{300}\right)$

입장료와 입장자 수의 곱으로 구하는 가격이 960만 원이 되므로

$600\left(1+\frac{x}{100}\right)\times12{,}000\left(1-\frac{x}{300}\right)=9{,}600{,}000$

$x^2 - 200x + 10{,}000 = 0$

$(x-100)(x-100) = 0$

$x = 100$

49 ③

펼쳤을 때 나온 왼쪽의 쪽수를 x라 하면, 오른쪽의 쪽수는 $x+1$이 된다.

$x \times (x+1) = 506$

$x^2 + x = 506$

$x^2 + x - 506 = 0$

$(x-22)(x+23) = 0$

$\therefore x = 22$

펼친 두 면의 쪽수는 각각 22, 23가 된다.

50 ③

영미가 걷는 거리를 구하면 $s = vt$이므로

$s = 3 \times \frac{50}{60} = 2.5\text{km}$

철수의 속력을 구하여야 하므로

$v = \frac{s}{t} = \frac{2.5}{\frac{30}{60}} = 5\text{km/h}$

51 ③

③ 라 지역의 태양광 설비투자액이 210억 원으로 줄어들 경우 대체에너지 설비투자액의 합인 B가 510억 원이 된다. 이때의 대체에너지 설비투자 비율은 $\frac{510}{11{,}000} \times 100 \fallingdotseq 4.63$이므로 5% 이상이라는 설명은 옳지 않다.

52 ②

가 지역의 지열 설비투자액이 250으로 줄어들 경우 대체에너지 설비투자액의 합인 B가 417억 원이 된다. 이때의 대체에너지 설비투자 비율은 $\frac{417}{8,409}\times 100 \fallingdotseq 4.96$이므로 원래의 대체에너지 설비투비 비율인 5.98에 비해 약 17% 감소한 것으로 볼 수 있다.

---

53 ③

$45:1,350=100:x$

$45x=135,000$

$\therefore\ x=3,000$

---

54 ③

$30:15=x:2$

$15x=60$

$\therefore\ x=4$

---

55 ④

①②는 표에서 알 수 없다.

③ 시간에 따른 B형 바이러스 항체 보유율이 가장 낮다.

---

56 ④

5세 때의 신장을 x라 하고, 5세를 기준으로 각각의 성장률을 구해보면,

㉠ 6세 : $x+(x\times 0.06)=1.06x$

㉡ 7세 : $1.06x+(1.06x\times 0.05)=1.113x$

㉢ 8세 : $1.113x+(1.113x\times 0.1)=1.2243x$

① 5세 때의 신장을 알 수 없으므로 정확한 수치는 알 수 없다.

② 8세 때는 5세 때의 신장에 비해 22.4% 자랐다.

$(1.2243x-x)\times 100=22.43(\%)$

③ 5세 때부터 7세 때까지 : $(1.113x-x)\times 100=11.3(\%)$

6세 때부터 8세 때까지 : $(1.2243x-1.06x)\times 100=16.43(\%)$

④ 7세 때부터 8세 때까지 : $(1.2243x-1.113x)\times 100=11.13(\%)$

5세 때부터 6세 때까지 : $(1.06x-x)\times 100=6(\%)$

57 ③

8세 때는 5세 때의 신장에 비해 22.4% 자랐다.

$(1.2243x-x)\times 100=22.43(\%)$

58 ①

$1.113x=89$

$x=\dfrac{89}{1.113}\fallingdotseq 79.964$

8세 때의 신장은 $1.2243x$이므로 $1.2243\times 79.96\fallingdotseq 97.89(\text{cm})$

59 ④

① 단독으로 성능에 영향을 미치기 위해서는 나머지 조건들이 모두 같아야 한다. 첫 번째 줄과 다섯 번째 줄을 비교하면 손잡이의 길이의 길고, 짧음이 성능에 영향을 미친다. 그러나 두 번째 줄과 여섯 번째 줄을 비교하면 손잡이의 길이의 길고, 짧음이 성능에 영향을 미치지 않음을 알 수 있다.

② 프레임의 넓이에 따른 일관된 결과가 제시되어 있지 않다.

③ 손잡이의 길이가 길고 프레임의 재질이 보론인 경우 성능에 영향을 주기도 하고 아니기도 하다.

④ 프레임이 넓고 재질이 보론인 경우만 영향을 미치고 그렇지 않은 경우는 성능에 영향을 주지 않는다.

60 ②

소득 수준의 4분의 1이 넘는다는 것은 다시 말하면 25%를 넘는다는 것을 의미한다. 하지만 소득이 150~199일 때와 200~299일 때는 만성 질병의 수가 3개 이상일 때가 각각 20.4%와 19.5%로 25%에 미치지 못한다. 그러므로 ②는 적절하지 않다.

61 ④

인구 100명당 초고속인터넷 가입자 수 상위 5개국의 인구 100명당 인터넷 이용자 수 순위를 보면 덴마크는 4위, 네덜란드는 3위, 노르웨이는 2위, 스위스는 13위, 아이슬란드는 15위권 밖으로, 인구 100명당 초고속인터넷 가입자 수 상위 5개국 중 인구 100명당 인터넷 이용자 수가 가장 적은 국가는 아이슬란드이다.

62 ②

② 세 가지 지표에서 모두 15위 이내에 속한 국가는 노르웨이, 네덜란드, 덴마크, 핀란드, 룩셈부르크, 한국, 미국으로 총 7개국이다.

63 ④

㉠ 150점 미만인 인원 : 10명(85 + 55) + 4명(75 + 55) + 4명(65 + 65) + 14명(75 + 65) = 32명

㉡ 150점 초과인 인원 : 2명(95 + 65) + 4명(95 + 75) + 20명(85 + 75) + 6명(85 + 85) = 32명

㉢ 150점인 인원 : 24명(65 + 85) + 12명(75 + 75) = 36명

64 ①

㈎ 학교유형과 전공계열을 교차하여 판단하기에 충분한 자료라고 할 수 없다.

㈏ 전년 대비 모든 지표에서 2020년의 수치가 2019년보다 더 높다.

㈐ 매년 가장 높은 고용률을 보이고 있다.

㈑ 교육대 졸업자들을 제외하면, 전체 지표를 포함한 모든 지표에서 2017년 대비 2021년의 고용률이 하락한 것을 알 수 있으므로, 이로써 교육대 졸업자들의 고용률 상승에도 불구하고 사회 전반적인 고용률이 하락되었다고 판단할 수 있다.

65 ④

① 선호도가 높은 2개의 산은 설악산과 지리산으로 38.9+17.9=56.8(%)로 50% 이상이다.

② 설악산을 좋아한다고 답한 사람은 38.9%, 지리산, 북한산, 관악산을 좋아한다고 답한 사람의 합은 30.7%로 설악산을 좋아한다고 답한 사람이 더 많다.

③ 주 1회, 월 1회, 분기 1회, 연 1~2회 등산을 하는 사람의 비율은 82.6%로 80% 이상이다.

④ 우리 국민들 중 가장 많은 사람들이 연 1~2회 정도 등산을 한다.

66 ②

2021년 신청금액이 2020년 대비 30% 이상 증가한 시술 분야는 네트워크, 차세대컴퓨팅, 시스템반도체 3 분야이다.

67 ④

2019년 확정금액이 상위 3개인 기술 분야는 네트워크, 이동통신, 방송장비로 총 3,511억 원이다. 이는 2019년 전체 확정금액인 5,024억 원의 약 70%이다.

68 ②

중량이나 크기 중에 하나만 기준을 초과하여도 초과한 기준에 해당하는 요금을 적용한다고 하였으므로, 보람이에게 보내는 택배는 10kg지만 130cm로 크기 기준을 초과하였으므로 요금은 8,000원이 된다. 또한 설희에게 보내는 택배는 60cm이지만 4kg으로 중량기준을 초과하였으므로 요금은 6,000원이 된다.

$\therefore\ 8{,}000+6{,}000=14{,}000$(원)

69 ④

제주도까지 빠른 택배를 이용해서 20kg 미만이고 140cm 미만인 택배를 보내는 것이므로 가격은 9,000원이다. 그런데 안심소포를 이용한다고 했으므로 기본요금에 50%가 추가된다.

$\therefore 9{,}000+\left(9{,}000\times\frac{1}{2}\right)=13{,}500$(원)

70 ①

㉠ 타지역으로 보내는 물건은 140cm를 초과하였으므로 9,000원이고, 안심소포를 이용하므로 기본요금에 50%가 추가된다.

$\therefore 9{,}000+4{,}500=13{,}500$(원)

㉡ 제주지역으로 보내는 물건은 5kg와 80cm를 초과하였으므로 요금은 7,000원이다.

71 ③

A : $0.1\times0.2 = 0.02 = 2(\%)$

B : $0.3\times0.3 = 0.09 = 9(\%)$

C : $0.4\times0.5 = 0.2 = 20(\%)$

D : $0.2\times0.4 = 0.08 = 8(\%)$

$\therefore$ $A+B+C+D = 39(\%)$

---

72 ①

2021년 A지점의 회원 수는 대학생 10명, 회사원 20명, 자영업자 40명, 주부 30명이다. 따라서 2016년의 회원 수는 대학생 10명, 회사원 40명, 자영업자 20명, 주부 60명이 된다. 이 중 대학생의 비율은 $\frac{10\text{명}}{130\text{명}}\times100(\%) \fallingdotseq 7.69(\%)$가 된다.

---

73 ②

B지점의 대학생이 차지하는 비율 : $0.3\times0.2 = 0.06 = 6(\%)$

C지점의 대학생이 차지하는 비율 : $0.4\times0.1 = 0.04 = 4(\%)$

B지점 대학생수가 300명이므로 $6 : 4 = 300 : x$

$\therefore$ $x = 200$(명)

---

74 ③

① A반 평균 : $\frac{(20\times6.0)+(15\times6.5)}{20+15} = \frac{120+97.5}{35} \fallingdotseq 6.2$

B반 평균 : $\frac{(15\times6.0)+(20\times6.0)}{15+20} = \frac{90+120}{35} = 6$

② A반 평균 : $\frac{(20\times5.0)+(15\times5.5)}{20+15} = \frac{100+82.5}{35} \fallingdotseq 5.2$

B반 평균 : $\frac{(15\times6.5)+(20\times5.0)}{15+20} = \frac{97.5+100}{35} \fallingdotseq 5.6$

③④ A반 남학생 : $\frac{6.0+5.0}{2} = 5.5$　　B반 남학생 : $\frac{6.0+6.5}{2} = 6.25$

A반 여학생 : $\frac{6.5+5.5}{2} = 6$　　B반 여학생 : $\frac{6.0+5.0}{2} = 5.5$

75 ③

① 인천광역시 여성 실업률(4.4%) ≒ 29,000 ÷ 661,000 × 100 = 4.38 …
② 대전광역시 여성 실업률(2.1%) ≒ 7,000 ÷ 341,000 × 100 = 2.05 …
③ 부산광역시 남성 실업률(3.4%) ≒ 33,000 ÷ 963,000 × 100 = 3.42 …
④ 광주광역시 남성 실업률(3.0%) ≒ 13,000 ÷ 434,000 × 100 = 2.99 …

76 ④

① 대전광역시 실업률(2.7%) ≒ 22,000 ÷ 806,000 × 100 = 2.72 …
울산광역시 실업률(2.2%) ≒ 13,000 ÷ 582,000 × 100 = 2.23 …
22,000 > 13,000
② 전체 경제활동참가율은 인천광역시가 가장 높지만, 전체 경제활동인구는 서울특별시가 가장 많다.
③ 여성 경제활동참가율은 인천광역시가 가장 높지만, 남성 경제활동참가율은 울산광역시가 가장 높다.

77 ②

소금의 양=소금물의 양×소금물의 농도/100의 공식을 이용하여 풀면

$\frac{10}{100}x = \frac{4}{100} \times (2x + 200)$

$10x = 8x + 800$

$2x = 800$

$x = 400$

78 ③

사원의 수를 x라 하면

$9x - 34 = 6x + 14$

$x = 16$명

기념엽서의 수를 구해야 하므로

$(6 \times 16) + 14 = 110$장

79 ①

① 47%로 가장 높은 비중을 차지한다.

80 ②

① 부인이 주로 가사 담당하는 비율이 21.5%로 공평 분담하는 비율, 5.2%보다 높다.

③ 60세 이상이 비 맞벌이 부부가 대부분인지는 알 수 없다.

④ 대체로 부인이 가사를 주도하는 경우가 가장 높은 비율을 차지하고 있다.

81 ③

㉠ $\frac{\text{한별의 성적} - \text{학급평균 성적}}{\text{표준편차}}$ 이 클수록 다른 학생에 비해 한별의 성적이 좋다고 할 수 있다.

국어 : $\frac{79-70}{15} = 0.6$, 영어 : $\frac{74-56}{18} = 1$, 수학 : $\frac{78-64}{16} = 0.75$

㉡ 표준편차가 작을수록 학급 내 학생들 간의 성적이 고르다.

82 ①

① 매학년 대학생 평균 독서시간 보다 높은 대학이 B대학이고 3학년의 독서시간이 가장 낮은 대학은 C 대학이므로 ㉠은 C, ㉡은 A, ㉢은 D, ㉣은 B가 된다.

83 ③

③ B대학은 2학년의 독서시간이 1학년 보다 줄었다.

84 ②

㉠ A의 최대보상금액 : 3,800만 원 + 1,500만 원 = 5,300만 원
E의 최대보상금액 : 1,000만 원 + 700만 원 = 1,700만 원
㉡ B의 최대보상금액 : 1억 1,300만 원 + 300만 원 = 1억 1,600만 원
B의 최소보상금액 : 1억 1,600만 원 × 50% = 5,800만 원 → 감액된 경우 가정
㉢ C의 최소보상금액 : (1,000만 원 + 2,100만 원) × 50% = 1,550만 원 → 감액된 경우 가정
㉣ B의 최대보상금액은 1억 1,600만 원이고, 다른 4명의 최소보상금액의 합은 1억 200만 원(A 2,650만 원, C 1,550만 원, D 4,300만 원, E 1,700만 원)이다.

85 ③

감면액이 50%일 경우 최소보상금액은 5,800만 원이고,
감면액이 30%일 경우 최소보상금액은 8,120만 원이므로 2,320만 원이 증가한다.

86 ②

200,078 − 195,543 = 4,535(백만 원)

87 ①

103,567 ÷ 12,727 = 8.13(배)

88 ③

124,597명으로 중국 국적의 외국인이 가장 많다.

89 ②

① 2019년에 감소를 보였다.

② 3자리 유효숫자로 계산해보면, 175의 60%는 105이므로 중국국적 외국인이 차지하는 비중은 60% 이상이다.

③ 2015~2022년 사이에 서울시 거주 외국인 수가 매년 증가한 나라는 중국이다.

④ $\frac{6,332+1,809}{57,189} \fallingdotseq 0.14\% > \frac{8,974+11,890}{175,036} \fallingdotseq 0.12\%$

90 ②

② 핵가족화에 따라 평균 가구원 수는 감소하고 있다.

91 ④

① 청년층 중 사형제에 반대하는 사람 수(50명) > 장년층에서 반대하는 사람 수(25명)

② B당을 지지하는 청년층에서 사형제에 반대하는 비율 : $\frac{40}{40+60} = 40(\%)$

B당을 지지하는 장년층에서 사형제에 반대하는 비율 : $\frac{15}{15+15} = 50(\%)$

③ A당은 찬성 150, 반대 20, B당은 찬성 75, 반대 55의 비율이므로 A당의 찬성 비율이 높다.

④ 청년층에서 A당 지지자의 찬성 비율 : $\frac{90}{90+10} = 90(\%)$

청년층에서 B당 지지자의 찬성 비율 : $\frac{60}{60+40} = 60(\%)$

장년층에서 A당 지지자의 찬성 비율 : $\frac{60}{60+10} \fallingdotseq 86(\%)$

장년층에서 B당 지지자의 찬성 비율 : $\frac{15}{15+15} = 50(\%)$

따라서 사형제 찬성 비율의 지지 정당별 차이는 청년층보다 장년층에서 더 크다.

92 ④

① 각 항목별로 모두 결과가 다르기 때문에 단언할 수 없다.

② 효과성 항목에서 '약간 불만족'으로 응답한 전문가 수는 '매우 불만족'으로 응답한 정책대상자 수보다 적다.

③ 체감만족도 항목에서 만족비율은 정책대상자가 31%, 전문가가 30.3%로 정책대상자가 전문가보다 높다.

93 ①

매우 만족하는 사람 : $294 \times 0.048 = 14.112 \rightarrow 14$명
약간 만족하는 사람은 : $294 \times 0.282 = 82.908 \rightarrow 83$명

94 ③

여름 방학에 자격증취득을 계획하고 있는 4학년 학생은 85명으로 전체 설문대상자인 700명 중 12.1%이고, 아르바이트를 계획하고 있는 1학년 학생은 54명으로 전체 설문대상자인 700명 중 7.7%이다.

95 ③

주식투자 동아리에 관심을 보이는 학생 중 3학년이 차지하는 비중은 $\frac{24}{50} \times 100 = 24\%$고, 외국어학습 동아리에 관심을 보이는 학생 중 1학년이 차지하는 비중은 $\frac{72}{301} \times 100 \fallingdotseq 23.9\%$로 둘의 차이는 0.1%이다.

96 ①

㉢ 자료에서는 서울과 인천의 가구 수를 알 수 없다.
㉣ 남부가 북부보다 지역난방을 사용하는 비율이 높다.

97 ③

교육연수가 18년인 B사 남자사원은 초임은 $750 + 220 \times 18 = 4,710$만 원으로 보기 중 가장 높다.
① 4,240만 원
② 4,000만 원
④ 4,360만 원

98 ④

A사 남녀 신입사원의 초임을 계산하면 아래와 같다.

성별 \ 교육연수	12년 (고졸)	14년 (초대졸)	16년 (대졸)	18년 (대학원졸)
남	3,160만 원	3,520만 원	3,880만 원	4,240만 원
녀	3,280만 원	3,520만 원	3,760만 원	4,000만 원

A사 여자 신입사원 중, 교육연수가 동일한 A사 남자 신입사원보다 초임이 낮은 사원은 대졸과 대학원졸 여자 신입사원이다. 따라서 40%의 A사 여자 신입사원은 교육연수가 동일한 A사 남자 신입사원보다 초임이 낮다.

99 ③

① 서울은 7월에, 파리는 8월에 월평균 강수량이 가장 많다.
② 월평균기온은 7~10월까지는 서울이 높고, 11월과 12월은 파리가 높다.
④ 서울의 월평균 강수량은 대체적으로 감소하는 경향을 보인다.

100 ③

③ A매장은 1,900만 원에 20대를 구매할 수 있다. B매장은 20대를 구매하면 2대를 50% 할인 받을 수 있어 1,900만 원에 구매할 수 있다. C매장은 20대를 구매하면 1대를 추가로 증정 받아 1,980만 원에 구매할 수 있다. 그러므로 저렴하게 구입할 수 있는 매장은 A매장과 B매장이다.
① C매장에서는 50대를 구매하면, 총 가격이 4,950만 원이며 2대를 추가로 받을 수 있다.
② A매장에서는 30대를 구매하면 3대를 추가로 증정하므로, 3,000만 원에 33대를 구매할 수 있다.
④ C매장에서는 40대를 구매하면 2대를 추가로 증정 받아 3,960만 원에 구매할 수 있다.

지각속도

01	02	03	04	05	06	07	08	09	10	11	12	13	14	15	16	17	18	19	20
①	②	②	②	①	②	②	①	①	①	②	④	④	②	②	③	②	③	④	③
21	22	23	24	25	26	27	28	29	30	31	32	33	34	35	36	37	38	39	40
①	②	②	①	①	①	②	①	②	①	②	②	①	②	①	②	②	②	②	②
41	42	43	44	45	46	47	48	49	50	51	52	53	54	55	56	57	58	59	60
①	①	②	①	②	④	②	③	①	③	①	①	②	②	①	②	②	④	③	②
61	62	63	64	65	66	67	68	69	70	71	72	73	74	75	76	77	78	79	80
④	③	③	①	②	②	①	②	①	④	②	④	①	②	②	①	③	④	②	③
81	82	83	84	85	86	87	88	89	90										
①	①	②	①	①	①	①	②	②	②										

01 ①

☬=B, ♙=D, ☯=a, ♅=E, ☁=C → 맞음

02 ②

☸=c, ☭=A, **▤=e**, ☸=c, ♙=D → 틀림

03 ②

☯=a, **▥=d**, ☁=C, ♨=b, ♅=E → 틀림

04 ②

A=☭, **e=▤**, **d=▥**, B=☬, D=♙ → 틀림

05 ①

E=♅, B=☬, c=☸, D=♙, e=▤ → 맞음

06 ②

ㄹ = e, ㄸ = x, ㄱ = a, ㅇ = m, ㅂ = i, ㅈ = n, ㄱ = a, **ㅍ = t**, **ㅂ = i**, ㅊ = o, ㅈ = n

---

07 ②

ㅂ = i, ㅈ = n, ㅍ = t, ㄹ = e, ㅅ = l, ㅅ = l, ㅂ = i, ㅁ = g, ㄹ = e, ㅈ = n, ㅍ = t

---

08 ①

ㄹ = e, ㄲ = v, ㄱ = a, ㅅ = l, ㅎ = u, ㄱ = a, ㅍ = t, ㅂ = i, ㅊ = o, ㅈ = n

---

09 ①

ㅌ = s, ㅊ = o, ㅅ = l, ㅎ = u, ㅍ = t, ㅂ = i, ㅊ = o, ㅈ = n

---

10 ①

ㄷ = c, ㄱ = a, ㅋ = p, ㄱ = a, ㄴ = b, ㅂ = i, ㅅ = l, ㅂ = i, ㅍ = t, ㄹ = e

---

11 ④

They're all posing in a picture frame Whilst my world's crashing down

---

12 ④

우리 지구가 속해 **있**는 태**양**계는 태**양을** **중**심**으**로 현재 8개 **행성이** 포함되**어** **있**다.

---

13 ④

7**6**451321489187**6**5312179846**6**5132179**86**5431

14 ②

Sing song when I'm walking home Jump up to the top LeBron

15 ②

우리나라는 예부터 유교의 영향을 많이 받은 국가**로** 제사를 지내는 전**통** **또**한 유교의 영향이라 할 수 있다.

16 ③

⍁⍂+**⍃**⍇⫯⍄**⍃**+⌶⍓⍄**⍃**⍔⍗⍇+⍈⍂

17 ②

↢⇤**↦**↣↔⇄↣**↦**↪↩↮↣↢↬↫

18 ③

Ξ Ο ε Π ζ Ρ Σ η Τ Υ ε Φ Χ ζ Ρ ζ Ο γ β ψ η κ Υ μ η ξ π Σ ψ ζ γ Ξ χ λ Ψ

19 ④

두 **볼**에 흐**르**는 빛은 정작으**로** 고와서 서**러**워**라**

20 ③

Don't **c**ry snowman right in front of me Who will **c**at**c**h your tears

21 ①

베=^, 르=@, 테=* 르=@

22 ②

네=;, 이=/, <u>**메=#**</u>, 르=@

23 ②

소=₩, 울=$ 메=#, <u>**이=/**</u>, <u>**트=&**</u>

24 ①

테=*, 네=; 울=$, 메=# 베=^

25 ①

이=/, 모=%, 르=@, 칸=~, 은=!

26 ①

풀=⧑, 바=♭, 들=♬, 강=♩, 숲=>◀

27 ②

산=♫, 람=♯, <u>**성=⧒**</u>, 달=⧓, 바=♭

28 ①

달=⧓, 바=♭, 람=♯, 성=⧒

29 ②

해=▶<, 강=♩, <u>**들=♬**</u>, <u>**산=♫**</u>, 숲=>◀

30 ①

산=♫, 들=♬, 바=♭, 풀=⋈, 달=⋈ → 맞음

31 ②

5.5 8 9 1.5 2 − x r O D v

32 ②

4 2 7.5 6 8 − o v S E r

33 ①

3.5 = e, 2.5 = d, 9 = O, 5.5 = x, 6 = E

34 ②

틀 응 즞 를 쓼 − ㅜ ㅟ ㅒ ㅜ ㅣ

35 ①

믐 = ㅡ, 는 = ㅖ, 훙 = ㅢ, 듣 = ㅞ, 큭 = ㅏ

36 ②

를 큭 즞 훙 믐 − ㅛ ㅏ ㅒ ㅢ ㅡ

37 ②

오 팀 플 랜 던 − 2 h T F 4

38 ②

템 룻 전 토 덤 − 1 **3** k 0 j

39 ②

전 오 랜 덤 팀 − k 2 F j **h**

40 ②

행 보 병 참 급 − ◑ ♥ ◎ △ ♧

41 ①

군 = ○, 통 = ▽, 정 = ◈, 군 = ○, 부 = ★

42 ①

병 = ◎, 정 = ◈, 행= ◑, 신 = ▶, 보 = ♥

43 ②

ㅍ ㅚ ㄴ ㅇ ㅕ − k m ♓ **s** ✖

44 ①

ㅜ = ✝, ㅟ = ✚, ㅋ = t, ㅟ = ✚, ㅕ = ✖

45 ②

ㅋ ㅛ ㄴ ㅛ ㅗ − t e ♓ **e** ✕

46 ④

ATJRLE**C**BPEO**C**WTKV**C**GKQRF**C**LS

47 ②

이번에 유출된 기름은 태안사고 당시 기름 유출량의 약 1.9배에 **이**르는 양**이**다.

48 ③

6**9**680326**9**46**9**5**9**6**9**7**9**54**9**6**9**7

49 ①

秋花春風南美北西冬木日**火**水金

50 ③

when I am do**w**n and oh my soul so **w**eary

51 ①

☺◆↗⊙♡☆▽◁♧◑†♬♪▣**♣**

52 ①

ㅸ ㅹ ㅺㅫㅪㅩㅨㅦ**ㅾ**ㅻ ㅷ ㅳ ㅰ ㅱ

53 ②

ⅲ ⅳ Ⅰ ⅵ Ⅳ **Ⅻ** ⅰ ⅶ ⅹ ⅷ Ⅴ ⅦⅧⅨ Ⅹ Ⅺ ⅸ ⅺ ⅱ ⅴ **Ⅻ**

54 ②

ꭓꟺβ ΨΞϞŦϬƂϑπ τ φ λ μ ξ ήΟΞΜΫ

55 ①

오른쪽에 α이 없다.

56 ②

ㅙㅞㅓㅠㅟㅕㅞㆍㅣㅡㅏㅙㅛㅜㅞㅟㅚㅑ

57 ②

₠₡₢₣₤₥₦₧₨₩₪₫€₭₮₯₰₱

58 ④

머루나비**먹**이**무**리**만**두**먼**지**미**리**메**리나루**무림**

59 ③

GcAshH748vdafo25W641981

60 ②

갋겮겲게겗겳겔겱겆겍겡겠겥겍겵겪

61 ④

軍事法院**은** 戒嚴法**에** 따른 裁判權**을** 가진다.

62 ③

ゆよるらろくぎつであぱるれわゐを

63 ③

④❾②⑧⑥⑤①⑦❶⑨❺⑧④③❼②

64 ①

≦≠≍≠≘≁≠≕≗≜≓≑≲

65 ②

∪∬∈∄⊉∑∀∩∯∢∓∗⊉∈△

66 ②

%#@&!&@*%#^!@$^~+−₩

67 ①

오른쪽에 $\frac{3}{2}$이 없다.

68 ②

𝄞♪𝄰♪♫♬𝅘𝅥𝅯𝅗𝅥𝅘𝅥𝅯♬𝅘𝅥.♪𝄢♫

69 ①

the뭉크韓中日rock서틀bus피카소%3986as5$₩

70 ④

dbrrn**s**gorn**s**rhdrn**s**qntkrhk**s**

71 ②

$x^3\ \underline{x^2}\ z^7 x^3 z^6 z^5 x^4\ \underline{x^2}\ x^9 z^2 z^1$

72 ④

두 쪽으**로** 깨뜨**려**져도 소**리**하지 않는 바위가 되**리라**.

73 ①

Listen to the song here in my he**a**rt

74 ②

10059478**6**28948624982492314867

75 ②

一三車軍**東**海善美參三社會**東**

76 ①

골돌몰볼톨홀**솔**돌촐롤졸콜홀볼골

77 ③

군사**기밀** 보호조**치**를 하**지** 아**니**한 경우 2년 **이**하 **징**역

78 ④

누미디아타가**스**테아우구**스**티투**스**생토귀**스**탱

---

79 ②

Ich liebe dich so wie du **m**ich a**m** abend

---

80 ③

95174628534319876519684

---

81 ①

c = 加, R = 無, 11 = 德, 6 = 武, 3 = 下

---

82 ①

1 = 韓, 21 = 老, 5 = 有, 3 = 下, Z = 體

---

83 ②

6 R 21 c 8 − 武 無 **老** **加** 上

---

84 ①

A = 예, P = **높**, W = 특, G = 표, J = 활

---

85 ①

D = 약, S = 도, D = 약, O = 글, Q = 유

86 ①

F = 해, G = 표, J = 활, A = 예, S = 도

---

87 ①

$2 = x^2,\ 0 = z^2,\ 9 = l^2,\ 5 = k,\ 4 = z$

---

88 ②

3 7 4 6 1 − $\underline{k^2}\ l\ z\ x\ y^2$

---

89 ②

5 3 k q 7 − 술 <u>**뮬 귤**</u> 쿨 블

---

90 ②

1 j k p 3 − 튤 줄 <u>**귤**</u> 룰 <u>**뮬**</u>

공간지각

01	02	03	04	05	06	07	08	09	10	11	12	13	14	15	16	17	18	19	20
①	④	②	③	②	③	①	①	③	③	③	④	②	②	③	②	③	③	②	④
21	22	23	24	25	26	27	28	29	30	31	32	33	34	35	36	37	38	39	40
④	②	①	③	③	②	③	①	③	④	②	②	①	③	①	④	③	②	①	②
41	42	43	44	45	46	47	48	49	50	51	52	53	54	55	56	57	58	59	60
③	②	③	②	①	④	②	②	④	②	②	①	③	④	②	①	①	③	④	②

01 ①

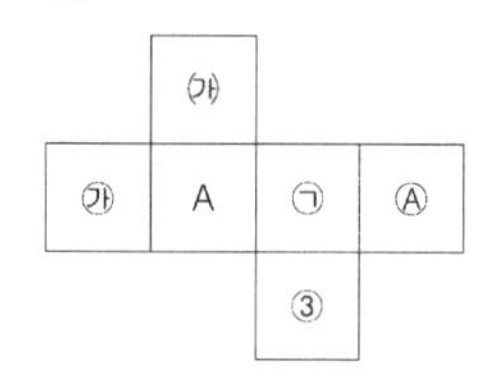

02 ④

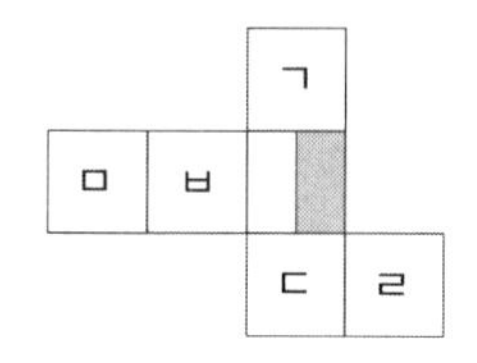

03 ②

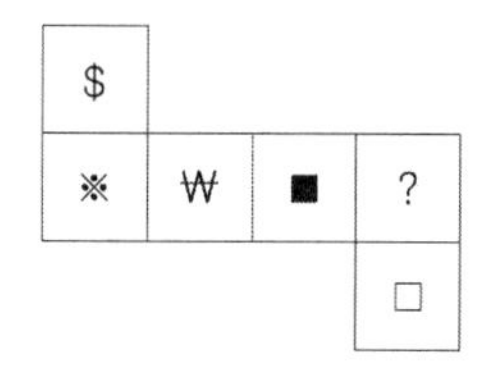

04 ③

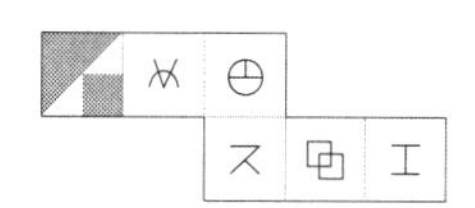

05 ②

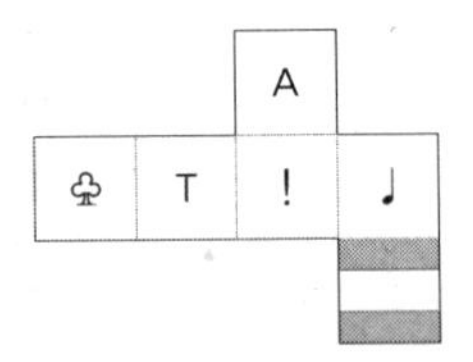

06 ③

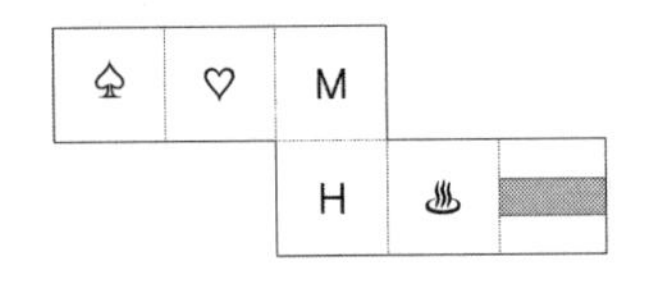

07 ①

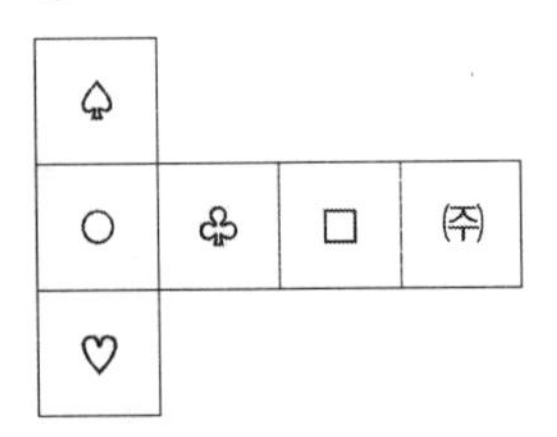

08 ①

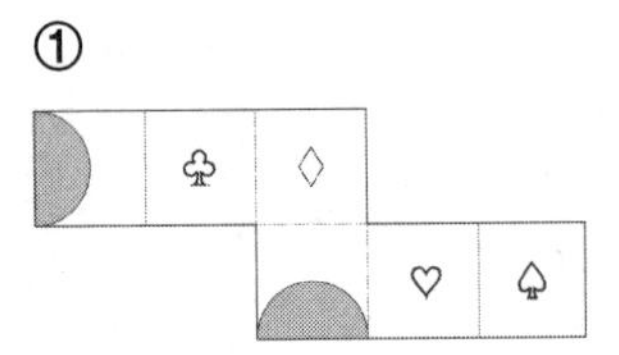

09 ③

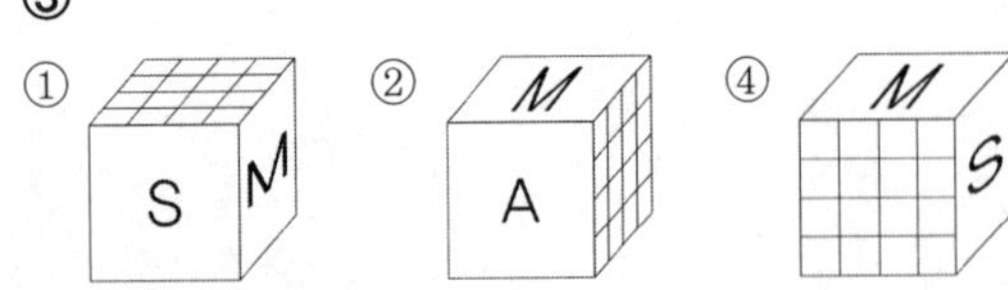

10 

① 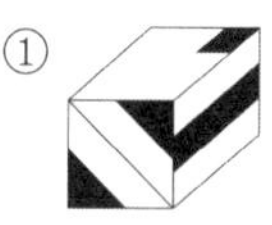

② 

④ 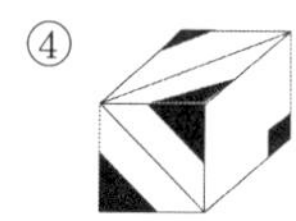

11 

①  ② 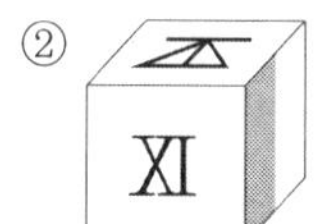 ④ 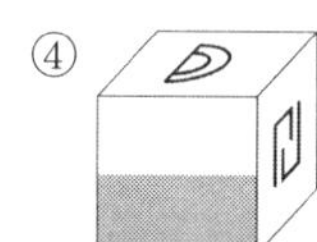

12 ④

① 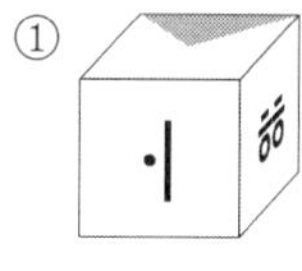 ② 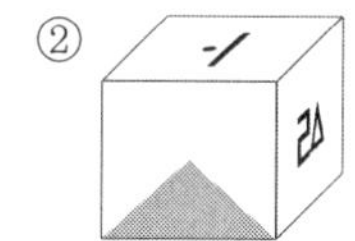 ③ 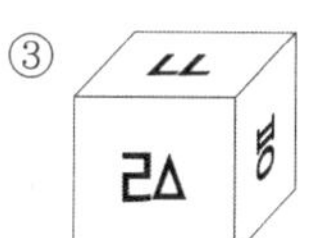

13 

③ 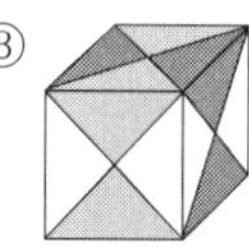

④ 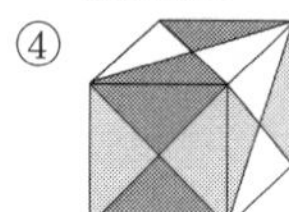

14 ②

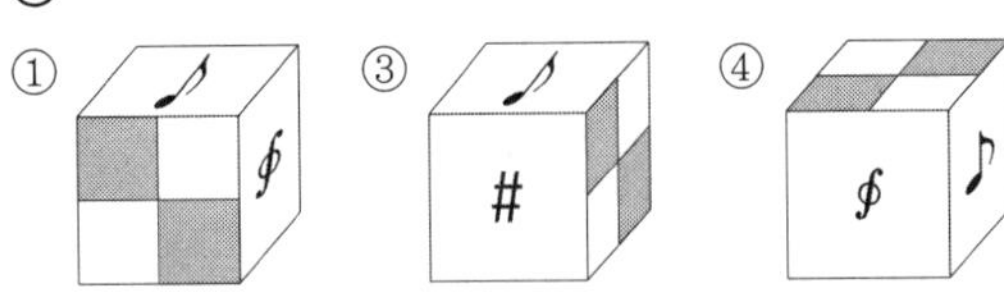

15 ③

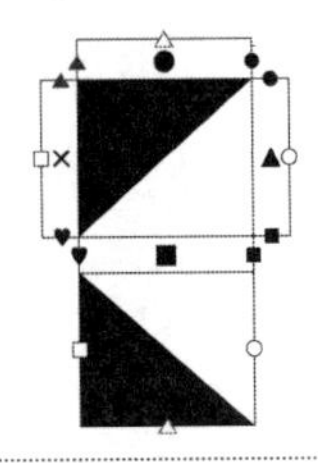

16 ②

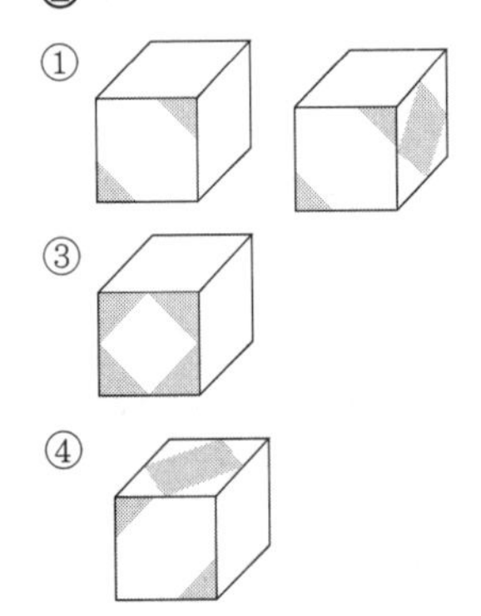

17 ③

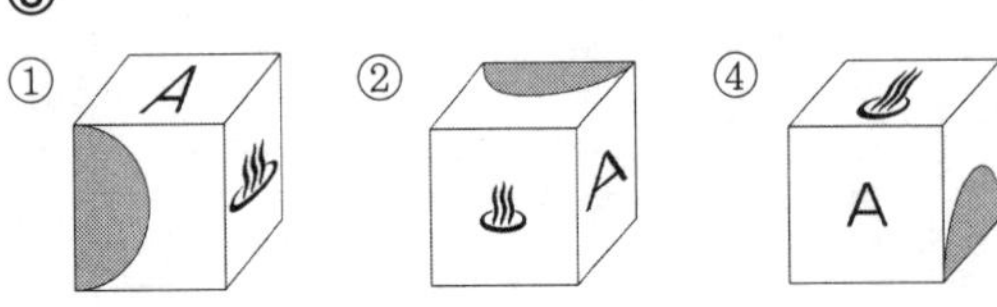

18 ③

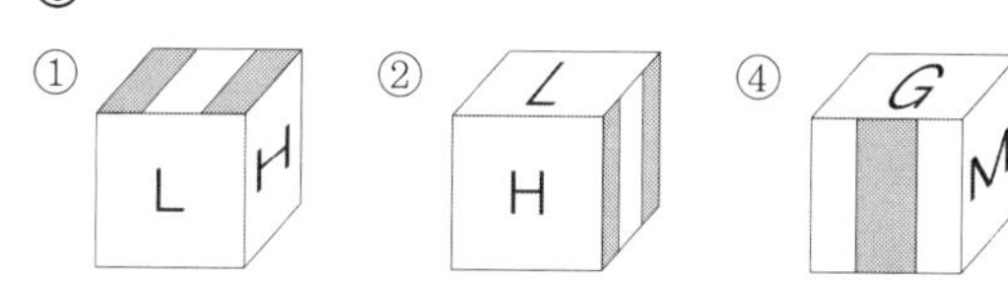

19 ②

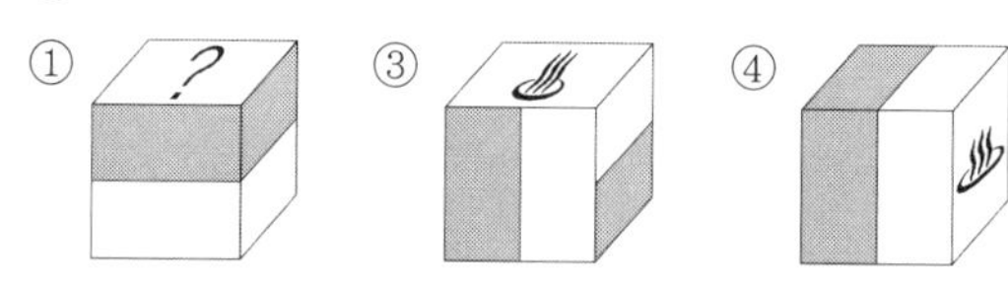

20 ④

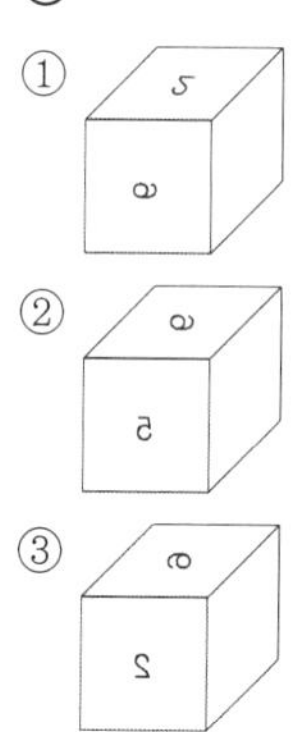

21 ④

1단 : 10개, 2단 : 6개, 3단 : 3개, 4단 : 2개, 5단 : 1개
총 22개

22 ②

1단 : 13개, 2단 : 5개, 3단 : 2개, 4단 : 2개, 5단 2개 총 24개

23 ①

1단 : 18개, 2단 : 10개, 3단 : 4개, 4단 : 2개, 5단 : 1개
총 35개

24 ③

1단 : 22개, 2단 : 15개, 3단 : 10개, 4단 : 5개
총 52개

25 ③

1단 : 13개, 2단 : 11개, 3단 : 4개, 4단 : 2개
총 30개

26 ②

1단 : 15개, 2단 : 5개, 3단 : 3개, 4단 : 1개, 5단 : 1개
총 25개

27 ③

1단 : 10개, 2단 : 4개, 3단 : 1개
총 15개

28 ①

1단 : 9개, 2단 : 5개, 3단 : 1개, 4단 : 1개, 5단 : 1개
총 17개

29 ③

1단 : 7개, 2단 : 5개, 3단 : 4개, 4단 : 2개, 5단 : 2개, 6단 : 1개
총 21개

30 ④

1단 : 14개, 2단 : 7개, 3단 : 4개, 4단 : 2개
총 27개

31 ②

1단 : 10개, 2단 : 6개, 3단 : 4개, 4단 : 3개, 5단 : 1개, 6단 : 1개
총 25개

32 ②

1단 : 9개, 2단 : 6개, 3단 : 3개. 4단 : 2개, 5단 : 1개, 6단 : 1개
총 22개

33 ①

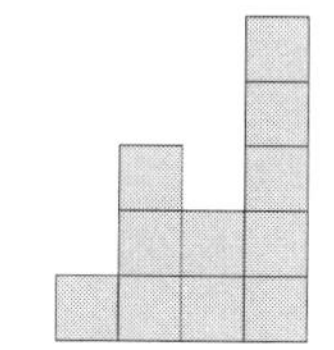

오른쪽에서 본 모습

1	1	4	5
2		1	1
		3	
			1

정면 위에서 본 모습

34 ③

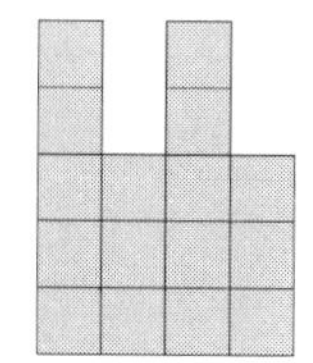

왼쪽에서 본 모습

4	3	2	1	5
3	3	2		
5	2	1		
2	3			

정면 위에서 본 모습

35 ①

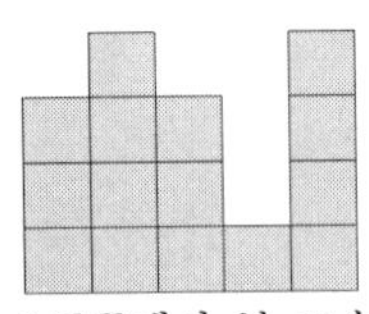

오른쪽에서 본 모습

4	1	3	2	2	2
1				1	1
3	2				1
1				1	4
3					

정면 위에서 본 모습

36 ④

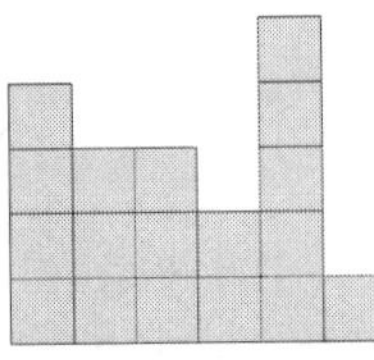

정면에서 본 모습

1	1	3	2	5	1
4	1	2		1	
1	1	1		1	
1	3	1	2	1	1
1		1			

정면 위에서 본 모습

37 ③

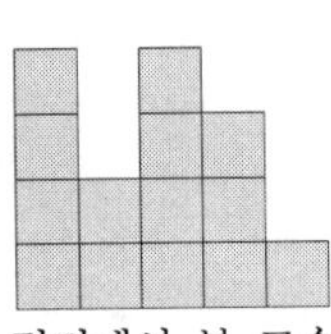

정면에서 본 모습

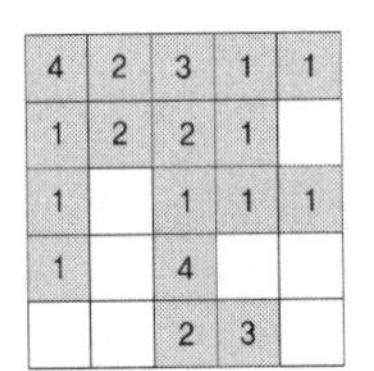

4	2	3	1	1
1	2	2	1	
1		1	1	1
1		4		
		2	3	

정면 위에서 본 모습

38 ②

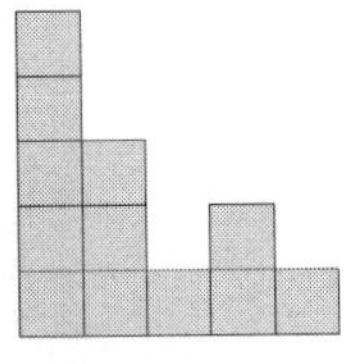

왼쪽에서 본 모습

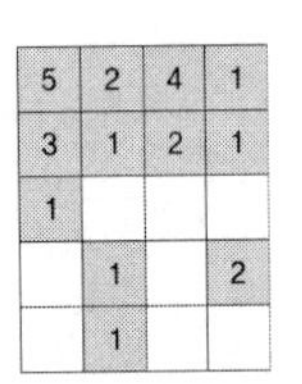

5	2	4	1
3	1	2	1
1			
	1		2
	1		

정면 위에서 본 모습

39 ①

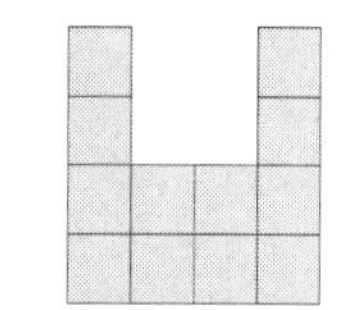

오른쪽에서 본 모습

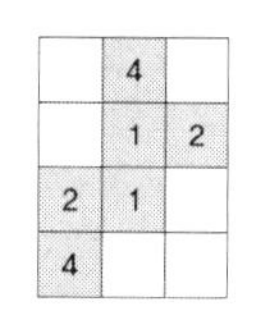

정면 위에서 본 모습

40 ②

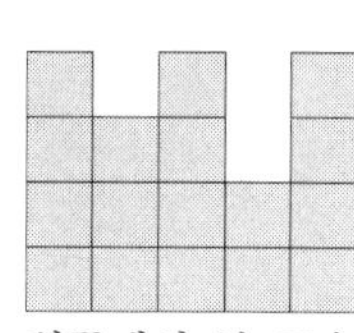

왼쪽에서 본 모습

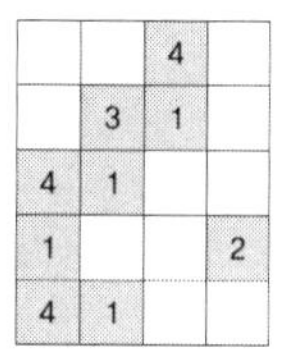

정면 위에서 본 모습

41 ③

1단 : 5개, 2단 : 2개
총 7개

42 ②

1단 : 6개, 2단 : 4개, 3단 : 1개
총 11개

43 ③

1단 : 5개, 2단 : 2개
총 7개

44 ②

1단 : 13개, 2단 : 11개, 3단 : 6개
총 30개

45 ①

1단 : 14개, 2단 : 14개, 3단 : 9개, 4단 : 4개
총 41개

46 ④

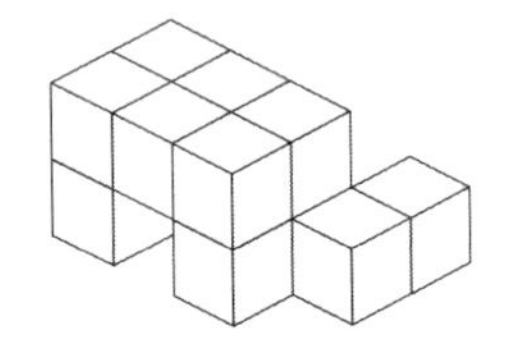

47 ②

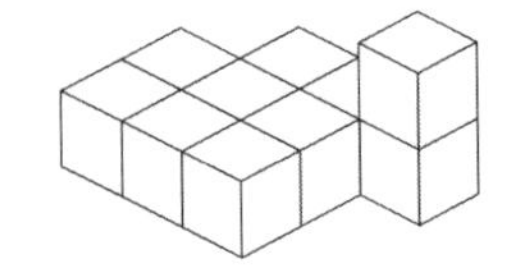

48 ②

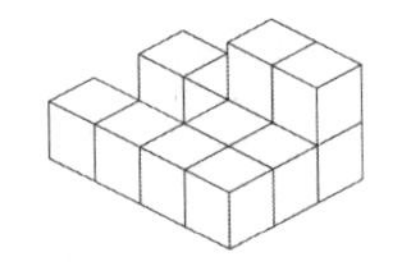

49 ④

④번이 해당된다.

50 ②

②번이 해당된다.

51 ②

②번만 해당된다.

52 ①

①번만 해당된다.

53 ③

③번만 해당된다.

54 ④

제시된 전개도를 접으면 ④가 나타난다.

55 ②

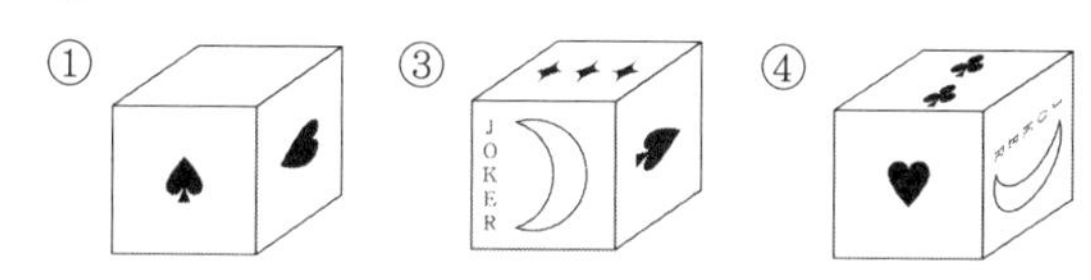

56 ①

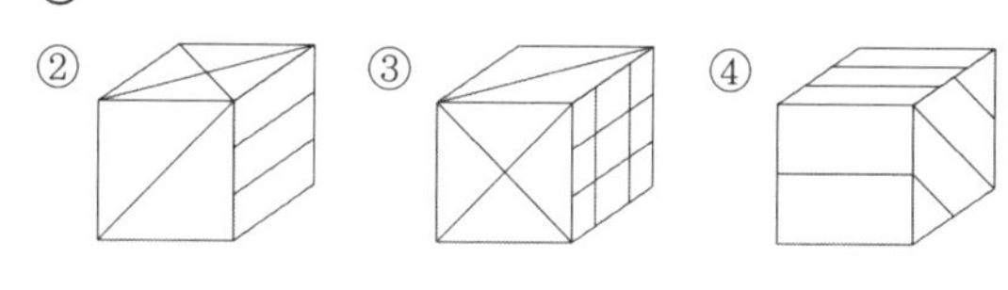

57 ①

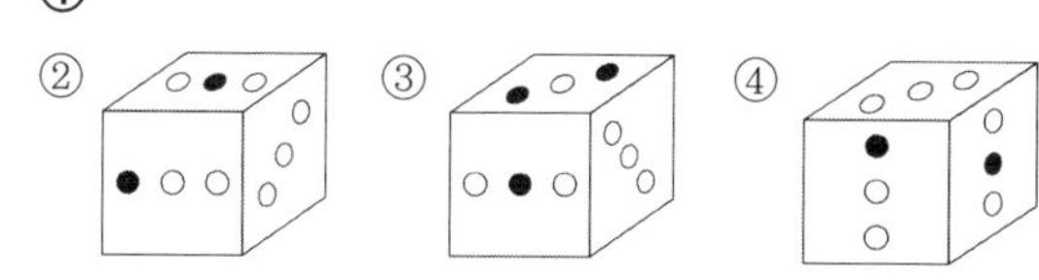

58 ③

제시된 전개도를 접으면 ③이 나타난다.

59 ④

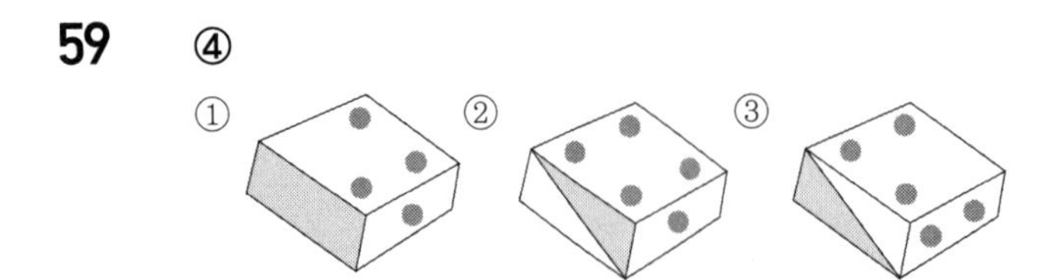

60 ②

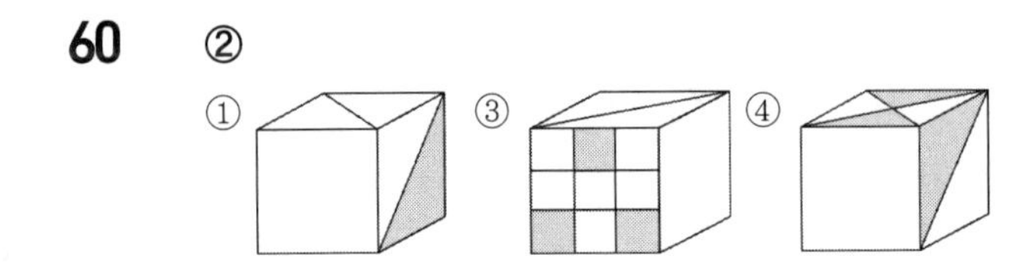

CHAPTER 02 인지능력적성검사 모의고사

언어논리

01	02	03	04	05	06	07	08	09	10	11	12	13	14	15	16	17	18	19	20
①	④	③	⑤	②	②	②	①	②	②	④	③	①	②	①	③	②	⑤	③	④

21	22	23	24	25
③	④	②	⑤	②

01 ①

① 끌어서 빼냄
② 맡겨 둠
③ 부탁하여 맡겨 둠
④ 돈을 내어 쓰거나 내어 줌. 또는 그 돈
⑤ 자금을 내는 일

02 ④

① 일정한 자격 조건을 갖추기 위하여 단체나 학교 따위에 문서를 올림.
② 조직이나 단체 따위에 들어가거나, 서비스를 제공하는 상품 따위를 신청함.
③ 앞으로 향하여 나아감.
④ 글이나 그림 따위를 신문이나 잡지 따위에 실음.
⑤ 베끼어 씀.

03 ③

① 공부하여 학문을 닦는 일.
② 쉬는 시간에 여러 가지 방법으로 기분을 즐겁게 하는 일.
③ 임금을 받으려고 육체적 노력을 들여서 하는 일. 또는 힘들게 하는 일.
④ 돈이나 재물 따위를 걸고 주사위, 골패, 마작, 화투, 트럼프 따위를 써서 서로 내기를 하는 일.
⑤ 기예와 학술을 아울러 이르는 말.

04 ⑤

① 용납하여 인정함.
② 상대편의 공격을 막음.
③ 자기의 마음을 반성하고 살핌.
④ 나아가 적을 침.
⑤ 미리 헤아려 짐작함.

05 ②

제시된 관계는 각 단어와 그 단어와 관련된 사자성어를 나타낸 것이다. 가을과 관련된 사자성어는 천고마비이다.

천고마비(天高馬肥) … 하늘이 맑아 높푸르게 보이고 온갖 곡식이 익는 가을철을 이르는 말

06 ②

㉠ '그림자'와 '구름' 모두 가만히 있어도 잡을 수 없다.
㉡ 같은 물건이지만 보는 사람마다 다르게 보는 것은 '거울'이다.
㉢ '콩나물'과 '무'는 머리가 하나이고 다리에 털이 나 있다고 할 수 있지만 양파는 그렇지 않다.
㉣ '주전자'와 '맷돌'은 위로 담고 옆으로 뱉어내지만 '화분'은 그렇지 않다.

07 ②

- **수립(樹立)** : 국가나 정부, 제도, 계획 따위를 이룩하여 세움
- **적립(積立)** : 모아서 쌓아 둠
- **확립(確立)** : 체계나 견해, 조직 따위가 굳게 섬. 또는 그렇게 함

08 ①

② 종이나 헝겊 따위를 표면에 붙이다(= 바르다).
③ 물이나 화장품 따위를 문질러 묻히다(= 바르다).
④ 가시 따위를 추리다(= 바르다).
⑤ 몸과 마음이 정하다(= 바르다).

09 ②

고독을 즐기라고 권했으므로 '심실 속에 고독을 채우라'가 어울린다. 따라서 빈칸에 들어갈 알맞은 것은 고독이다.

10 ②

① 담배를 끊지 못하고 있음을 부끄럽게 생각하는 것으로 보아 아직 담배를 피우고 있다.
③ 명확하게 알 수 없다.
④ 도박을 한 적이 있었다는 것으로 보아 도박을 끊은 상태이다.
⑤ 자신의 의지로 도박에 빠진 것인지, 의지와 무관하게 빠진 것인지는 알 수 없다.

11 ④

① '마'가 '나'의 자식인지, '라'의 자식인지 알 수 없다.
② '라'의 성별을 알 수 없다.
③ '나'가 여자이므로 '라'가 여자라면 고모가 아닌 이모가 된다.
⑤ '마'가 '나'의 자식인지, '라'의 자식인지 알 수 없다.

12 ③

"인간은 일상생활에서 다양한 역할을 수행한다."라는 일반적 진술을 뒷받침하기 위해서는 다양한 역할이 무엇인지에 대한 구체화가 이어져야 한다.

13 ①

거침없이 쑥쑥 뻗어 나간다는 의미의 '창달'이 적절하다.
② 나라, 공공 단체 등이 돈, 물품 등을 거두어들이다.
③ 게으름
④ 행실이나 태도의 잘못을 뉘우치고 마음을 바르게 고쳐먹다.
⑤ 사물의 성질, 모양, 상태 등이 바뀌어 달라지다.

14 ②

한낱…'오직 단 하나 뿐의, 하잘 것 없는'을 이르는 말이다.

① 한탄하여 한숨을 쉼. 또는 그 한숨

③ 진귀한 물품이나 지방의 토산물 따위를 임금이나 고관 따위에게 바침

④ 낮의 한가운데. 곧, 낮 열두 시를 전후한 때를 이른다.

⑤ '능히', '넉넉히' 또는 '과연', '전혀', '결코', '마땅히'의 뜻을 나타낸다.

15 ①

문맥상 '실패'에 반대되는 말이 와야 하므로 '성공'이 적절하다.

② 목적한 바를 이루다.

③ 잘못된 생각이나 나쁜 상황에서 벗어나다.

④ 어떤 직위에 있는 사람을 다른 사람으로 바꾸다.

⑤ 완전히 다 이루다.

16 ③

'되~'에 '아/어라'가 붙는 말의 줄임말로 쓰일 경우는 '돼'가 올바른 표현이며, '(으)라'가 붙으며 '아/어'가 불필요한 경우에는 그대로 '되'를 쓴다. 따라서 제시된 각 문장에는 다음의 어휘가 올바른 사용이다.

㉠ '되어야' 혹은 '돼야'

㉡ '되기'

㉢ '되어' 혹은 '돼'

㉣ '되어야' 혹은 '돼야'

17 ②

수학책은 맨 앞에 올 수 없고, 영어책도 사이에 있는 책이므로 맨 앞에 올 수 없다. 맨 앞에 올 수 있는 책은 국어와 사전인데, 보기 중에서 사전이 맨 앞에 온 것이 없으므로 국어가 맨 앞에 오고 영어가 수학과 사전 사이에 있으므로 국어 – 사전 – 영어 – 수학의 순서가 된다.

18 ⑤

실패의 시련을 견디었다는 점에서 절치부심(切齒腐心), 와신상담(臥薪嘗膽)하였고, 고진감래(苦盡甘來)라 하여 고생 끝에 3개의 금메달을 따냈으며, 화려하게 귀국한 것은 금의환향(錦衣還鄕)에 해당한다. ⑤의 수구초심(首丘初心)은 고향에 대한 그리움을 나타낸다.

19 ③

① 은밀한 재정의의 오류
② 분할의 오류
③ 애매어의 오류
④ 흑백논리의 오류
⑤ 인신공격의 오류

20 ④

④ 연금술이 중세기 때 번성했다는 사실은 나와 있지만 연금술이 언제 생겨났는지는 언급되어 있지 않다.

21 ③

두 번째 문단 후반부에서 내적 형상이 물체에 옮겨진 형상과 동일한 것은 아니라고 하면서, '돌이 조각술에 굴복하는 정도'에 응해서 내적 형상이 내재한다고 하였다.

① 두 번째 문단 첫 문장에서 '형상'이 질료 속에 있는 것이 아니라, 장인의 안에 존재하던 것임을 알 수 있다.
② 첫 번째 문단 마지막 문장에서 질료 자체에는 질서가 없다고 했으므로, 지문의 '질료 자체의 질서와 아름다움'이라는 표현이 잘못되었다.
④ 마지막 문장에 의하면, 장인에 의해 구현된 '내적 형상'을 감상자가 복원함으로써 아름다움을 느낄 있다고 하였다. 자연 그대로의 돌덩어리에서는 복원할 '내적 형상'이 있다고 할 수 없다.
⑤ 질서를 부여하고 통합하는 것은 장인이 '형상'을 질료에 옮기는 과정이다. 감상자는 부수적 성질을 '버리고' 내적 형상을 환원한다.

22 ④

설명하는 이의 말 중에서 '굿판을 벌이는 가장 중요한 이유는 살아 있는 사람들이 복을 받고 싶기 때문이다'라는 표현을 통해서 굿의 현실적 의미가 가장 중시되고 있음을 알 수 있다.

23 ②

컴퓨터, 전화 등은 정보기기에 속하며, 두 번째 문단의 첫 문장을 통해서도 빈칸에 들어갈 단어를 유추할 수 있다. 또한 이러한 정보기기의 발달은 마음의 해방을 준다는 내용을 전달하고 있으므로 마음의 '여유'라는 표현을 사용하는 것이 적절하다.

24 ⑤

㉣ 화제제시 → ㉢ 예시 → ㉡ 앞선 예시에 대한 근거 → ㉠ 또 다른 예시 → 결론의 순서로 배열하는 것이 적절하다.

25 ②

㈑는 '그것은'으로 시작하는데 '그것'이 무엇인지에 대한 설명이 필요하기 때문에 ㈑는 첫 번째 문장으로 올 수 없다. 따라서 첫 번째 문장은 ㈎가 된다. '겉모습'을 인물 그려내기라고 인식하기 쉽다는 일반적인 통념을 언급하는 ㈎의 다음 문장으로, '하지만'으로 연결하며 '내면'에 대해 말하는 ㈐가 적절하다. 또 ㈐ 후반부의 '눈에 보이는 것 거의 모두'를 ㈏에서 이어 받고 있으며, ㈏의 '공간'에 대한 개념을 ㈑에서 보충 설명하고 있다.

자료해석

01	02	03	04	05	06	07	08	09	10	11	12	13	14	15	16	17	18	19	20
①	③	②	①	③	②	②	④	③	①	②	③	①	①	③	②	③	④	②	②

01 ①

주어진 수열은 11+2n(n=1, 2, 3, …)의 값이 n개씩 나열되는 규칙을 가지고 있다. 25는 n이 7일 때의 값이므로 22번째 처음 나온다.

02 ③

• 앞의 두 항의 분모를 곱한 것이 다음 항의 분모가 된다.
• 앞의 두 항의 분자를 더한 것이 다음 항의 분자가 된다.

따라서 $\frac{2+3}{6\times18}=\frac{5}{108}$

03 ②

㉠ 에탄올 주입량이 0.0g일 때와 4.0g일 때의 평균을 직접 구하면 비교할 수 있으나 그보다는 4.0g일 때 각 쥐의 렘 수면시간의 2배와 0.0g일 때 각 쥐의 렘 수면시간을 서로 비교하는 것이 좋다. 이 값들을 비교해보면, 전체적으로 0.0g일 때의 렘 수면시간이 4.0g일 때의 렘 수면시간의 2배 보다 훨씬 더 크게 나타나고 있으므로 평균 역시 0.0g일 때가 4.0g일 때의 2배 보다 클 것이다.

㉡ 에탄올 주입량이 2.0g일 때 쥐 B의 렘 수면시간은 60분, 쥐 E의 렘 수면시간은 39분이므로 둘의 차이는 21분이다.

㉢ 쥐 A의 경우 에탄올 주입량이 0.0g일 때와 1.0g일 때의 렘 수면시간 차이는 24분으로 가장 크다.

㉣ 쥐 C의 경우 에탄올 주입량이 4.0g일 때 렘 수면시간은 46분으로 이는 2.0g일 때 렘 수면시간은 40분보다 더 길다.

04 ①

① 2014년 : $\frac{14,043-12,190}{12,190}\times 100 ≒ 15.2(\%)$

② 2016년 : $\frac{15,476-14,710}{14,710}\times 100 ≒ 5.2(\%)$

③ 2018년 : $\frac{17,224-16,349}{16,349}\times 100 ≒ 5.1(\%)$

④ 2020년 : $\frac{18,253-17,860}{17,860}\times 100 = 2.2(\%)$

05 ③

$18,253\times\frac{(100+2.657)}{100} ≒ 18,738$(명)

06 ②

$(1,000\times 0.1)+(500\times 0.4)+(300\times 0.2)-(1,000\times 0.3)=100+200+60-300=60$(억 원)

07 ②

$\frac{\text{고졸}+\text{대졸수}}{\text{남성수}}=\frac{45+20}{110}=\frac{65}{110}=\frac{13}{22}$

08 ④

완성품 납품 개수는 30+20+30+20으로 총 100개이다.

완성품 1개당 부품 A는 10개가 필요하므로 총 1,000개가 필요하고, B는 300개, C는 500개가 필요하다.

이때 각 부품의 재고 수량에서 부품 A는 500개를 가지고 있으므로 필요한 1,000개에서 가지고 있는 500개를 빼면 500개의 부품을 주문해야 한다.

부품 B는 120개를 가지고 있으므로 필요한 300개에서 가지고 있는 120개를 빼면 180개를 주문해야 하며, 부품 C는 250개를 가지고 있으므로 필요한 500개에서 가지고 있는 250개를 빼면 250개를 주문해야 한다.

09 ③

① 어업 : $\frac{206}{991} \times 100 = 20.7$

② 제조업 : $\frac{216,023}{631,741} \times 100 = 34.1$

③ 숙박 및 음식점업 : $\frac{250,060}{395,122} \times 100 = 63.2$

④ 도매 및 소매업 : $\frac{335,138}{825,979} \times 100 = 40.5$

10 ①

$\frac{120}{1,054} \times 100 = 11.38 \fallingdotseq 11.4(\%)$

11 ②

$1 : 980 = x : 2,800$

$980x = 2,800$

$x = 2.85 \fallingdotseq 2.9$

$\therefore\ 1 : 2.9$

12 ③

① 어문학부 : $1 : 1,695 = x : 3,300$ $\therefore\ 1 : 1.9$

② 법학부 : $1 : 1,500 = x : 2,500$ $\therefore\ 1 : 1.6$

③ 생명공학부 : $1 : 950 = x : 3,900$ $\therefore\ 1 : 4.1$

④ 전기전자공학부 : $1 : 1,150 = x : 2,650$ $\therefore\ 1 : 2.3$

13 ①

㉠ 식염구성비 : $\frac{62,454}{64,456} \times 100 = 96.89(\%)$

㉡ 당근구성비 : $\frac{60,564}{62,484} \times 100 = 96.93(\%)$

㉢ 고추구성비 : $\frac{83,213}{97,456} \times 100 = 85.39(\%)$

㉣ 양파구성비 : $\frac{15,446}{21,464}\times100=71.96(\%)$

㉤ 마늘구성비 : $\frac{25,950}{26,440}\times100=98.15(\%)$

∴ 구성비가 세 번째로 높은 것은 식염이다.

14 ①

㉠ 중국 수출량 : 29,124×0.4=11,649.6(톤)

㉡ 일본 수출량 : 29,124×0.6=17,474.4(톤)

㉢ 중국 수출액 : 11,649.6×20,000×117.45=27,364,910,400(원)

㉣ 일본 수출액 : 17,474.4×300,000×9.64=50,535,964,800(원)

∴ 2017년 김치 수출액=77,900,875,200(원)

15 ③

2019년 대비 2020년 김치 수출량 증가율

$\frac{45,751-24,645}{24,645}=\frac{21,106}{24,645}\times100$

∴ 증가율 ≒ 86(%)

16 ②

배의 속력을 x라 하고 강물의 속력을 y라 하면 거리는 36km로 일정하므로

$6(x-y)=36$ … ㉠

$4(x+y)=36$ … ㉡

㉡식을 변형하여 $x=9-y$를 ㉠에 대입하면

∴ $y=1.5km/h$

17 ③

4%의 소금물을 x, 6%의 소금물을 y

더 부은 물의 양을 $3x$로 놓으면

$x+y+3x=120 \rightarrow 4x+y=120$ …… ①

x의 소금양은 $\frac{4}{100}x$, y의 소금양은 $\frac{6}{100}y$

$x+y$의 소금양은 $\frac{3}{100}\times120=3.6$

$\frac{4}{100}x+\frac{6}{100}y=3.6$ …… ②

①②를 연립하여 계산하면

$y=48$, $x=18$

더 부은 물의 양은 $3x$이므로 $18\times3=54$

18 ④

구분	합격자	불합격자	지원자 수
남자	$2a$	$4b$	$2a+4b$
여자	$3a$	$7b$	$3a+7b$

합격자가 160명이므로 $5a=160 \Rightarrow a=32$

$3:5=(2a+4b):(3a+7b)$

$\Rightarrow 5(2a+4b)=3(3a+7b)$

$\Rightarrow a=b=32$

따라서 여학생 지원자의 수는 $3a+7b=10a=320$(명)이다.

19 ②

호날두와 메시의 지출액을 묻는 것이므로 다른 숫자는 모두 배제하여도 된다.

정확히 지출 비를 가지고만 계산하면 된다.

지출 비가 10 : 9이므로 지출합계는 19 즉 19의 배수를 찾으면 되므로 보기 중 19의 배수는 3,800이 해당된다.

20 ②

오르기 전을 x, 오른 후를 y로 놓으면

$600x+700y=20{,}700$

$x+y=31 \rightarrow 600x+600y=18{,}600$

$y=21$, $x=10$이므로

11일부터 가격이 700원으로 올랐다.

지각속도

01	02	03	04	05	06	07	08	09	10	11	12	13	14	15	16	17	18	19	20
①	②	①	②	②	①	③	①	②	③	②	②	①	②	②	①	②	③	①	③

21	22	23	24	25	26	27	28	29	30
②	①	②	②	①	②	②	③	④	③

01 ①

f = 초, c = 코, b = 우, e = 유, e = 유, a = 기, j = 농

02 ②

a = 기, f = 초, d = 이, e = 유, **b = 우**, **h = 파**, j = 농, a = 기

03 ①

g = 딸, a = 기, h = 파, d = 이, j = 농, b = 우, f = 초, i = 제

04 ②

∡ = j, ± = O, **÷ = C**, ≒ = h, + = b

05 ②

‰ = N, Σ = E, ≤ = W, **× = a**, ∡ = j

06 ①

∪ = f, + = b, ≒ = h, ∪ = f, ‰ = N

07 ③

아름다**운** 이 강**산**을 지키**는** 우리 사**나**이 기백으로 오**늘**을 **산**다

08 ①

1428**3**84924**3**67992**3**205**33**70884569**8**320180**3**21

09 ②

intellectualab**i**l**i**tyappra**i**salcapab**i**l**i**tyassessment

10 ③

입으**로**만 큰 소**리**쳐 사나이**라**느냐 너와 나 겨**레** 지키는 **결**심에 **살**았다

11 ②

Shoul**d** U.S. Forces with**d**raw from Korea?

12 ②

W = 3, O = 9, T = 6, **W = 3**, Q = 2

13 ①

P = 11, T = 6, E = 5, R = 4, U = 1

14 ②

G = 8, Y = 7, **Q = 2**, **I = 10**, Y = 7

15 ②

아 = 一, 게 = 四, **요 = 二**, **기 = 七**, 구 = 九

16 ①

이 = 五, 오 = 八, 가 = 十, 우 = 三, 에 = 六

17 ②

기 = 七, **요 = 二**, **에 = 六**, 오 = 八, 아 = 一

18 ③

78**5**64321**5**487**5**4942134 4**5**678910 1**5**64343214**5**7**5**33121

19 ①

If the**r**e is one custom that might be assumed to be beyond c**r**iticism.

20 ③

2578**9**54123658**9**778451 56**9**83215**9**545 78**9**8751354

21 ②

I cut it w**h**ile **h**andling the tools.

22 ①

♤ = A, ▣ = f, ▷ = a, ☆ = d, × = e

23 ②

♥ = C, **☞ = b**, ▷ = a, √ = B, ▣ = f

24 ②

◉ = c, ♧ = D, ☆ = d, ▷ = a, **☛ = b**

25 ①

ㅂ = 7, ㅊ = 9, ㄹ = 10, ㅅ = 8, ㅁ = 2

26 ②

ㄱ = 11, ㄹ = 10, ㅇ = 13, ㄹ = 10, **ㅋ = 6**

27 ②

ㅂ = 7, ㅁ = 2, **ㅇ = 13**, **ㅊ = 9**, ㄱ = 11

28 ③

→↑←↓→↓←↑←↓↑→↓←↑↑↓→↓←↑→↓←↑

29 ④

▽△□◇◎○☆※§ ☆◎□△▽○◇§ ※◇☆※§ ▽□◇◎◇○◇▽

30 ③

3215465789**3**5471942**3**456782**3**1**3**5479**3**45**3**

공간지각

01	02	03	04	05	06	07	08	09	10	11	12	13	14	15	16	17	18
②	③	②	③	④	②	①	①	③	①	④	④	③	①	①	①	④	④

01 ②

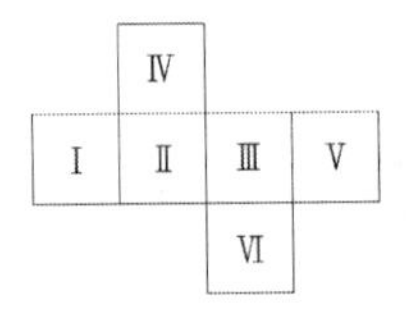

02 ③

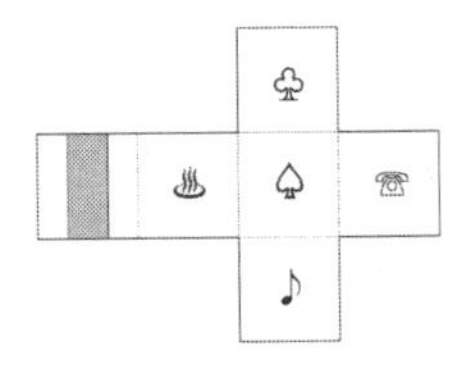

03 ②

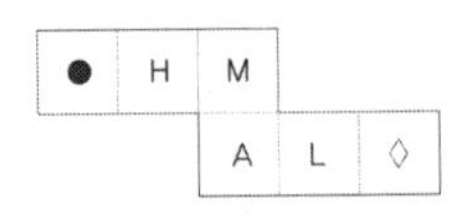

04 ③

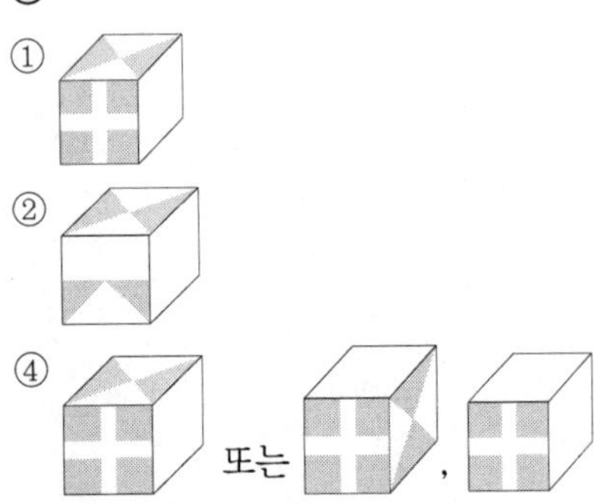

05 ④

① 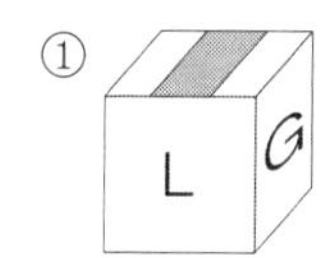

② 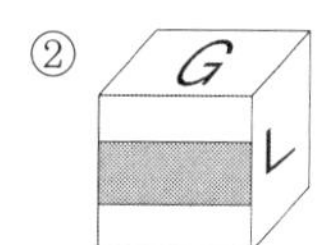

③ 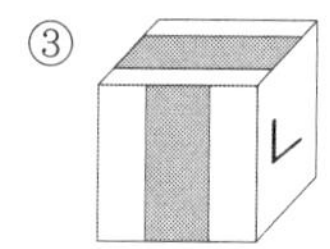

06 ②

① 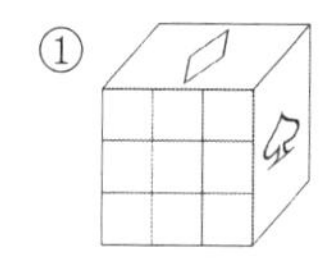
③ 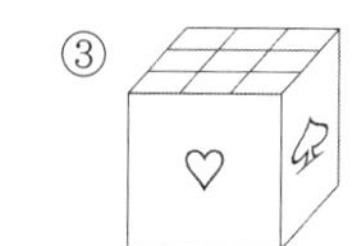
④ 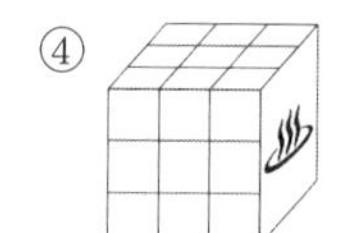

07 ①

② 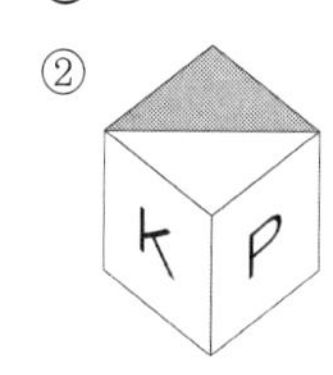

③ 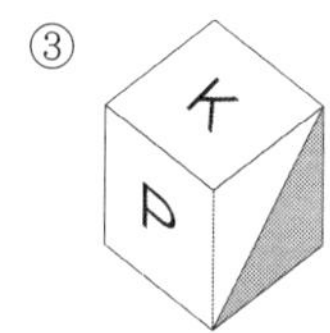

④ 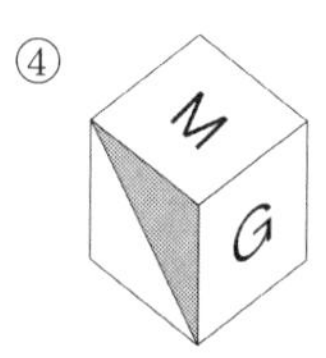

08 ①

1단 : 13개, 2단 : 9개, 3단 : 4개, 4단 : 1개
총 27개

09 ③

1단 : 9개, 2단 : 7개, 3단 : 5개, 4단 : 2개
총 23개

10 ①

1단 : 9개, 2단 : 5개, 3단 : 3개, 4단 : 3개, 5단 : 1개
총 21개

11 ④

1단 : 9개, 2단 : 8개, 3단 : 5개, 4단 : 2개, 5단 : 1개, 6단 : 1개
총 26개

12 ④

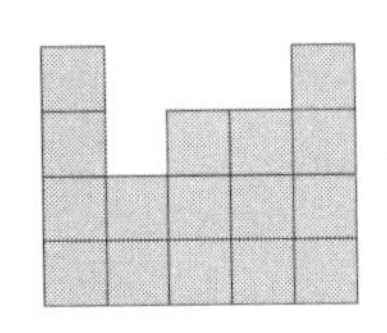

오른쪽에서 본 모습

3	4	1
		3
3	2	1
2	1	
4		

정면 위에서 본 모습

13 ③

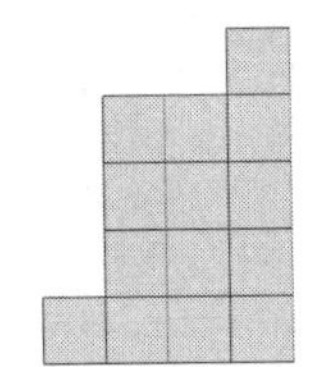

오른쪽에서 본 모습

2	5	2	2
2	2	1	4
4	1		
1			

정면 위에서 본 모습

14 ①

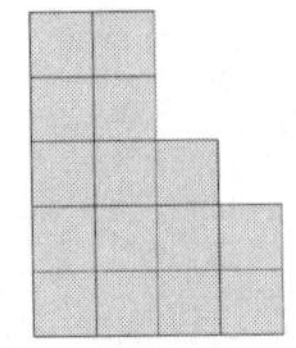

왼쪽에서 본 모습

5	2	4		3
4		5		
3			3	
	2			

정면 위에서 본 모습

15 ①

①

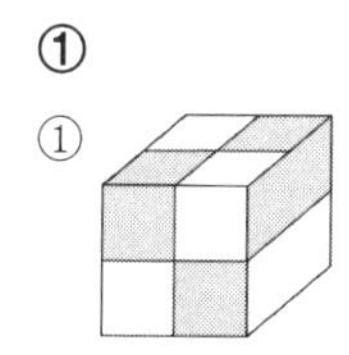

16 ①

①

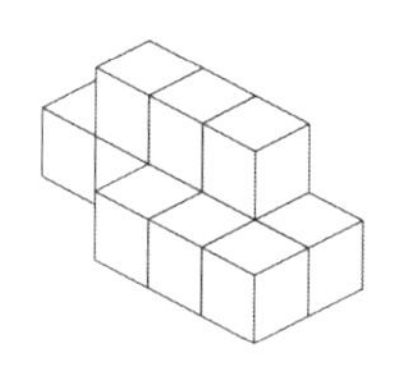

17 ④

1단 : 14개, 2단 : 10개, 3단 : 6개 총 30개

18 ④

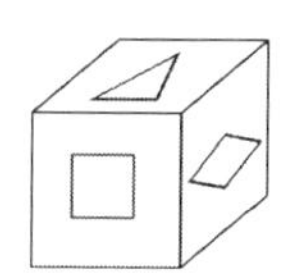

가볍게! 빠르게!
한눈에 보는 중요 용어
시사
용어사전
1200
SEOWONGAK

가볍게! 빠르게!
한눈에 보는 중요 용어
부동산
용어사전
1300
SEOWONGAK

가볍게! 빠르게!
한눈에 보는 중요 용어
경제
용어사전
1030
SEOWONGAK

자격증

한번에 따기 위한 서원각 교재

한 권에 따기 시리즈 / 기출문제 정복하기 시리즈를 통해 자격증 준비하자!